SHUZHI JISUAN
数值计算

主　编　王志军　王海红　孟红玲
副主编　徐　刚　郭　城　杨　帆

河南大学出版社
·郑州·

图书在版编目(CIP)数据

数值计算/王志军,王海红,孟红玲主编. —郑州:河南大学出版社,2012.5(2023.8 重印)

ISBN 978-7-5649-0733-4

Ⅰ.①数… Ⅱ.①王…②王…③孟… Ⅲ.①数值计算—高等学校—教材 Ⅳ.①O241

中国版本图书馆 CIP 数据核字(2012)第 090048 号

责任编辑　阮林要
责任校对　高丽燕
装帧设计　郭　灿

出版发行	河南大学出版社
	地址:郑州市郑东新区商务外环中华大厦 2401 号
	邮编:450046
	电话:0371-86059750(高等教育与职业教育出版分社)
	0371-86059701(营销部)
	网址:hupress.henu.edu.cn
排　版	河南金河印务有限公司
印　刷	广东虎彩云印刷有限公司
版　次	2012 年 8 月第 1 版
印　次	2023 年 8 月第 3 次印刷
开　本	787mm×1092mm　1/16
印　张	14.5
字　数	344 千字
定　价	39.00 元

(本书如有印装质量问题,请与河南大学出版社营销部联系调换)

前　　言

　　计算方法是利用数学模型解决现实生活中实际问题的一门学科,是数学领域中的一个重要分支.随着计算机的广泛使用以及人们对科学计算的要求越来越高,计算方法的应用范围已拓展到所有的学科中,各领域的研究者都需要用科学、高效、准确的计算,解决本领域的数值计算问题.

　　本书根据理工科对科学计算的实际需求,详细地介绍了常用的基本计算方法的构造,对各种算法进行了归纳和推导,分析了各算法的稳定性、收敛性、误差估计等,说明了算法的适用范围并比较了优缺点.本书选择了一些经典的例题及习题,阐述理论力求明确,数值计算力求简单、准确,并附了一些算法程序供读者参考.

　　本书由王志军、王海红、孟红玲担任主编,徐刚、郭城、杨帆担任副主编,由徐刚、孟红玲、郭城统一定稿.本书共分为八章,其中第1、6章和第8章的8.2节由王志军编写,第2、3、7章由王海红编写,第5章由杨帆编写,第4章和第8章的8.1节由徐刚编写.由于作者水平有限,书中难免出现疏漏及错误,恳请各位读者及同行批评指正.

　　本书在编写过程中得到了郑州师范学院数学系、河南财经政法大学数学与信息科学系、河南大学出版社领导和老师们的关心和支持,在此深表感谢.

编　者
2012 年 6 月

目　　录

第 1 章　数值计算概论 ……………………………………………… (1)
　1.1　数值计算的对象与特点 ……………………………………… (1)
　1.2　误差与有效数字 ……………………………………………… (3)
　1.3　误差估计与误差分析 ………………………………………… (9)
　1.4　误差的定性分析与运算原则 ………………………………… (13)

第 2 章　插值与曲线拟合 …………………………………………… (19)
　2.1　引言 …………………………………………………………… (19)
　2.2　Lagrange 插值 ………………………………………………… (21)
　2.3　Newton 插值 …………………………………………………… (26)
　2.4　Hermite 插值 …………………………………………………… (30)
　2.5　分段低次插值 ………………………………………………… (34)
　2.6　三次样条函数插值 …………………………………………… (37)
　2.7　最小二乘法的曲线拟合 ……………………………………… (42)

第 3 章　数值积分与数值微分 ……………………………………… (49)
　3.1　数值求积公式 ………………………………………………… (49)
　3.2　Newton-Cotes 求积公式 ……………………………………… (52)
　3.3　复化求积公式 ………………………………………………… (55)
　3.4　Romberg 求积公式 …………………………………………… (57)
　3.5　高斯型求积公式 ……………………………………………… (58)
　3.6　数值微分 ……………………………………………………… (65)

第 4 章　线性方程组的数值解法 …………………………………… (70)
　4.1　线性方程组概述及矩阵基础知识 …………………………… (70)
　4.2　线性方程组的直接解法 ……………………………………… (73)
　4.3　向量范数与矩阵范数 ………………………………………… (90)
　4.4　线性方程组的迭代解法 ……………………………………… (110)

第 5 章　矩阵特征值与特征向量的计算 ……（123）
5.1　幂法 ……（123）
5.2　子空间迭代法 ……（129）
5.3　QR 算法 ……（132）
5.4　Jacobi 旋转法 ……（134）

第 6 章　非线性方程的数值解 ……（139）
6.1　引言 ……（139）
6.2　区间二分法 ……（140）
6.3　弦截法 ……（142）
6.4　切线法 ……（150）
6.5　一般迭代法 ……（155）

第 7 章　常微分方程初值问题数值解法 ……（164）
7.1　引言 ……（164）
7.2　几类简单的求解初值问题的数值方法 ……（164）
7.3　Runge-Kutta 方法 ……（168）
7.4　单步法的收敛性与稳定性 ……（171）
7.5　线性多步法 ……（173）
7.6　常微分方程组初值问题的数值解法 ……（178）

第 8 章　实训（基于 C 语言和 MATLAB） ……（183）
8.1　C 语言概述 ……（183）
8.2　MATLAB 简介 ……（205）

习题参考答案 ……（221）
参考文献 ……（226）

第1章 数值计算概论

1.1 数值计算的对象与特点

1.1.1 研究对象

数值计算方法是研究并解决数学问题的数值近似解的方法,简称计算方法,也叫数值分析等.它的研究对象是利用计算机求解各种数学问题的数值方法及有关理论,其内容包括函数的数值逼近(代数插值与最佳逼近)、数值积分与数值微分、非线性(代数的与超越的)方程(组)的数值解法、数值线性代数(线性代数方程组的解法与矩阵特征值问题的计算)、常微分方程的数值解法及偏微分方程的数值解法等.它之所以成为数学中的独立分支,一方面是数学本身发展为之提供了可能,另一方面是20世纪40年代电子计算机的问世使之成为必要.现代计算机的出现为大规模的数值计算创造了条件,集中而系统地研究适用于计算机的数值方法立即变得十分迫切和必要.数值分析并不仅是一些数值方法的简单积累,而且揭示包含在多种多样的数值方法之间的相同的结构和统一的原理.它在大量的数值计算实践和理论分析工作的基础上迅速发展着,原有的方法有的使用至今,有的逐步被淘汰,而新的方法和新的理论不断地产生.

1.1.2 主要特征

数值计算有以下三个主要特点.

第一,面向计算机,提供实际可行的常用算法.具体地讲,由于计算机能够进行加、减、乘、除四则运算,故需要把每个求解的数学问题用四则运算的有限形式的公式表达出来.这种公式只能是多项式或有理分式的形式,通常称为算法,它是计算机能够直接处理的.

第二,能够任意逼近,有可靠的理论分析.计算方法有两类算法,一类是精确的,另一类是近似的.所谓精确算法是指在没有运算舍入误差的假设下,能在确定的运算次数内获得数学问题的精确解.近似算法本身有方法误差,从而在任何有限的运算次数内能获得数学问题的近似解.大多算法是近似算法.由于计算机字长有限,每次运算都有舍入误差,因此无论精确算法还是近似算法都只能获得数学问题的近似解.计算机需要人们用种种数学理论和方法来建立各个算法.对近似算法要保证收敛性,即近似解能逼近精确解到任意的程度.对每个算法要保证数值稳定性,这是指舍入误差对解的准确性影响不大.

第三,省时间省资源,有良好的计算复杂性.一个算法的计算复杂性是指该算法包含的运算次数和所需的存储量.近似算法的运算次数取决于算法的收敛速度.求解一个数学问题,是否选用或建立复杂性好的算法很重要,有时会影响到现有的计算机上能否真正实现.

想一想:数值计算课程的任务是什么?

从上述特点可以看出,数值计算的任务是:

1. 建立各种数学问题的数值计算算法的方法和理论.通俗地讲,就是为各种实际问题提供有效的数值近似解方法.

2. 提供在计算机上实际可行的、理论可靠的、计算复杂性好的各种常用算法.

1.1.3 数值问题与数值方法

数值问题是指输入数据(即问题中自变量与原始数据)与输出数据之间函数关系的一个确定描述,输入输出数据可用有限维向量表示.根据这种定义,"**数学问题**"不一定是"**数值问题**",它往往要用数值逼近方法才能转化为数值问题.函数的插值与逼近就是"数值分析"中最基本的问题之一,目的是提供各种简易的途径,将函数计算转化为数值问题,才能在计算机上处理.对于一个给定的数值问题有许多不同的算法,称为数值方法,它们都给出问题的近似答案,但所需计算量和得到的精度可能相差很大,必须选择面向计算机计算复杂性好并有可靠理论分析的数值方法.多数数学问题按建立数值方法的基本线索大体上可以归为以下两大类.

一类数学问题包含非有理函数或未知函数,如积分与微分计算、微分方程求解等.这类问题建立数值方法的基本线索是:首先利用函数的数值逼近或离散化将原问题化为数值问题,然后去计算或求解数值问题以得到原问题的近似值或近似解.例如,对利用各种方式得到的函数的逼近多项式进行求积分或求导数,可以引出各种形式的数值积分或数值微分公式;用一组离散点上特定值代替连续自变量的未知函数,通过各种逼近途径(包括插值、数值积分、数值微分以及泰勒(Taylor)展开等),将微分方程离散化,构成微分方程的各种数值解法.

另一类数学问题主要是代数问题,包括线性代数方程组的求解和矩阵的特征值问题的计算,线性最小二乘法等不包含非有理函数,因其本身就是数值问题,可以直接去建立数值方法.非线性(代数的或超越的)方程的求解也可归于此类,因为它们仅仅在求函数值时可能要借助于数值逼近.这一类问题的数值方法大致可分为直接法、迭代法和变换约化法三种.直接法是一种精确算法,一般仅用于解线性代数方程组.迭代法的基本线索是针对确定类型的问题,寻求某种固定形式的递推公式,使得由公式产生的序列收敛于问题的解.迭代法在计算方法中占有重要的地位,某些数值问题(如非线性方程等)应用迭代法求解.目前,矩阵特征值问题的大多数重要的数值方法均利用相似变换将矩阵(近似地)约化为特殊形式的矩阵,从而使特征值和特征向量可以较方便地近似求得,这类方法是变换迭代法,可称为变换约化法.

想一想:1. 用自己的语言说一说计算方法是一门怎样的课程?

2. 怎样学好这门课程?

提几点意见供参考:

一、树立信心,克服"怕"的思想. 二、要先复习相关的数学基础知识. 三、要搞清每章要解决什么问题,如何解决.搞清各种方法的思想及其数学原理,注重基本概念及基本方法不要死记硬背. 四、及时复习,在复习基础上做给定的习题. 习题要自己先做,不要一上来就看答案. 实在不会做再看解答,但必须自己搞清楚为什么这样做. 有条件的还可自己选做书本外的习题.

1.2 误差与有效数字

人们在工作或日常生活中遇到的数可分为两类,一类是精确地反映实际情况的,称为**精确数**,或称为**准确数**或**真值**,如教室里有 40 个人,数 40 是准确数;另一类数则不是这样,称为**近似数**,或称**某准确数的近似值**,如测量某桌子的长度为 110 厘米,则 110 是个近似数. 近似数与准确数之间存在一个差值,即**误差**. 在工作中出现误差的大小(或精度)往往是标志着一个工作人员的工作质量. 工作中若对近似数的问题处理不当,不是浪费时间,就是给工作带来损失,甚至严重损失. 因为近似数是大量存在的,所以在计算方法里首先讨论误差的概念就非常必要了. 误差的内容相当丰富,针对我们需要,在本章里主要讨论误差来源、近似数的误差及误差对计算结果的影响等.

1.2.1 误差的来源与分类

误差的来源,即产生误差的原因是多种多样的. 在数值计算中,为解决求方程近似值的问题,在实际问题中通常遇到以下几种误差.

1.2.1.1 模型误差(model error)

要将复杂的事物或现象做定量的分析,首先要抽象归结为数学模型,在这个过程中,总要抓住其中的主要矛盾,而忽略一些次要因素的影响,对问题做一些简化. 因此,数学模型和实际问题有一定的误差,这种误差称为**模型误差**. 数学模型中常包含某些参量,如质量、温度、电压等,此类量通过观察确定,产生的误差称为**观察误差**(observational error).

例如,质量为 m 的物体,在重力作用下自由下落,其下落距离 s 与时间 t 满足微分方程

$$m \frac{d^2 s}{d t^2} = mg, \tag{1-1}$$

其中 g 为重力加速度.

方程(1-1)就是自由落体的数学模型. 它忽略了空气阻力这个因素,从而由(1-1)求出的在某一时刻 t 的下落距离 s,也必然是近似的,是有误差的.

1.2.1.2 测量误差(measurement error)

在建模和具体运算过程中往往有若干参数或常数,它们大多是通过观察和测量得到的,由于精度的限制,这些数据一般是近似的,即有误差,这种误差称为**测量误差**.

例如(1-1)中的重力加速度 g，就是观测来的，观测值的精度，依赖于测量仪器的精密程度，还要依赖于人的操作标准度，等等。其他还有阻力系数、比重等，都是观测来的，也都含有误差。

1.2.1.3 截断误差(truncation error)

由于实际运算只能完成有限项或有限步运算，因此要将有些需用极限或无穷过程进行的运算有限化，对无穷过程进行截断，这样产生的误差称为**截断误差**。

例如，用收敛的无穷级数的前 n 项和作为该级数和的近似值，它的余项就是截断误差，如以 $S_n(x)=1+x+\dfrac{x^2}{2!}+\dfrac{x^3}{3!}+\cdots+\dfrac{x^n}{n!}$ 代替 $\mathrm{e}^x=1+x+\dfrac{x^2}{2!}+\dfrac{x^3}{3!}+\cdots+\dfrac{x^n}{n!}+\cdots$ 其截断误差为 $R_n(x)=\mathrm{e}^\xi\cdot\dfrac{x^{n+1}}{(n+1)!}$，其中 ξ 在 0 与 x 之间。

1.2.1.4 舍入误差(rounding error)

在实际计算中，无论用什么样的数字计算工具，只能用有限位数进行。如有的电子计算机只能对十进制八位数进行运算，对超过八位的数，由于计算工具的限制，它会把它舍入成八位的数，再进行处理。这种由于对数进行舍入产生的误差，称为**舍入误差**。至于舍入的具体办法有大家熟悉的四舍五入法，另外还有去尾法(只舍不入)及收尾法(只入不舍)。

例如，取 π 到四位小数的近似值：

用四舍五入法取，就是 π≈3.1416；

用去尾法取，就是 π≈3.1415；

用收尾法取，就是 π≈3.1416。

例 1 假设 $L(t)$ 是金属棒在温度为 t 时的长度，其数学模型为

$$l(t)=1+\alpha t+\beta t^2,$$

其中 α,β 为参数。有如下估计：

$$\alpha=0.001253\pm10^6,\ \beta=0.000068\pm10^{-6},$$

则 $L(t)-l(t)$ 是模型误差，10^{-6} 是 α 与 β 的观测误差。

数学模型常常不能获得精确解，必须用数值方法求近似解，其误差称为**截断误差**或**方法误差**。

例 2 实际计算时，函数 f 用泰勒多项式 P_n 近似代替：

$$P_n=f(0)+\dfrac{f'(0)}{1!}x+\dfrac{f''(0)}{2!}x^2+\cdots+\dfrac{f^{(n)}(0)}{n!}x^n,$$

则数值方法的截断误差 $R(x)=f(x)-P_n(x)=\dfrac{f^{(n+1)}(\xi)}{(n+1)!}x^{n+1}$，其中 ξ 在 0 与 x 之间。

有了求解数学问题的算法后，由于计算机的字长有限，原始数据在计算机上表示会产生误差，每一次运算又可能产生新的误差，这种误差称为**舍入误差**或**计算误差**。

例 3 实际计算时，用 3.14159 近似代替 π，则舍入误差

$$R=\pi-3.14159=0.0000026\cdots$$

数值分析中，仅讨论截断误差和舍入误差。

想一想：我们课程重点关注的误差有哪几类？

我们主要关注两类误差：一是截断误差，即所有将数学问题离散化转化为数值计算的方法都会产生的误差，是误差估计的主要内容；另一种是舍入误差，是所有做数值计算都会产生的误差，计算中初始误差，原始数据产生的误差都归入此类，如何分析舍入误差是本书讨论的主要内容．

1.2.2 误差概念

1.2.2.1 绝对误差

定义 1.1 设 x 为准确值，a 为近似值，记

$$\Delta a = x - a$$

为 a 对 x 的**绝对误差**(absolute error)或**误差**．

由定义 1.1 可知，Δa 可正可负．当 $\Delta a > 0$ 时，称 a 为 x 的**不足近似值**；当 $\Delta a < 0$ 时，称 a 为 x 的**过剩近似值**．

$|\Delta a|$ 的大小，标志着 a 的精度，一般地，**在同一量的不同近似值中**，$|\Delta a|$ **越小**，a **的精度越高**．

因为不总能求得准确值 x，所以必须引入绝对误差界的概念．

例如，若用厘米为最小刻度的直尺去量桌子的长，大约为 1.225 米，求 1.225 米的绝对误差．

此例中，桌子长的准确值 x 是未知的，因此 1.225 的绝对误差就不知道．实际中这类问题很多，于是定义 1.1 就失去了实际意义．

所以，为解决这一问题，常根据测量工具的精度或计算情况的分析，用一个满足 $|\Delta a| \leq \delta a$ 的较小的正数 δa 表示绝对误差的上限，称数 δa 为近似数 a 的**绝对误差界**(或**绝对误差限**)．

由 Δa 的定义可知

$$|\Delta a| = |x - a| \leq \delta a. \tag{1-2}$$

这样，就可知道准确值 x 所在的范围：

$$a - \delta a \leq x \leq a + \delta a. \tag{1-3}$$

所以，只能说估计误差，而不说计算误差．在实用上，常用下述写法来刻画 a 的**精度**：$x = a \pm \delta a$．

例如，在真空中光速 $c = 299796 \pm 4$ 公里/秒，即

$$299792 \text{ 公里/秒} \leq c \leq 299800 \text{ 公里/秒}.$$

有了绝对误差概念，上述桌子长度问题就容易解决了．设桌子长度的准确值为 x，则 x 必定在 1.220 米到 1.230 米之间，所以 $|\Delta a|$ 不会超过 0.5 厘米，即

$$|\Delta a| = |x - 1.225| \leq 0.5 (\text{厘米}),$$

所以 $\delta a = 0.5$．

显然用去尾法或收尾法截取的近似数，其 $|\Delta a|$ 都不会超过近似数末位的一个单位，所以其绝对误差界可取为该近似数末位的一个单位．

例如，对圆周率 π，用去尾法或收尾法截取三位数，就得 3.14 和 3.15，它们的绝对误差界都是 0.01，$\delta 3.14 = 0.01$，$\delta 3.15 = 0.01$．

一般情况下,用四舍五入法截取的近似数 a 的 $|\Delta a|$ 不超过 a 的末位的半个单位,所以 δa 可取该近似数末位的半个单位,设 10^s(s 为整数)为 a 的末位的计数单位,则

$$\delta a = \frac{1}{2} \times 10^s. \tag{1-4}$$

例如,$a = 3.1416$ 是对 π 用四舍五入法截取的近似值,6 所在的位的计数单位是 10^{-4}($s = -4$),故有

$$\delta 3.1416 = 0.5 \times 10^{-4}.$$

特别地,当 $x = a$ 时,$\Delta a = 0$,$\delta a = 0$.

应当指出,在通常情况下,我们所说的绝对误差都是指绝对误差界而言的.

想一想:绝对误差能够比较不同近似数的精度吗?

先看一个例子,甲买了 1 吨煤有 10 公斤的误差,乙买了 100 公斤醋也有 10 公斤的误差,哪一个的情况更好些呢? 显然,甲的情况好一些. 而乙的情况是不能允许的,原因是"误差太大". 为什么太大呢? 这是人们在头脑里已经把 10 公斤的误差与购买量做了比较的结果,即乙购买的醋每公斤就有 0.1 公斤的误差,而甲买的煤每公斤才有 0.01 公斤的误差.

绝对误差不能用来比较不同近似数的精度.

为此,我们引入表示近似值精度的另一尺度——相对误差.

1.2.2.2 相对误差

定义 1.2 在定义 1.1 的假设下,我们称比值

$$\Delta_r a = \frac{\Delta a}{x} = \frac{x-a}{x}$$

为 a 对 x 的**相对误差**(relative error)或近似数 a 的相对误差.

一般地,在同一量或不同量的几个近似值中,$|\Delta_r a|$ 小者,a 的精度高.

但在实际计算中,由于 x 未知,实际上总是将

$$\Delta_r^* a = \frac{\Delta a}{a} = \frac{x-a}{a} \tag{1-5}$$

作为 a 的相对误差. 记

$$|\Delta_r^* a| = \frac{|\Delta a|}{|a|} \leq \frac{\delta a}{|a|} = \delta_r a, \quad |x| \neq 0, \tag{1-6}$$

知道绝对误差界 δa 后便确定了 $\delta_r a$,显然,$\delta_r a$ 是 $|\Delta_r^* a|$ 的上界,称为 a 的**相对误差界**(或**相对误差限**).

以后简称 $\delta_r a$ 为 a 关于 x 的相对误差. 有了这个公式就可以计算出上面量桌子长度的相对误差界为

$$\delta_r 1.225 = \frac{0.0005}{1.225} \leq 0.0004 = 0.04\%.$$

甲与乙买煤、买醋的相对误差界分别为

$$\delta_r 1000 = \frac{10}{1000} = 0.01 = 1\%,$$

$$\delta_r 100 = \frac{10}{100} = 0.1 = 10\%.$$

后者是前者的 10 倍,误差太大,工作质量不好.

由 $\delta_r a$ 的定义可知,相对误差表示在单位近似值中所含有的绝对误差,或者说,绝对误差在整个近似值中占有的比重,所以它是不名数,因而有广泛的适用性,它能更好地反映出误差的特性或近似数的精度.

1.2.3 有效数字

在实际工作中,人们总是愿意把近似数写成十进制的有限形式,因此就总结出不计算绝对误差和相对误差,而直接由组成近似数的数字个数来表示近似数精度的方法. 为此,需要建立有效数字的概念.

我们熟知,任何十进制数皆可写成 10 的幂级数的形式. 例如,
$$32.67 = 3\times 10^1 + 2\times 10^0 + 6\times 10^{-1} + 7\times 10^{-2},$$
$$0.0385 = 3\times 10^{-2} + 8\times 10^{-3} + 5\times 10^{-4}.$$

一般地,可将准确数 x(设 $x>0$)的近似值 a 表示为
$$a = a_1\times 10^{m-1} + a_2\times 10^{m-2} + \cdots + a_p\times 10^{m-p} + \cdots + a_n\times 10^{m-n}. \tag{1-7}$$

其中, $a_1\neq 0$, 每个 $a_i(i=1,2,\cdots,n)$ 是 0 到 9 中的一个数字, p,n 为正整数, m(称为 a 的阶)为整数.

一般可表示为
$$a = \pm 0.a_1 a_2 \cdots a_n \times 10^m. \tag{1-8}$$

定义 1.3 对(1-7),如果
$$|\Delta a| = |x-a| \leqslant \frac{1}{2}\times 10^{m-p} \quad (1\leqslant p\leqslant n), \tag{1-9}$$

则称 a **准确到** 10^{m-p} 位,或者说 a 具有 p 位**有效数字**(significant digit). 其中, $10^{m-1},\cdots,10^{m-p}$ 都是 a 的有效数位.

特别地,当 a 准确到末位(即 $p=n$)时,称 a 为 n 位**有效数字**,其中, $a_1,a_2,\cdots,a_n$ 分别称为 a 的第 1,第 2, $\cdots$,第 n 位**有效数字**.

当 x 是准确值有很多位数时,常常需要按字长限制取 x 的位数来确定近似值 a,这个 a 按四舍五入规则来选取,能保证绝对误差最小. 例如,
$$x = \pi = 3.1415926\cdots$$

取三位, $a=3.14$,在所有三位数中 3.14 与 π 的误差最小;取五位, $a=3.1416$,在所有五位数中 3.1416 与 π 误差最小. 它们的误差均不超过末位的半个单位,即
$$|\pi - 3.14| \leqslant \frac{1}{2}\times 10^{-2}, \quad |\pi - 3.1416| \leqslant \frac{1}{2}\times 10^{-4}.$$

实际上,有效数字的概念无非是说:按四舍五入规则得到的近似值,其每一位数都是有效数字. 如果是收尾法或去尾法选取的近似值,其每一位数就不一定是有效数字,需先根据其绝对误差决定最末一位.

如 3.10625($\pm$0.07),因为其十分位的半个单位是 0.05,绝对误差 0.07 超过了十分

位的半个单位,所以个位才是它的最末一位,其有效数字只是一位.

再如,以 22/7 的近似值 3.142857 作为 π 的近似值,因为
$$|\pi - 3.142857| = 0.00126\cdots < 0.002,$$
所以取 $\delta 3.142857 < 0.002 < 0.5 \times 10^{-2}$, $m=1$, $m-p=-2$, 故 $p=3$, 即 3.142857 是 π 的具有三位有效数字的近似值.

显然,有效数字位数与小数点的位置无关. 有效位数越多,绝对误差和相对误差就都越小.

有了有效数字概念后,以下写法是有区别的:
$$34.01, \quad 34.0100,$$
前者表示四位有效数字,后者则表示六位有效数字.

我们约定:**原始数据都要用有效数字写**. 凡是不表明绝对(或相对)误差界的近似数,都被认为是有效数.

必须指出,定义 1.3 中的 $|\Delta a| \leq \frac{1}{2} \times 10^{m-p}$ 应理解为
$$10^{m-p-1} \leq |\Delta a| \leq \frac{1}{2} \times 10^{m-p}. \tag{1-10}$$

在定义 1.3 中说明了近似数的有效数字位数与绝对误差界的关系,下面指出有效数字(位)与相对误差界的关系.

定理 1.1 如果形如(1-7)的近似数 a 有 p 位有效数字,则
$$10^{-(p+1)} < \delta_r a \leq \frac{1}{2a_1} \times 10^{-(p-1)}. \tag{1-11}$$

证明 由(1-7)知
$$a_1 \times 10^{m-1} \leq a \leq (a_1+1) \times 10^{m-1}, \tag{1-12}$$
所以由(1-7)及定义 1.3 得
$$\delta_r a = \frac{\Delta a}{a} \leq \frac{0.5 \times 10^{m-p}}{a_1 \times 10^{m-1}} = \frac{1}{2a_1} \times 10^{-(p-1)}. \tag{1-13}$$

另一方面,由(1-10)及(1-12)得
$$\delta_r a = \frac{\Delta a}{a} \geq \frac{10^{m-p-1}}{(a_1+1) \times 10^{m-1}} = \frac{1}{a_1+1} \times 10^{-p} \geq 10^{-(p+1)}.$$

证毕.

例如,取 3.14 为 π 的近似值,其相对误差界由(1-11)可得
$$\delta_r 3.14 = \frac{\Delta 3.14}{3.14} \leq \frac{1}{2 \times 3} \times 10^{-(3-1)} = \frac{1}{6} \times 10^{-2} \approx 0.17\%.$$

若用(1-6)计算,则 $\delta_r 3.14 = \frac{\Delta 3.14}{3.14} < \frac{0.0016}{3.14} = 0.051\%$,可见用(1-11)估计 $\delta_r a$ 虽然简便,但结果比较粗糙.

推论 如果 $\delta_r a > \frac{1}{2} \times 10^{-p}$,则 a 含有的有效数字(位)的位数不超过 p.

证明 用反证法. 假设 a 有 $p+1$ 位有效数字(位),则由定理 1.1 得

$$\delta_r a < \frac{1}{2a_1} \times 10^{-p} \le \frac{1}{2} \times 10^{-p},$$

这与题设矛盾. 证毕.

例 4 求 $\sqrt{6}$ 的近似值 a,使 $\delta_r a \le \frac{1}{2} \times 10^{-3}$.

解 因为 $\sqrt{6} = 2.4494\cdots$, $a_1 = 2$,设 a 有 n 位有效数字,由定理 1.1 有

$$\delta_r a \le \frac{1}{4} \times 10^{-(n-1)}.$$

令

$$\frac{1}{4} \times 10^{-(n-1)} \le \frac{1}{2} \times 10^{-3},$$

求满足此不等式的最小正整数 n,可得 $n=4$. 故取 $a=2.449$,就合乎要求,因为

$$\delta_r 2.449 \le \frac{1}{4} \times 10^{-3}.$$

反之,如果已知近似数 a 的相对误差界及 a_1,则由下述定理可估计出 a 的有效数字(位)的位数.

定理 1.2 如果已知近似数 a 的相对误差界

$$\delta_r a \le \frac{1}{2(a_1+1)} \times 10^{-(p-1)}, \tag{1-14}$$

则 a 至少有 p 位有效数字(位).

证明 由(1-6)、(1-12)及(1-14)知

$$\delta a = a \times \delta_r a \le (a_1+1) \times 10^{m-1} \times \frac{1}{2(a_1+1)} \times 10^{-(p-1)} = \frac{1}{2} \times 10^{m-p},$$

由定义 1.3 知 a 至少有 p 位有效数字. 证毕.

1.3 误差估计与误差分析

1.3.1 算术运算的误差界

定理 1.3 设 x 与 y 是精确值,a 与 b 是相对的近似值,绝对误差界分别为 δa 与 δb,则

$$\delta(a \pm b) = \delta a \pm \delta b,$$
$$\delta(ab) \approx |a|\delta b + |b|\delta a,$$
$$\delta\left(\frac{a}{b}\right) \approx \frac{|a|\delta b + |b|\delta a}{|b|^2} \quad (b \ne 0).$$

例 1 $a = 1.21 \times 3.65 + 9.81$,其中每个数据的绝对误差界为 0.005,a 的绝对误差界

$$\delta(a) = \delta(1.21 \times 3.65) + \delta(9.81)$$

$$\approx 1.21 \times 0.005 + 3.65 \times 0.005 + 0.005$$
$$= 0.0293 \leqslant 0.03.$$

定理 1.4 设 a 与 b 是近似值,相对误差界分别为 $\delta_r a$ 与 $\delta_r b$,则
$$\delta_r(a+b) = \max\{\delta_r a, \delta_r b\} \quad (a \text{ 与 } b \text{ 同号}),$$
$$\delta_r(a-b) = \frac{|a|\delta_r a + |b|\delta_r b}{|a-b|} \quad (a \text{ 与 } b \text{ 同号}),$$
$$\delta_r(ab) \approx \delta_r a + \delta_r b,$$
$$\delta_r\left(\frac{a}{b}\right) \approx \delta_r a + \delta_r b \quad (b \neq 0).$$

例 2 例 1 中 a 的相对误差界
$$\delta_r(a) = \max\{\delta_r(1.21 \times 3.65), \delta(9.81)\}$$
$$\approx \max\{\delta_r(1.21) + \delta_r(3.65), \delta_r(9.81)\}$$
$$= \max\left\{\frac{\delta(1.21)}{1.21} + \frac{\delta(3.65)}{3.65}, \frac{\delta(9.81)}{9.81}\right\}$$
$$= \max\left\{\frac{0.005}{1.21} + \frac{0.005}{3.65}, \frac{0.005}{9.81}\right\}$$
$$\approx \max\{0.0055, 0.0005\}$$
$$= 0.0055.$$

1.3.2 函数求值的误差估计

在计算一元或多元函数的值时,由于自变量数据不精确会产生误差.

设 f 是一元函数,要计算在点 x 的函数值,但又知 x 的近似值为 a,以 $f(a)$ 近似 $f(x)$,$f(a)$ 的绝对误差界 $\delta(f(a))$ 可用泰勒公式估计. 假定 f 在包含 x 与 a 的一个开区间上存在足够阶的导数,则有
$$\Delta(f(a)) = f(x) - f(a) = f'(a)(x-a) + \frac{f''(\xi)}{2!}(x-a)^2,$$
其中 ξ 在 x 与 a 之间,取绝对值,得
$$|\Delta(f(a))| = |f(x) - f(a)|$$
$$\leqslant |f'(a)|\delta a + \frac{|f''(\xi)|}{2!}(\delta a)^2.$$
假定 $|f''(a)|$ 与 $|f'(a)|$ 相比不太大,则可以忽略高阶项,得
$$\delta(f(a)) \approx |f'(a)|\delta a. \tag{1-15}$$
但是,如果 $|f'(a)|$ 是零或值很小,则要考虑后面的项. 特别地,若
$$f'(a) = f''(a) = \cdots = f^{(k-1)}(a) = 0, \quad f^{(k)}(a) \neq 0,$$
且 $|f^{(k+1)}(\xi)|$ (ξ 在 x 与 a 之间任意变动)不很大,则
$$\delta(f(a)) \approx \frac{|f^{(k)}(a)|}{k!}(\delta a)^k. \tag{1-16}$$

例 3 设 $f(x) = \sin x, \alpha = 45°, \beta = 90°, \delta\alpha = 0.1°, \delta\beta = 0.2°$. 因为

$$f'(\alpha) = \cos\alpha = \frac{\sqrt{2}}{2}, \quad f'(\beta) = 0, \quad f''(\beta) = -\sin\beta = -1,$$

所以,在把 $\delta\alpha$ 与 $\delta\beta$ 化为弧度后有

$$\delta(\sin\alpha) \approx |\cos\alpha|\delta\alpha = \frac{\sqrt{2}}{2} \times 0.1 \times \frac{\pi}{180} \approx 1.2 \times 10^{-3},$$

$$\delta(\sin\beta) \approx \frac{|\sin\beta|}{2!}(\delta\beta)^2 = \frac{1}{2} \times \left(0.2 \times \frac{\pi}{180}\right)^2 \approx 6.1 \times 10^{-6}.$$

多元函数值的误差界可用多元函数的泰勒公式得到.

设 n 元函数 $y = f(x_1, x_2, \cdots, x_n)$ 在点 $X = (x_1, x_2, \cdots, x_n)$ 附近可微, $A(a_1, a_2, \cdots, a_n)$ 为 X 附近的点, a_i 为 x_i 的近似值 $(i = 1, 2, \cdots, n)$, e_i 是 a_i 的绝对误差, 我们讨论用 $f(A)$ 代替 $f(x)$ 时的误差.

由数学分析知道,函数的改变量,即误差为

$$\Delta f = f(x_1, x_2, \cdots, x_n) - f(a_1, a_2, \cdots, a_n) = \mathrm{d}f + o(\rho).$$

其中, $o(\rho) = \sqrt{\sum_{i=1}^{n} e_i^2}$, 当 $\rho \to 0$ 时, $o(\rho)$ 为比 ρ 高阶的无穷小量, $\mathrm{d}f = \sum_{i=1}^{n} \frac{\partial f(a_1, a_2, \cdots, a_n)}{\partial x_i} e_i$ 是 f 在点 A 处的全微分. 我们就取 $\mathrm{d}f$ 为 f 在点 A 处的绝对误差, 记为 $e_f = \mathrm{d}f$, 则

$$|e_f| \leq \delta(f(a_1, a_2, \cdots, a_n)) \approx \sum_{i=1}^{n} \left|\frac{\partial f(a_1, a_2, \cdots, a_n)}{\partial x_i}\right| \cdot \delta a_i. \quad (1-17)$$

显然, $\left|\frac{\partial f(a_1, a_2, \cdots, a_n)}{\partial x_i}\right|$ 越大, 初始数据的误差 e_i 对计算结果的影响也越大, 称 $\left|\frac{\partial f(a_1, a_2, \cdots, a_n)}{\partial x_i}\right|$ 为在绝对误差意义下 f 在点 A 处的条件数, 记为 $\mathrm{cond}(f)_e$. 当 $\left|\frac{\partial f(a_1, a_2, \cdots, a_n)}{\partial x_i}\right|$ 很大时, 称 f 在点 A 处是坏条件的; 否则, 是好条件的.

但对很多问题来说, 计算结果的精度是用相对误差来描述的, 于是设 $a_i \neq 0$, a_i 的相对误差记为 $\varepsilon_{a_i} = \frac{e_i}{a_i}$; 设 $f(A) \neq 0$, f 的相对误差记为 $\varepsilon_f = e_f/f(A)$, 则由 $(1-17)$ 得

$$\varepsilon_f = \sum_{i=1}^{n} \frac{\partial f(a_1, a_2, \cdots, a_n)}{\partial x_i} \cdot \frac{a_i}{f(A)} \cdot \varepsilon_{a_i},$$

$$|\varepsilon_f| \leq \delta f = \sum_{i=1}^{n} \left|\frac{\partial f(a_1, a_2, \cdots, a_n)}{\partial x_i} \cdot \frac{a_i}{f(A)}\right| \cdot \delta a_i. \quad (1-18)$$

显然, $\left|\frac{\partial f(a_1, a_2, \cdots, a_n)}{\partial x_i} \cdot \frac{a_i}{f(A)}\right|$ 反映误差 ε_{a_i} 对计算结果的影响, 其越大, 初始数据的相对误差 ε_{a_i} 对结果的影响也越大, 称 $\left|\frac{\partial f(a_1, a_2, \cdots, a_n)}{\partial x_i} \cdot \frac{a_i}{f(A)}\right|$ 为在相对误差意义下 f 在点

A 处的条件数,记为 $\mathrm{cond}(f)$. 当 $\left|\dfrac{\partial f(a_1,a_2,\cdots,a_n)}{\partial x_i}\cdot\dfrac{a_i}{f(A)}\right|$ 很大时,称 f 在点 A 处是坏条件的;否则,是好条件的.(注意,在不提什么意义下时,是指在相对误差意义下)在坏条件下,用 $f(A)$ 代替 $f(x)$ 的误差会很大,这时的代替是不适宜的.

例如,设 $f(x)=x^2+x-10100$. 当 $x=100$ 时, $f(100)=0$;当 $x\doteq a=99$ 时, $f(99)=-200$,则

$$\mathrm{cond}(f)_e = |f'(a)| = 199,\quad \mathrm{cond}(f) = \left|f'(a)\cdot\dfrac{a}{f(a)}\right| = \left|199\times\dfrac{99}{-200}\right|\doteq 99.$$

可见,不论在什么意义下, $f(x)$ 在 a 处是坏条件的,用 $f(99)$ 代替 $f(100)$ 作为其近似值是不适宜的.

如果一阶偏导数绝对值都很小或等于零,则要利用高阶项,其一般描述与一元函数类似.

例4 设 $f(x,y)=xy$, a 和 b 分别是 x 和 y 的近似值,则
$$\delta(f(a,b))\approx |f_x(a,b)|\delta a + |f_y(a,b)|\delta b = |b|\delta a + |a|\delta b.$$

1.3.3 误差分析方法

误差分析是指数值计算中舍入误差的分析,它是一个重要而复杂的问题,前面讨论的不精确数据运算结果的误差界只能适用于运算次数少的简单情形. 对于工程与科学计算,由于运算次数往往以千万计,且原始数据有误差,每步运算会产生新的舍入误差并传播前面各数据的误差,每步误差有正有负,都按其上界估计是不合理的,所以按步分析是办不到的. 如何解决这个问题目前尚无有效理论,已提出的误差分析方法有以下几种.

向前误差分析法与向后误差分析法是分析算法舍入误差积累(不涉及截断误差)的两种不同方法. 假设所讨论的算法由若干公式表达,某个新的量 x 由已知量(前面已算出的量或原始数据) $a_1,a_2,\cdots,a_n$ 的某个公式定义,写成
$$x = g(a_1,a_2,\cdots,a_n),$$
x 从 $a_1,a_2,\cdots,a_n$ 经过基本的算术运算得出. 因为计算中产生舍入误差,实际计算值记作 x_{fl}(用 fl 表示是计算机浮点计算得到的),它与精确值 x 不同. **向前误差分析**(forward error analysis)是对每一步计算找出舍入误差界,随计算过程逐步向前分析,直至估计出最后结果的舍入误差 $|x-x_{fl}|$ 的界. **向后误差分析**(backward error analysis)则是把舍入误差与导出误差 x_{fl} 的已知量 $a_1,a_2,\cdots,a_n$ 的某种摄动(误差)等价起来,即对每个 a_i 引出某个摄动量 ε_i,使得精确地成立
$$x_{fl} = g(a_1+\varepsilon_1, a_2+\varepsilon_2,\cdots,a_n+\varepsilon_n),$$
并推出这些 ε_i 的界(并非要得出 ε_i 的具体值, ε_i 不是唯一的),然后利用摄动理论估计最后的舍入误差界. 向后误差分析是一种先验估计法,特别在数值线代数(矩阵运算)的误差研究中有比较系统的应用,取得了较大的进展. 相比之下,向前误差分析法只能应用于十分简单的情形.

区间分析法是出现不久的一种研究误差的方法,它主要利用区间分析这一数学新分支中的区间运算理论. 设 x,y 是准确值, α,β 是相应的近似值,且已知绝对误差界 $\delta\alpha,\delta\beta$,

则能确定 x,y 的所在区间

$$\alpha - \delta\alpha \leqslant x \leqslant \alpha + \delta\alpha, \quad \beta - \delta\beta \leqslant x \leqslant \beta + \delta\beta,$$

或者写成

$$x \in [\alpha - \delta\alpha, \alpha + \delta\alpha], \quad y \in [\beta - \delta\beta, \beta + \delta\beta].$$

这样,利用 x,y 的所在区间,按照区间分析中的区间运算,能够得出 x 与 y 之间各种运算的精确结果的所在区间,并由这个区间给出实际运算结果的误差估计,实际运算自然是在 α 与 β 之间进行的. 这就是区间分析法的基本思想.

前面提供的关于不精确数据运算结果的误差界及舍入误差分析引出的误差界,通常远远大于实际的误差. 实际上误差分布有随机性,不会经常地达到上界. 因此,利用概率和统计方法,将数据和运算中的误差视为适合某种分布的随机变量,然后确定计算结果的误差分布,并用它代替绝对误差界,常常可使误差估计更接近实际,这种误差分布称为**概率界**,这种分析方法就是**概率分析法**.

这些方法在实际误差估计中都不太可行,因此在数值计算中通常更着重误差的定性分析,即研究数值算法的数值稳定性和数值问题本身是否病态,以及数值运算中避免误差危害的原则,而不具体估计舍入误差界.

1.4 误差的定性分析与运算原则

1.4.1 算法的数值稳定性

从给定的已知量出发,经过规定的运算顺序及有限次四则运算,最后求出未知量的数值解,这样构成的完整计算步骤称为**算法**.

定义 1.4 一个算法如果输入数据有误差,而计算过程中舍入误差不增长,则称此算法是**数值稳定的**,否则称此算法是**数值不稳定的**.

例 1 计算积分 $y_n = \int_0^1 \frac{x^n}{x+5} dx (n=0,1,\cdots,8)$ 可利用递推公式 $y_n + 5y_{n-1} = \frac{1}{n}$,其中 $y_0 = \int_0^1 \frac{1}{x+5} dx = \ln\frac{6}{5}$. 请分析误算法的稳定性.

解 利用递推公式

$$y_n = \frac{1}{n} - 5y_{n-1} (n=0,1,\cdots,8), \tag{1-19}$$

计算 y_n,若算到小数点后三位,由于初始值 $y_0 = \ln\frac{6}{5} \approx 0.182 = \tilde{y}_0$,用 $\tilde{y}_0$ 近似 y_0,误差为 $\varepsilon_0 = y_0 - \tilde{y}_0$,由式 (1-19) 得

$$\tilde{y}_n = \frac{1}{n} - 5\tilde{y}_{n-1} (n=1,2,\cdots,8). \tag{1-20}$$

计算结果见表 1 - 1,表中 y_n 是误差小于 $\frac{1}{2} \times 10^{-6}$ 的积分近似值,从表中看到 $\tilde{y}_n$ 的误差很大,在 $n = 4$ 就已完全失真,因为 $y_n > 0$,而 $\tilde{y}_4 < 0$,显然不对.这里计算公式是正确的,只是因为初始近似 $\tilde{y}_0$ 有误差 ε_0,而 $|\varepsilon_0| = |y_0 - \tilde{y}_0| < \frac{1}{2} \times 10^{-3}$,令 $\varepsilon_n = y_n - \tilde{y}_n$,由式(1 - 19)减去式(1 - 20)得

$$\varepsilon_n = -5\varepsilon_{n-1} = \cdots = (-5)^n \varepsilon_0, \quad |\varepsilon_n| \geq 5^n |\varepsilon_0|.$$

它表明误差增长很快,故算法(1 - 19)是不稳定的.

将公式(1 - 19)改写成

$$y_{n-1} = \frac{1}{5}\left(\frac{1}{n} - y_n\right) \quad (n = 8, 7, 6, \cdots, 1), \tag{1-21}$$

表 1 - 1 积分 y_n 与近似值 $\tilde{y}_n$ 与 $\bar{y}_n$ 比较

a	y_n	$\tilde{y}_n$	$\bar{y}_n$
0	0.182322	0.182	0.182
1	0.088392	0.090	0.088
2	0.058039	0.050	0.058
3	0.043139	0.083	0.043
4	0.034306	-0.165	0.034
5	0.028468	1.025	0.028
6	0.024325	-4.958	0.025
7	0.021231	24.933	0.021
8	0.018846	-124.540	0.019

取 $\bar{y}_8 = 0.019$, $\bar{\varepsilon}_8 = |y_8 - \bar{y}_8| < \frac{1}{2} \times 10^{-3}$,由式(1 - 21)计算出 $\bar{y}_{n-1} = \frac{1}{5}\left(\frac{1}{n} - \bar{y}_n\right)$ ($n = 8, 7, \cdots, 1$) 结果见表 1 - 1,此时 $\bar{\varepsilon}_{n-1} = -\frac{1}{5}\bar{\varepsilon}_n$, $\bar{\varepsilon}_{8-k} = (-1)^k \left(\frac{1}{5}\right)^k \bar{\varepsilon}_8$,误差是逐步递减的,故用算法(1 - 21)计算是数值稳定的.在数值计算中数值不稳定的算法是不能使用的.

注意:

误差的定性分析中首先要分清问题是否病态,如果是病态问题,计算结果就可能不可靠;对非病态问题主要考虑算法的稳定性,不稳定的算法计算结果也不可靠.另外,计算中还要根据给出的上述原则尽量避免舍入误差增长.

1.4.2 数值运算的简单原则

为了减少数值运算中的舍入误差,应注意避免误差危害,通常可采用以下简单原则.

1.4.2.1 注意运算次序

在计算机中,由于字长的限制,$(a+b)+c$ 可能不等于 $a+(b+c)$,因为两者的舍入误差可能不同. 例如,以限制取两位十进制数为例. $(10^1 \times 0.19 + 10^{-1} \times 0.43) + 10^{-1} \times 0.47$ 的两位近似值为 10×0.19,舍入误差为 $10^{-1} \times 0.90$;而 $10^1 \times 0.19 + (10^{-1} \times 0.43 + 10^{-1} \times 0.47)$ 的两位近似值为 $10^1 \times 0.20$,舍入误差为 $10^{-1} \times 0.10$. 由此例可以看出一个简单原则:在多个数求和时,如果被加数的绝对值之间差异较大,且包含许多绝对值较小的数,则应按绝对值从小到大的次序相加.

例2 在 4 位十进制的限制下,计算
$$A = 1000 + \delta_1 + \delta_2 + \cdots + \delta_{1000},$$
其中 $0.1 \leq \delta_i \leq 0.4, i = 1, 2, \cdots, 1000$.

解 如果自左到右相加,则 $A = 1000$;如果将每个 δ_i 加起来再加 1000,则
$$1100 = 1000 + 0.1 \times 1000 \leq A \leq 1000 + 0.4 \times 1000 = 1400.$$

1.4.2.2 尽量避免相近数相减

相近数相减会使有效数字大量丢失,如有可能应尽量避免. 主要在构造具体算法时,周密地考虑,防止产生这样的情况.

例3 二次方程 $ax^2 + bx + c = 0$ 求根公式的通常形式为
$$x_1 = \frac{-b + \sqrt{b^2 - 4ac}}{2a}, \quad x_2 = \frac{-b - \sqrt{b^2 - 4ac}}{2a},$$
当遇到 $b^2 >> 4|ac|$ 的情形时,有 $|b| \approx \sqrt{b^2 - 4ac}$,用上述公式求出两个根中,总有一个因相近数相减而严重不可靠. 为了求得可靠的结果,鉴于 $x_1 x_2 = \frac{c}{a}$,在计算机上采用如下算法:
$$x_1 = \frac{-b - \text{sgn}(b)\sqrt{b^2 - 4ac}}{2a}, \quad x_2 = \frac{c}{ax_1},$$
这里的 x_1 与上面的 x_1,当 $b < 0$ 时是相同的. 这个公式避免了相近数相减的可能性.

例4 计算 $A = 1 - \cos 2°$(用四位数学用表).

解 由于 $\cos 2° = 0.9994$(四位有效数字),直接计算有
$$A = 1 - \cos 2° = 1 - 0.9994 = 0.0006,$$
只有一位有效数字. 若利用 $1 - \cos x = 2\sin^2 \frac{x}{2}$,则
$$A = 1 - \cos 2° = 2(\sin 1°)^2 = 2 \times (0.0175)^2 = 6.13 \times 10^{-4},$$
具有三位有效数字. 此例表明通过改变计算公式可避免或减少有效数字的损失.

1.4.2.3 避免被除数绝对值远远大于除数绝对值的除法

绝对值大的数被绝对值小的数除,舍入误差界要比相反的情形大,有时会给计算结果带来严重的影响.

例5 求解二元线性方程组
$$\begin{cases} 0.0001 x_1 + x_2 = 1, \\ x_1 + x_2 = 2. \end{cases}$$

解 此方程组的精确解为

$$x_1 = \frac{10000}{9999}, \quad x_2 = \frac{9998}{9999}.$$

下面在三位十进制的限制下用消去法求解,上述方程组应改写成

$$\begin{cases} 10^{-3} \times 0.100 x_1 + 10^1 \times 0.100 x_2 = 10^1 \times 0.100, \\ 10^1 \times 0.100 x_1 + 10^1 \times 0.100 x_2 = 10^1 \times 0.200. \end{cases}$$

若利用第一个方程消去第二个方程中含 x_1 的项,将第二个方程减去第一个方程的 $(10^{-3} \times 0.100)^{-1}$ 倍,则出现大数被小数除的情形,得到

$$\begin{cases} 10^{-3} \times 0.100 x_1 + 10^1 \times 0.100 x_2 = 10^1 \times 0.100, \\ 10^5 \times 0.100 x_2 = -10^5 \times 0.100. \end{cases}$$

由此解出

$$x_1 = 0(\text{失去近似意义}), \quad x_2 = 10^1 \times 0.100.$$

若反过来用第二个方程消去第一个方程中含 x_1 的项,则避免出现大数被小数除的情形,得到

$$\begin{cases} 10^1 \times 0.100 x_2 = 10^1 \times 0.100, \\ 10^1 \times 0.100 x_1 + 10^1 \times 0.100 x_2 = 10^1 \times 0.200. \end{cases}$$

由此得出相当好的近似解

$$x_1 = x_2 = 10^1 \times 0.100.$$

1.4.2.4 简化计算步骤

每次算术运算都可能产生舍入误差,因此,如能通过算法的改进减少运算次数,特别是减少乘除法的运算次数,则舍入误差的积累一般可能下降,还能节省计算机的执行时间.

算法是通过在具体执行上没有任何随意性的表达式来描述的计算过程,因此不是任何一个表达式都确定一个算法.

例 6 求多项式 $P_n = a_n x^n + a_{n-1} x^{n-1} + \cdots + a_1 x + a_0$ 的值.

解 多项式是一个表达式,但由它导出结果的过程有很大的随意性,它不是一个算法而是一个计算问题. 若直接计算 $a_k x^k$ 再逐项相加,则确定一种算法:

$$\begin{cases} A_0 = a_0, \\ A_k = a_k x^k, & k = 1, 2, \cdots, n. \\ P_n(x) = A_0 + A_1 + \cdots + A_n, \end{cases}$$

这个算法有明显的缺点,比如 x 的幂的重复计算,它共需做

$$1 + 2 + \cdots + n = \frac{n(n+1)}{2}$$

次乘法和 n 次加法.

若用著名的秦九韶算法或称 Horner 算法:

$$\begin{cases} S_0 = a_n, \\ S_k = x S_{k-1} + a_{n-k}, & k = 1, 2, \cdots, n. \\ P_n(x) = S_n, \end{cases} \quad (1-22)$$

求 $P_n(x)$ 的值只需做 n 次乘法和 n 次加法.

例 7 $\dfrac{2}{3} = \dfrac{1}{3} \times 2$,在四位十进制的限制下,$\dfrac{2}{3}$ 的近似值为 $10^0 \times 0.6667$,舍入误差为 $10^{-4} \times 0.44\cdots$;$\dfrac{1}{3} \times 2$ 比 $\dfrac{2}{3}$ 多一次运算,近似值为 $10^0 \times 0.6666$,舍入误差为 $10^{-4} \times 0.66\cdots$

习题 1

1. 比较用 $\frac{22}{7}$ 或 3.14 代替 π 的精度.

2. $a = 225(\pm 1), b = 2.25(\pm 0.01), c = 0.00225(\pm 0.00001)$,这三个数哪个精度高？由此可得出什么结论？

3. 用最小刻度为厘米的米尺量桌子长为 1.15 米,若用最小刻度为分的市尺量桌子长为 3.45 尺,哪个准确些？原因是什么？

4. 制作一个直径为 20 mm 的滚珠,容许直径的绝对误差界为 0.012 mm,合格品的直径应在哪个范围内？

5. 求 $\sqrt{10}$ 得近似值 a,使 $\delta_r a \leq 0.1\%$.

6. 我国古代数学家祖冲之,曾以 $\frac{355}{113}$ 作为 π 的近似值,求此近似值的有效数位位数.

7. 如果 x 有 n 位有效数字(位),则 $\delta_r x \leq \frac{1}{2} \times 10^{-(n-1)}$.

8. 如果 $\delta_r x \leq \frac{1}{2} \times 10^{-p}$,求证 x 至少有 p 位有效数字.

9. 已知 $\delta_r a$ 满足下列不等式
$$10^{-(n+2)} \leq \delta_r a \leq \frac{1}{2} \times 10^{-(n-1)},$$
试估计 a 的小数位个数.

10. 导出二数和、差、积、商的绝对误差对初始数据误差的依赖关系.

11. 讨论下列函数在指定点附近是好条件还是坏条件的.

(1) $f(x) = \frac{1}{n}\sin(n^2 x)$, $x \doteq 0, n \to \infty$;

(2) $\tan x, x = 1$.

12. 如何计算下列函数值才比较可靠？

(1) $\tan x_1 - \tan x_2$,当 x_1 与 x_2 很接近时;

(2) $\frac{1 - \cos x}{\sin x}$,当 $x = 2°$ 时;

(3) $\arctan(x+1) - \arctan x$,当 x 充分大时;

(4) $10^7(1 - \cos x), x = 2°$,用四位数学表.

13. 讨论二次式 $f(x) = x^2 + x - 1150$ 在根附近的性态.

14. 设 $f(x) = \lg x$,当 $x \doteq a(>0)$ 时,如果已知对数 $\lg a$ 的绝对误差界为 0.5×10^{-n},试估计真数 a 的相对误差界及有效数字位数.

第 2 章　插值与曲线拟合

在许多实际问题中,常常根据实验、观测或者经验得到的函数表或者离散点上的信息,去研究分析该函数的有关特性.例如,分析函数的变化趋势,求导数、积分、零点与极值点,这就需要根据函数表中的离散数据,来选择、构造一个较为理想的且表达式简单的近似函数替代原来的函数.求得此近似函数的方法通常有插值法和数据拟合法.

本章将首先介绍 Lagrange 插值多项式,该插值整齐直观、结构对称、易于表达,适用于节点不等距时的插值计算及理论分析等;其次分析 Newton 插值公式,此公式简便、易于修改,适用于改变插值节点或节点等距时的插值计算;此外,为避免高次插值出现 Runge 现象,根据不同边值条件,给出了具有分段低次插值且整体光滑的三次样条插值公式;最后介绍了曲线拟合的最小二乘原理及应用.

2.1　引言

在实际生活中,我们通过实验观察得到一组数据,对于这些数据之间的函数关系并不清楚,如函数 $y=f(x)$ 本身的解析表达式不知道. 如何通过这些实验得到的数据来找到 $f(x)$ 的一个近似表达式呢?即使有的函数有解析表达式,但由于计算复杂,使用起来并不方便. 因此,我们希望找到的函数是一个既能反映函数 $f(x)$ 的特性,又能简单计算的简单函数 $P(x)$. 在用 $P(x)$ 近似 $f(x)$ 的时候,通常选用简单代数多项式函数作为 $P(x)$,因为该函数具有各阶导数以及计算方便等优点. 在 $P(x)$ 的构造过程中,要求 $P(x_i)=f(x_i)$ 对 $i=0,1,\cdots,n$ 都成立.这样确定 $P(x)$ 的方法就是所谓的插值函数.

下面我们给出有关插值法的定义.

定义 2.1　已知在点 $a\leqslant x_0<x_1<x_2<\cdots<x_n\leqslant b$ 上的值 $y_0,y_1,y_2,\cdots,y_n$,设函数 $y=f(x)$ 在区间 $[a,b]$ 上有定义,若存在一个简单函数 $P(x)$ 满足

$$P(x_i)=f(x_i)=y_i, i=0,1,\cdots,n, \tag{2-1}$$

则称 $P(x)$ 为 $f(x)$ 的**插值函数**,点 $x_0,x_1,x_2,\cdots,x_n$ 称为**插值节点**,区间 $[a,b]$ 称为**插值区间**,求插值函数 $P(x)$ 的方法称为**插值法**.

由于代数多项式函数具有各阶导数、计算方便等优点,所以通常取 $P(x)$ 为代数多项式. 若 $P(x)$ 是次数不超过 n 次的代数多项式,即

$$P(x)=a_0+a_1x+a_2x^2+\cdots+a_nx^n, \tag{2-2}$$

其中 $a_i(i=0,1,\cdots,n)$ 为实数,就称 $P(x)$ 为**插值多项式**,相应的插值法为**多项式插值**;若

$P(x)$ 为分段的多项式,就称为**分段插值**;若 $P(x)$ 为三角多项式,就称为**三角插值**.

设在区间 $[a,b]$ 上给定 $n+1$ 个点
$$a \leqslant x_0 < x_1 < x_2 < \cdots < x_n \leqslant b$$
上的函数值 $y_i = f(x_i)$ $(i=0,1,2,\cdots,n)$,求次数不超过 n 次的多项式
$$P(x) = a_0 + a_1 x + a_2 x^2 + \cdots + a_n x^n$$
使
$$P(x_i) = f(x_i) = y_i \quad (i=0,1,\cdots,n), \tag{2-3}$$
由此可得到关于系数 $a_0, a_1, a_2, \cdots, a_n$ 的 $n+1$ 元线性方程组
$$\begin{cases} a_0 + a_1 x_0 + a_2 x_0^2 + \cdots + a_n x_0^n = y_0, \\ a_0 + a_1 x_1 + a_2 x_1^2 + \cdots + a_n x_1^n = y_1, \\ \quad\quad\quad \cdots\cdots \\ a_0 + a_1 x_n + a_2 x_n^2 + \cdots + a_n x_n^n = y_n, \end{cases} \tag{2-4}$$
此方程组的系数矩阵为
$$A = \begin{bmatrix} 1 & x_0 & x_0^2 & \cdots & x_0^n \\ 1 & x_1 & x_1^2 & \cdots & x_1^n \\ \vdots & \vdots & \vdots & & \vdots \\ 1 & x_n & x_n^2 & \cdots & x_n^n \end{bmatrix}. \tag{2-5}$$
此矩阵为范德蒙德(Vandermonde)矩阵,由于 $x_i (i=0,1,\cdots,n)$ 互异,故
$$|A| = \begin{vmatrix} 1 & x_0 & x_0^2 & \cdots & x_0^n \\ 1 & x_1 & x_1^2 & \cdots & x_1^n \\ \vdots & \vdots & \vdots & & \vdots \\ 1 & x_n & x_n^2 & \cdots & x_n^n \end{vmatrix} = \prod_{0 \leqslant j < i \leqslant n} (x_i - x_j) \neq 0,$$
从而线性方程组(2-4)的解存在且唯一,于是有下面的结论.

定理 2.1 满足条件(2-3)的插值多项式是唯一存在的.

例 1 证明过点 $(1,0),(-1,-3)$ 和 $(2,4)$ 的二次插值多项式 $P(x)$ 是唯一存在的.

证明 设二次插值多项式 $P(x) = ax^2 + bx + c$,要证明 $P(x)$ 的存在唯一,只需要证明它的系数 a,b,c 存在且唯一.

由已知条件,得
$$\begin{cases} a + b + c = 0, \\ a - b + c = -3, \\ 4a + 2b + c = 4. \end{cases} \tag{2-6}$$
当待定系数 a,b,c 作为方程组(2-6)的未知量时,其对应的系数矩阵为
$$A = \begin{bmatrix} 1 & 1 & 1 \\ 1 & -1 & 1 \\ 4 & 2 & 1 \end{bmatrix},$$
且 $|A| = 6$,所以线性方程组(2-6)有唯一解,解之得

$$a = \frac{5}{6}, \quad b = \frac{3}{2}, \quad c = -\frac{7}{3}.$$

由此可见,通过直接求解方程组(2-4),就可以得到插值多项式 $P(x)$ 的表达式. 该方法形式简单, 但当插值节点比较多的时候,此法求解繁杂,计算量大,一般是不用的. 下面将给出构造插值多项式其他更简单的方法.

2.2 Lagrange 插值

2.2.1 线性插值与抛物线插值

考虑形如(2-2)式的插值多项式最简单情形.

(1) $n=1$ 的情形. 假定在定区间 $[x_0, x_1]$ 及端点函数值 $y_0 = f(x_0), y_1 = f(x_1)$, 要求线性插值多项式 $L_1(x)$, 使它满足

$$L_1(x_0) = y_0, \quad L_1(x_1) = y_1.$$

$y = L_1(x)$ 的几何意义就是通过两点 (x_0, y_0) 与 (x_1, y_1) 的直线, 从而可解得 $L_1(x)$ 的表达式为

$$\begin{aligned} L_1(x) &= \frac{x_1 - x}{x_1 - x_0} y_0 + \frac{x - x_0}{x_1 - x_0} y_1 \\ &= y_0 l_0(x) + y_1 l_1(x), \end{aligned} \quad (2-7)$$

其中

$$l_0(x) = \frac{x_1 - x}{x_1 - x_0}, \quad l_1(x) = \frac{x - x_0}{x_1 - x_0}. \quad (2-8)$$

显然, $l_0(x)$ 及 $l_1(x)$ 也是线性插值多项式, 且在节点 x_0 及 x_1 上分别满足条件

$$\begin{cases} l_0(x_0) = 1, \ l_0(x_1) = 0, \\ l_1(x_0) = 0, \ l_1(x_1) = 1. \end{cases}$$

我们称函数 $l_0(x)$ 及 $l_1(x)$ 为**线性插值基函数**.

(2) $n=2$ 的情形. 设插值节点为 x_0, x_1, x_2, 要求二次插值多项式 $L_2(x)$ 使它满足

$$L_2(x_i) = y_i, \quad i = 0, 1, 2.$$

可以验证, $y = L_2(x)$ 的几何图像就是通过三点 $(x_0, y_0), (x_1, y_1), (x_2, y_2)$ 的抛物线, 可采用基函数方法求出 $L_2(x)$ 的表达式, 此时基函数 $l_0(x), l_1(x)$ 及 $l_2(x)$ 均是二次函数, 且在节点上分别满足条件

$$\begin{cases} l_0(x_0) = 1, l_0(x_1) = 0, l_0(x_2) = 0, \\ l_1(x_0) = 0, l_1(x_1) = 1, l_1(x_2) = 0, \\ l_2(x_0) = 0, l_2(x_1) = 0, l_2(x_2) = 1. \end{cases} \quad (2-9)$$

我们通过构造函数的方法, 很容易求出满足上述条件的插值基函数.

以 $l_0(x)$ 为例, 由于它有两个零点 x_1 及 x_2, 故可将 $l_0(x)$ 构造为

$$l_0(x) = A(x - x_1)(x - x_2),$$

其中 A 为待定系数,又由条件 $l_0(x_0) = 1$,可求出

$$A = \frac{1}{(x_0 - x_1)(x_0 - x_2)},$$

于是

$$l_0(x) = \frac{(x - x_1)(x - x_2)}{(x_0 - x_1)(x_0 - x_2)}.$$

类似地,可得

$$l_1(x) = \frac{(x - x_0)(x - x_2)}{(x_1 - x_0)(x_1 - x_2)}, \quad l_2(x) = \frac{(x - x_0)(x - x_1)}{(x_2 - x_0)(x_2 - x_1)}.$$

由二次插值基函数 $l_0(x), l_1(x), l_2(x)$ 得二次插值多项式

$$\begin{aligned}L_2(x) &= y_0 l_0(x) + y_1 l_1(x) + y_2 l_2(x) \\ &= y_0 \frac{(x - x_1)(x - x_2)}{(x_0 - x_1)(x_0 - x_2)} + y_1 \frac{(x - x_0)(x - x_2)}{(x_1 - x_0)(x_1 - x_2)} \\ &\quad + y_2 \frac{(x - x_0)(x - x_1)}{(x_2 - x_0)(x_2 - x_1)}\end{aligned} \quad (2-10)$$

它显然满足条件 $L_2(x_j) = y_j (j = 0, 1, 2)$. 此公式称为**二次插值公式**,也称**抛物线插值公式**.

例1 给出 $f(x) = \ln x$ 的数值表(表2-1),用线性插值及二次插值计算 $\ln 0.54$ 的近似值.

表 2 - 1 函数 $f(x) = \ln x$ 的数值

x	0.4	0.5	0.6	0.7	0.8
$\ln x$	-0.916291	-0.693147	-0.510826	-0.357765	-0.223144

解 若取 $x_0 = 0.5, x_1 = 0.6$,则 $y_0 = -0.693147, y_1 = -0.510826$,所以

$$\begin{aligned}L_1(x) &= y_0 \frac{x - x_1}{x_0 - x_1} + y_1 \frac{x - x_0}{x_1 - x_0} \\ &= -0.693147 \times \frac{x - 0.6}{0.5 - 0.6} - 0.510826 \times \frac{x - 0.5}{0.6 - 0.5} \\ &= 1.82321x - 1.604752,\end{aligned}$$

从而

$$L_1(0.54) = 1.82321 \times 0.54 - 1.604752 = -0.6202186.$$

若取 $x_0 = 0.4, x_1 = 0.5, x_2 = 0.6$,则

$$y_0 = -0.916291, \quad y_1 = -0.693147, \quad y_2 = -0.510826,$$

于是

$$\begin{aligned}L_2(x) &= y_0 \frac{(x - x_1)(x - x_2)}{(x_0 - x_1)(x_0 - x_2)} + y_1 \frac{(x - x_0)(x - x_2)}{(x_1 - x_0)(x_1 - x_2)} + y_2 \frac{(x - x_0)(x - x_1)}{(x_2 - x_0)(x_2 - x_1)} \\ &= -0.916291 \times \frac{(x - 0.5)(x - 0.6)}{(0.4 - 0.5)(0.4 - 0.6)} + (-0.693147) \times \frac{(x - 0.4)(x - 0.6)}{(0.5 - 0.4)(0.5 - 0.6)}\end{aligned}$$

$$+ (-0.510826) \times \frac{(x-0.4)(x-0.5)}{(0.6-0.4)(0.6-0.5)}$$
$$= -2.04115x^2 + 4.068475x - 2.217097,$$

从而 $L_2(0.54) = -2.04115 \times 0.54^2 + 4.068475 \times 0.54 - 2.217097 = -0.61531984$.

2.2.2 Lagrange 插值

现在将插值基函数表示方法推广到一般情形,下面讨论如何构造通过 $n+1$ 个节点 $x_0 < x_1 < \cdots < x_n$ 的 n 次插值多项式 $L_n(x)$. 假设它满足条件

$$L_n(x_j) = y_j, j = 0, 1, 2, \cdots, n. \tag{2-11}$$

为了构造 $L_n(x)$,我们先定义 n 次插值基函数.

定义 2.2 若 n 次多项式 $l_j(x)(j=0,1,2,\cdots,n)$ 在 $n+1$ 个节点 $x_0 < x_1 < \cdots < x_n$ 上满足条件

$$l_j(x_k) = \begin{cases} 1, & k = j, \\ 0, & k \neq j, \end{cases} \quad j = 0, 1, 2, \cdots, n, \tag{2-12}$$

就称这 $n+1$ 个 n 次多项式 $l_0(x), l_1(x), l_2(x), \cdots, l_n(x)$ 为节点 $x_0, x_1, x_2, \cdots, x_n$ 上的 **n 次插值基函数**.

用类似对 $n=1$ 及 $n=2$ 时的情形进行推导,可以得到 n 次插值基函数为

$$l_k(x) = \frac{(x-x_0)\cdots(x-x_{k-1})(x-x_{k+1})\cdots(x-x_n)}{(x_k-x_0)\cdots(x_k-x_{k-1})(x_k-x_{k+1})\cdots(x_k-x_n)}, k = 0, 1, 2, \cdots, n.$$
$$\tag{2-13}$$

显然,它满足条件(2-11). 于是,满足条件(2-12)的插值多项式 $L_n(x)$ 可以表示为

$$L_n(x) = \sum_{k=0}^{n} y_k l_k(x), \tag{2-14}$$

该式称为 **Lagrange 插值多项式**. (2-14) 还可以写成下面形式

$$L_n(x) = \sum_{k=0}^{n} y_k \frac{\omega_{n+1}(x)}{(x-x_k)\omega'_{n+1}(x_k)}, \tag{2-15}$$

其中

$$\omega_{n+1}(x) = (x-x_0)(x-x_1)(x-x_2)\cdots(x-x_n),$$

而

$$\omega'_{n+1}(x_k) = (x_k-x_0)\cdots(x_k-x_{k-1})(x_k-x_{k+1})\cdots(x_k-x_n).$$

2.2.3 插值余项与误差估计

定义 2.3 设 $L_n(x)$ 为 $[a,b]$ 上 $f(x)$ 的插值函数,称 $R_n(x) = f(x) - L_n(x)$ 为截断误差或插值多项式的余项.

关于 n 次插值多项式的余项有下面定理.

定理 2.2 设 $f^{(n)}(x)$ 在 $[a,b]$ 上连续, $f^{(n+1)}(x)$ 在 (a,b) 内存在, $L_n(x)$ 是节点 $a \leq x_0 < x_1 < x_2 < \cdots < x_n \leq b$ 的 n 次插值多项式,则对于任意给定的 $x \in [a,b]$,总存在一点 $\xi \in (a,b)$(依赖 x),使得插值余项满足

$$R_n(x) = f(x) - L_n(x) = \frac{f^{(n+1)}(\xi)}{(n+1)!}\omega_{n+1}(x), \qquad (2-16)$$

这里 $\omega_{n+1}(x)$ 由 $(2-15)$ 式定义，$f^{(n+1)}(\xi)$ 是 $f(x)$ 的 $n+1$ 阶微商在 ξ 的值．

证明 由条件知 $R_n(x)$ 在节点 $x_k(k=0,1,\cdots,n)$ 上为零，于是可构造 $R_n(x)$ 如下：

$$R_n(x) = K(x-x_0)(x-x_1)(x-x_2)\cdots(x-x_n) = K\omega_{n+1}(x), \qquad (2-17)$$

其中 K 是与 x 有关的待定函数．

对任一固定点 $x \in [a,b]$，作辅助函数

$$\psi(t) = f(t) - L_n(t) - K(t-x_0)(t-x_1)(t-x_2)\cdots(t-x_n),$$

根据 $f(x)$ 的假设可知 $\psi^{(n)}(t)$ 在 $[a,b]$ 上连续，$\psi^{(n+1)}(x)$ 在 (a,b) 内存在．根据插值条件及余项定义，可知 $\psi(t)$ 在点 $x_0,x_1,x_2,\cdots,x_n$ 及 x 处均为零值，即 $\psi(t)$ 在 $[a,b]$ 上有 $n+2$ 个零点，由罗尔定理，$\psi'(t)$ 在 $\psi(t)$ 的两个零点之间至少有一个零点，故 $\psi'(t)$ 在 $[a,b]$ 内至少有 $n+1$ 个零点．对 $\psi'(t)$ 再应用罗尔定理，可知 $\psi''(t)$ 在 $[a,b]$ 内至少有 n 个零点．依此类推，$\psi^{(n+1)}(t)$ 在 (a,b) 内至少有一个零点 $\xi \in (a,b)$，使

$$\psi^{(n+1)}(\xi) = f^{(n+1)}(\xi) - (n+1)!K, \quad \xi \in (a,b),$$

于是

$$K = \frac{f^{(n+1)}(\xi)}{(n+1)!}, \quad \xi \in (a,b)，且依赖于 x.$$

将它代入 $(2-17)$ 式，就得到余项表达 $(2-16)$ 式．故定理得证．

特别地，若 $\max\limits_{a \leqslant x \leqslant b}|f^{(n+1)}(x)| = M_{n+1}$，那么插值多项式 $L_n(x)$ 逼近 $f(x)$ 的截断误差限是

$$|R_n(x)| = \frac{|f^{(n+1)}(\xi)|}{(n+1)!}|\omega_{n+1}(x)| \leqslant \frac{M_{n+1}}{(n+1)!}|\omega_{n+1}(x)|. \qquad (2-18)$$

当 $n=1$ 时，线性插值余项为

$$R_1(x) = \frac{1}{2}f''(\xi)(x-x_0)(x-x_1), \quad \xi \in [x_0, x_1]; \qquad (2-19)$$

当 $n=2$ 时，抛物线插值余项为

$$R_2(x) = \frac{1}{6}f'''(\xi)(x-x_0)(x-x_1)(x-x_2), \quad \xi \in [x_0, x_2]. \qquad (2-20)$$

例 2 设 $x_0, x_1, \cdots, x_n, l_i(x)$ 是关于点 $x_i(i=0,1,\cdots,n)$ 的插值基函数，求证：

$$(1)\ \sum_{i=0}^n x_i^k l_i(x) = x^k; \qquad (2)\ \sum_{i=0}^n (x_i - x)^k l_i(x) = 0.$$

其中 $k = 0, 1, \cdots, n$．

证明 (1) 令 $f(x) = x^k$，所以函数 $f(x) = x^k$ 的 n 次插值多项式为

$$L_n(x) = \sum_{i=0}^n x_i^k l_i(x),$$

相应的插值余项为

$$R_n(x) = x^k - \sum_{i=0}^n x_i^k l_i(x) = \frac{f^{(n+1)}(\xi)}{(n+1)!}\omega_{n+1}(x),$$

又因为 $k \leqslant n$，所以由 $f^{(n+1)}(\xi) = 0$，得

$$R_n(x) = \frac{f^{(n+1)}(\xi)}{(n+1)!}\omega_{n+1}(x) = 0,$$

即

$$x^k - \sum_{i=0}^{n} x_i^k l_i(x) = 0,$$

从而

$$x^k = \sum_{i=0}^{n} x_i^k l_i(x).$$

(2) 因为

$$\sum_{i=0}^{n}(x_i - x)^k l_i(x) = \sum_{i=0}^{n}\left(\sum_{j=0}^{k}C_k^j x_i^j(-x)^{k-j}\right)l_i(x)$$

$$= \sum_{j=0}^{k}C_k^j(-x)^{k-j}\left(\sum_{i=0}^{n}x_i^j l_i(x)\right),$$

又因为 $0 \leq i \leq n$,由上题结论可得

$$\sum_{i=0}^{n} x_i^j l_i(x) = x^j,$$

所以

$$\sum_{j=0}^{k}C_k^j(-x)^{k-j}\left(\sum_{i=0}^{n}x_i^j l_i(x)\right) = \sum_{j=0}^{k}C_k^j(-x)^{k-j}x^j = (x-x)^k = 0.$$

例 3 已给 $\sin 0.32 = 0.314567, \sin 0.34 = 0.333487, \sin 0.36 = 0.352274$,用线性插值及抛物线插值计算 $\sin 0.3367$ 的值并估计截断误差.

解 由题意得出下面的数据表(表 2-2):

表 2-2 函数 $\sin x$ 的数据

x_i	0.32	0.34	0.36
y_i	0.314567	0.333487	0.352274

采用线性插值计算,由于 0.3367 介于 x_0, x_1 之间,所以取 x_0, x_1 进行计算,由公式 (2-7) 得

$$\sin 0.3367 \approx L_1(0.3367) = y_0 + \frac{y_1 - y_0}{x_1 - x_0}(0.3367 - x_0)$$

$$= 0.314567 + \frac{0.01892}{0.02} \times 0.0167 = 0.330365.$$

由 (2-18) 式得其截断误差

$$|R_1(x)| \leq \frac{M_2}{2}|(x-x_0)(x-x_1)|,$$

这里 $M_2 = \max_{x_0 \leq x \leq x_1}|f^{(2)}(x)| \leq \max_{x_0 \leq x \leq x_1}|\sin x| \leq 0.3335$,于是

$$|R_1(0.3367)| = |\sin 0.3367 - L_1(0.3367)|$$

$$\leq \frac{1}{2} \times 0.3335 \times 0.0167 \times 0.0033$$

$$\leq 0.92 \times 10^{-5}.$$

用抛物线插值计算时,由公式 $L_n(x) = \sum_{k=0}^{n} y_k l_k(x)$,得

$$\sin 0.3367 \approx L_2(0.3367) = \sum_{i=0}^{2} y_i l_i(0.3367) = 0.330374,$$

相应的截断误差限

$$|R_2(x)| \leq \frac{M_3}{6} |(x - x_0)(x - x_1)(x - x_2)|,$$

其中

$$M_3 = \max_{x_0 \leq x \leq x_2} |f^{(3)}(x)| = \max_{x_0 \leq x \leq x_2} \cos x = \cos x_0 \leq 0.9493,$$

于是

$$|R_2(0.3367)| = |\sin 0.3367 - L_2(0.3367)|$$
$$\leq \frac{1}{6} \times 0.9493 \times 0.0167 \times 0.033 \times 0.0233$$
$$\leq 2.0132 \times 10^{-6}.$$

例 4 设 $f \in C^2[a,b]$, $M_2 = \max_{a \leq x \leq b} |f''(x)|$,试证

$$\max_{a \leq x \leq b} \left| f(x) - \left[f(a) + \frac{f(b) - f(a)}{b - a}(x - a) \right] \right| \leq \frac{1}{8}(b - a)^2 M_2,$$

其中 $C^2[a,b]$ 表示在区间 $[a,b]$ 上二阶导数连续的函数空间.

证明 通过两点 $(a, f(a))$, $(b, f(b))$ 的线性插值为

$$L_1(x) = f(a) + \frac{f(b) - f(a)}{b - a}(x - a),$$

于是

$$\max_{a \leq x \leq b} \left| f(x) - \left[f(a) + \frac{f(b) - f(a)}{b - a}(x - a) \right] \right|$$
$$= \max_{a \leq x \leq b} |f(x) - L_1(x)|$$
$$= \max_{a \leq x \leq b} \left| \frac{f''(\xi)}{2}(x - a)(x - b) \right|$$
$$\leq \frac{M_2}{2} \max_{a \leq x \leq b} |(x - a)(x - b)|$$
$$= \frac{1}{8}(b - a)^2 M_2.$$

2.3 Newton 插值

由插值基函数得到 Lagrange 插值多项式,其形式整齐直观,且具有对称性,便于记忆,在理论分析中甚为重要.但当插值节点增加或对节点进行修改时,计算要全部重新进行,使得该公式应用不便.为了克服这一缺点,可重新设计一种逐次生成插值多项式的方

法,即 Newton 插值多项式.

2.3.1 均差

定义 2.4 称 $f[x_i,x_j]=\dfrac{f(x_i)-f(x_j)}{x_i-x_j}, x_i\neq x_j$ 为函数 $f(x)$ 关于点 x_i,x_j 的一阶均差.

称 $f[x_i,x_j,x_k]=\dfrac{f[x_i,x_k]-f[x_i,x_j]}{x_k-x_j}$ 为函数 $f(x)$ 关于点 x_i,x_j,x_k 的二阶均差. 一般地, 称

$$f[x_0,x_1,\cdots,x_k]=\dfrac{f[x_0,x_1,\cdots,x_{k-2},x_k]-f[x_0,x_1,\cdots,x_{k-1}]}{x_{k-1}-x_k} \quad (2-21)$$

为函数 $f(x)$ 关于点 $x_0,x_1,\cdots,x_k$ 的 k 阶均差(也称差商).

可以验证均差有如下的性质:

(1) k 阶均差可表示为函数值 $f(x_i)(i=0,1,\cdots,k)$ 的线性组合, 即

$$f[x_0,x_1,\cdots,x_k]=\sum_{j=0}^{k}\dfrac{f(x_j)}{(x_j-x_0)\cdots(x_j-x_{j-1})(x_j-x_{j+1})\cdots(x_j-x_k)}. \quad (2-22)$$

该性质也表明均差与节点的排列次序无关, 称为均差的对称性, 即

$$f[x_0,x_1,\cdots,x_k]=f[x_{i0},x_{i1},\cdots,x_{ik}],$$ 其中 $i_0,i_1,\cdots,i_k$ 为 $0,1,2,\cdots,k$ 的任一排列.

(2) $$f[x_0,x_1,\cdots,x_k]=\dfrac{f[x_1,x_2,\cdots,x_k]-f[x_0,x_1,\cdots,x_{k-1}]}{x_k-x_0}. \quad (2-23)$$

(3) 若 $f(x)$ 在 $[a,b]$ 上存在 n 阶导数, 且节点 $x_i\in[a,b](i=0,1,\cdots,n)$, 则 n 阶均差与导数的关系为

$$f[x_0,x_1,\cdots,x_n]=\dfrac{f^{(n)}(\xi)}{n!}, \xi\in[a,b]. \quad (2-24)$$

在实际计算中, 通常采用表格形式计算均差, 即造均差表(表 2-3).

表 2-3 均差表

x_k	$f(x_k)$	一阶均差	二阶均差	三阶均差	⋯	n 阶均差
x_0	$f(x_0)$					
x_1	$f(x_1)$	$f[x_0,x_1]$				
x_2	$f(x_2)$	$f[x_1,x_2]$	$f[x_0,x_1,x_2]$			
x_3	$f(x_3)$	$f[x_2,x_3]$	$f[x_1,x_2,x_3]$	$f[x_0,x_1,x_2,x_3]$	⋯	
⋮	⋮	⋮	⋮	⋮		⋮
x_n	$f(x_n)$	$f[x_{n-1},x_n]$	$f[x_{n-2},x_{n-1},x_n]$	$f[x_{n-3},x_{n-2},x_{n-1},x_n]$		$f[x_0,x_1,\cdots,x_n]$

2.3.2 均差形式的 Newton 插值

由均差的定义, 一次插值多项式可表示为

$$N_1(x)=P_0(x)+f[x_0,x_1](x-x_0)=f(x_0)+f[x_0,x_1](x-x_0),$$

而二次插值多项式可表示为

$$N_2(x)=P_1(x)+f[x_0,x_1,x_2](x-x_0)(x-x_1)$$
$$=f(x_0)+f[x_0,x_1](x-x_0)+f[x_0,x_1,x_2](x-x_0)(x-x_1).$$

实际上,根据均差定义,将 x 看成 $[a,b]$ 上一点,可得
$$f(x) = f(x_0) + f[x_0, x_1](x - x_0),$$
$$f[x, x_0] = f[x_0, x_1] + f[x, x_0, x_1](x - x_1),$$
$$\cdots\cdots$$
$$f[x, x_0, \cdots, x_{n-1}] = f[x_0, x_1, \cdots, x_n] + f[x, x_0, x_1, \cdots, x_n](x - x_n),$$
只要把后一式依次代入前一式,就可以得到
$$f(x) = f(x_0) + f[x_0, x_1](x - x_0) + f[x_0, x_1, x_2](x - x_0)(x - x_1) + \cdots$$
$$+ f[x_0, x_1, \cdots, x_n](x - x_0)(x - x_1)\cdots(x - x_{n-1})$$
$$+ f[x, x_0, x_1, \cdots, x_n]\omega_{n+1}(x)$$
$$= N_n(x) + R_n(x),$$
这里
$$N_n(x) = f(x_0) + f[x_0, x_1](x - x_0) + f[x_0, x_1, x_2](x - x_0)(x - x_1) + \cdots$$
$$+ f[x_0, x_1, \cdots, x_n](x - x_0)(x - x_1)\cdots(x - x_{n-1}), \quad (2-25)$$
$$R_n(x) = f(x) - P_n(x) = f[x, x_0, x_1, \cdots, x_n]\omega_{n+1}(x), \quad (2-26)$$
$R_n(x)$ 为插值余项,其中 $\omega_{n+1}(x)$ 由 (2-15) 式定义.

多项式 $N_n(x)$ 显然满足插值条件 (2-21),且次数不超过 n,它就是形如式 (2-22) 的多项式,其系数为
$$a_k = f[x_0, x_1, \cdots, x_k] \quad (k = 0, 1, 2, \cdots, n),$$
称 $N_n(x)$ 为 **Newton 均差插值多项式**. 系数 a_k 就是均差表 2-3 中加横线的各阶均差,它比 Lagrange 插值计算量小,且便于设计程序.

由插值多项式唯一性知,Newton 均差插值的余项与 Lagrange 插值的余项是等价的.

例 1 给定数据表(表 2-4):

表 2-4 函数数据

x_i	1	2	4	6	7
y_i	4	1	0	1	1

$i = 1, 2, 4, 6, 7$,求 4 次牛顿插值多项式,并写出插值余项.

解 首先给出定函数表造出均差表(表 2-5):

表 2-5 均差表

x_i	$f(x_i)$	一阶均差	二阶均差	三阶均差	四阶均差
1	4				
2	1	-3			
4	0	-0.5	5/6		
6	1	0.5	0.25	-7/60	
7	1	0	-1/6	-1/12	1/180

由均差表可得 4 次牛顿插值多项式为
$$N_4(x) = 4 - 3(x - 1) + \frac{5}{6}(x - 1)(x - 2) - \frac{7}{60}(x - 1)(x - 2)(x - 4)$$
$$+ \frac{1}{180}(x - 1)(x - 2)(x - 4)(x - 6)$$

$$= 4 - 3(x-1) + \frac{5}{6}(x-1)(x-2) - \frac{7}{60}(x-1)(x-2)(x-4)$$
$$+ \frac{1}{180}(x-1)(x-2)(x-4)(x-6),$$

插值余项为

$$R_4(x) = \frac{f^{(5)}(\xi)}{5!}(x-1)(x-2)(x-4)(x-6)(x-7), \xi \in (1,7).$$

2.3.3 差分形式的 Newton 插值公式

我们前面构造插值多项式时,考虑的节点是任意分布的,但实际计算过程中经常遇到插值节点均匀分布的情形,即 $x_k = x_0 + kh (k = 0,1,2,\cdots,n)$ 的情形,这里 h 为正常数,称为步长,此时插值公式可得到简化.

定义 2.5 设 x_k 点的函数值为 $y_k = f(x_k)(k = 0,1,2,\cdots,n)$,称 $\Delta y_k = y_{k+1} - y_k$ 为 x_k 处以 h 为步长的一阶(向前)差分,类似地称 $\Delta^2 y_k = \Delta y_{k+1} - \Delta y_k$ 为 x_k 处的二阶差分,一般地称

$$\Delta^n y_k = \Delta^{n-1} y_{k+1} - \Delta^{n-1} y_k \tag{2-27}$$

为 x_k 处的 n 阶差分. 还可导出差分与均差的关系:

$$f[x_k, x_{k+1}] = \frac{y_{k+1} - y_k}{x_{k+1} - x_k} = \frac{\Delta y_k}{h},$$

$$f[x_k, x_{k+1}, x_{k+2}] = \frac{f[x_{k+1}, x_{k+2}] - f[x_k, x_{k+1}]}{x_{k+2} - x_k} = \frac{1}{2h^2}\Delta^2 y_k.$$

一般地,有

$$f[x_k, \cdots, x_{k+m}] = \frac{1}{m!}\frac{1}{h^m}\Delta^m f_k, m = 1,2,\cdots,n. \tag{2-28}$$

由(2-27)式及(2-24)式又可得到差分与导数的关系:

$$\Delta^n y_k = h^n f^{(n)}(\xi), \xi \in (x_k, x_{k+1}). \tag{2-29}$$

由给定函数表计算各阶差分可以由以下形式差分表给出(表2-6).

表 2-6 差分表

x_k	y_k	Δy_k	$\Delta^2 y_k$	$\Delta^3 y_k$	$\cdots$	$\Delta^n y_k$
x_0	y_0					
x_1	y_1	Δy_0				
x_2	y_2	Δy_1	$\Delta^2 y_0$			
x_3	y_3	Δy_2	$\Delta^2 y_1$	$\Delta^3 y_0$		
$\vdots$	$\vdots$	$\vdots$	$\vdots$	$\vdots$		$\vdots$
x_n	y_n	Δy_{n-1}	$\Delta^2 y_{n-2}$	$\Delta^3 y_{n-3}$	$\cdots$	$\Delta^n y_0$

若在 Newton 插值公式(2-25)中,用(2-28)式的差分代替均差,并令 $x = x_0 + th$,得

$$N_n(x_0 + th) = f_0 + t\Delta f_0 + \frac{t(t-1)}{2!}\Delta^2 f_0 + \cdots$$

$$+ \frac{t(t-1)\cdots(t-n+1)}{n!}\Delta^n f_0, \qquad (2-30)$$

称之为 Newton 前插值公式,其余项为

$$R_n(x) = \frac{t(t-1)\cdots(t-n)}{(n+1)!} h^{n+1} f^{(n+1)}(\xi), \xi \in (x_0, x_n). \qquad (2-31)$$

例 2 若下表给定函数(表 2-7):

表 2-7 函数数据

x_i	0	1	2	3	4
y_i	3	6	11	18	27

$i=0,1,2,3,4$,试计算出此列表函数的差分表,并利用牛顿向前插值公式给出它的插值多项式.

解 构造差分表(表 2-8):

表 2-8 差分表

x_i	Δy_i	$\Delta^2 y_i$	$\Delta^3 y_i$	$\Delta^4 y_i$	$\Delta^5 y_i$
0	3				
1	6	3			
2	11	5	2		
3	18	7	2	0	
4	27	9	2	0	0

由差分表可得插值多项式为

$$\begin{aligned} N_4(x_0 + th) &= f_0 + t\Delta f_0 + \frac{t(t-1)}{2}\Delta^2 f_0 + \cdots \\ &= 3 + 3t + \frac{t(t-1)}{2} \times 2 \\ &= 3 + 3t + t(t-1) \\ &= t^2 + 2t + 3. \end{aligned}$$

2.4 Hermite 插值

在一般的情况下,在构造插值多项式时,要求插值函数在插值节点上的值与被插值函数的函数值相等. 但在有的实际问题中还要求在节点上导数值相等,符合这种要求的插值多项式称为 Hermite 插值多项式.

下面给出 Hermite 插值过程,考虑两类经常用到的情形.

(1) 假设 $f(x)$ 具有较好的可微性,插值函数 $P(x)$ 满足条件

$$P(x_i) = f(x_i)(i=0,1,2), P'(x_1) = f'(x_1).$$

由四个条件可确定次数不超过 3 的插值多项式,又 $P(x)$ 通过点 $(x_0, f(x_0))$,

$(x_1,f(x_1))$ 及 $(x_2,f(x_2))$,所以其形式可设为

$$P(x) = f(x_0) + f[x_0,x_1](x-x_0) + f[x_0,x_1,x_2](x-x_0)(x-x_1)$$
$$+ A(x-x_0)(x-x_1)(x-x_2), \quad (2-32)$$

这里 A 为待定常数,可由 $P'(x_1) = f'(x_1)$ 来确定,不难得出

$$A = \frac{f'(x_1) - f[x_0,x_1] - (x_1-x_0)f[x_0,x_1,x_2]}{(x_1-x_0)(x_1-x_2)}. \quad (2-33)$$

由于 $P(x_i) = f(x_i) (i=0,1,2)$ 以及 $P'(x_1) = f'(x_1)$,可假设

$$R(x) = f(x) - P(x) = K(x)(x-x_0)(x-x_1)^2(x-x_2),$$

其中 $K(x)$ 为待定函数,构造辅助函数 $\phi(t)$,且满足

$$\phi(t) = f(t) - P(t) - K(x)(t-x_0)(t-x_1)^2(t-x_2),$$

显然

$$\phi(t) = 0(j=0,1,2),\text{且} \phi'(x_1) = 0, \phi(x) = 0,$$

故 $\phi(t)$ 在 (a,b) 内有 5 个零点.反复应用罗尔定理,得 $\phi^{(4)}(t)$ 在 (a,b) 内至少有一个零点 ξ,所以

$$\phi^{(4)}(\xi) = f^{(4)}(\xi) - 4!\, K(x) = 0,$$

即

$$K(x) = \frac{f^{(4)}(\xi)}{4!},$$

于是余项表达式 $R(x)$ 为

$$R(x) = \frac{1}{4!}f^{(4)}(\xi)(x-x_0)(x-x_1)^2(x-x_2), \quad (2-34)$$

式中 ξ 位于 x_0,x_1,x_2 和 x 所界定的范围内.

例 1 求一个次数不高于 4 次的多项式 $P(x)$,使它满足

$$P(0) = P'(0) = 0, \quad P(1) = P'(1) = 1, \quad P(2) = 1.$$

解 方法一.利用数据先建立均差表,代入 (2-32)~(2-33),便可以求出 $P(x)$ 的表达式.

方法二.设 $P(x) = a_4 x^4 + a_3 x^3 + a_2 x^2 + a_1 x + a_0$,则

$$P'(x) = 4a_4 x^3 + 3a_3 x^2 + 2a_2 x + a_1.$$

再由 $P(0) = P'(0) = 0, P(1) = P'(1) = 1, P(2) = 1$,可得

$$\begin{cases} P(0) = a_0 = 0, \\ P'(0) = a_1 = 0, \\ P(1) = a_4 + a_3 + a_2 + a_1 + a_0 = 1, \\ P'(x) = 4a_4 + 3a_3 + 2a_2 + a_1 = 1, \\ P(2) = 16a_4 + 8a_3 + 4a_2 + 2a_1 + a_0 = 1, \end{cases}$$

解之得

$$a_0 = 0, \; a_1 = 0, \; a_2 = 2.25, \; a_3 = -1.5, \; a_4 = 0.25,$$

从而

$P(x) = 0.25x^4 - 1.5x^3 + 2.25x^2 = 0.25x^2(x^2 - 6x + 9) = 0.25x^2(x-3)^2.$

(2) 若插值多项式为 3 次多项式 $H_3(x)$，并且满足插值条件

$$\begin{cases} H_3(x_0) = y_0, H_3(x_1) = y_1, \\ H'_3(x_0) = m_0, H'_3(x_1) = m_1. \end{cases} \qquad (2-35)$$

这就是经典的两点 3 次 Hermite 插值。

仍采用构造插值基函数方法。设 $\alpha_0(x), \alpha_1(x), \beta_0(x), \beta_1(x)$ 分别为节点 x_0 和 x_1 的 3 次 Hermite 插值基函数，即

$$H_3(x) = \alpha_0(x)y_0 + \alpha_1(x)y_1 + \beta_0(x)m_0 + \beta_1(x)m_1, \qquad (2-36)$$

且它们应分别满足条件

$$\begin{cases} \alpha_0(x_0) = 1, \alpha_0(x_1) = 0, \alpha'_0(x_0) = \alpha'_0(x_1) = 0, \\ \alpha_1(x_0) = 0, \alpha_1(x_1) = 1, \alpha'_1(x_0) = \alpha'_1(x_1) = 0, \\ \beta_0(x_0) = \beta_0(x_1) = 0, \\ \beta'_0(x_0) = 1, \beta'_0(x_1) = 0, \\ \beta_1(x_0) = \beta_1(x_1) = 0, \beta'_1(x_0) = 0, \beta'_1(x_1) = 1. \end{cases} \qquad (2-37)$$

根据给定条件 (2-37)，可令

$$\alpha_0(x) = (ax + b)\left(\frac{x - x_1}{x_0 - x_1}\right)^2,$$

显然

$$\alpha_0(x_1) = \alpha'_0(x_1) = 0.$$

再利用

$$\alpha_0(x_0) = ax_0 + b = 1, \quad \alpha'_0(x_0) = 2\frac{ax_0 + b}{x_0 - x_1} + a = 0,$$

解之得

$$a = -\frac{2}{x_0 - x_1}, \quad b = 1 + \frac{2x_0}{x_0 - x_1},$$

于是求得

$$\alpha_0(x) = \left(1 + 2\frac{x - x_0}{x_1 - x_0}\right)\left(\frac{x - x_1}{x_0 - x_1}\right)^2. \qquad (2-38)$$

同理可求得

$$\alpha_1(x) = \left(1 + 2\frac{x - x_1}{x_0 - x_1}\right)\left(\frac{x - x_0}{x_1 - x_0}\right)^2. \qquad (2-39)$$

类似地，由给定条件 (2-37)，令

$$\beta_0(x) = c(x - x_0)\left(\frac{x - x_1}{x_1 - x_0}\right)^2,$$

直接由 $\beta'_0(x) = c = 1$ 得到

$$\beta_0(x) = (x - x_0)\left(\frac{x - x_1}{x_1 - x_0}\right)^2. \qquad (2-40)$$

同理有
$$\beta_1(x) = (x-x_1)\left(\frac{x-x_0}{x_0-x_1}\right)^2. \quad (2-41)$$

将(2-38)~(2-41)式的结果代入(2-36)式得
$$H_3(x) = \left(1 + 2\frac{x-x_0}{x_1-x_0}\right)\left(\frac{x-x_1}{x_0-x_1}\right)^2 y_0 + \left(1 + 2\frac{x-x_1}{x_0-x_1}\right)\left(\frac{x-x_0}{x_1-x_0}\right)^2 y_1$$
$$+ (x-x_0)\left(\frac{x-x_1}{x_0-x_1}\right)^2 m_0 + (x-x_1)\left(\frac{x-x_0}{x_1-x_0}\right)^2 m_1, \quad (2-42)$$

其余项 $R_3(x) = f(x) - H_3(x)$. 类似(2-34)式可得
$$R_3(x) = \frac{1}{4!}f^{(4)}(\xi)(x-x_0)^2(x-x_1)^2, \xi \in (x_0, x_1). \quad (2-43)$$

进一步,当给定 $n+1$ 个插值节点上的函数值和导数值时,即 $f(x_i) = y_i, f'(x_i) = m_i (i = 0,1,2,\cdots,n)$,对应的插值函数为
$$H_{2n+1}(x) = \sum_{i=0}^{n} y_i(1 - 2l'_i(x_i)(x-x_i))l_i^2(x) + \sum_{i=0}^{n} m_i(x-x_i)l_i^2(x),$$

其中 $l_i(x)$ 为对应的拉格朗日插值基函数.

且当 $f(x) \in C^{2n+2}[a,b]$ 时,插值余项的表达式为
$$R_{2n+1}(x) = f(x) - H_{2n+1}(x) = \frac{f^{(2n+2)}(\xi)}{(2n+2)!}\omega_{n+1}^2(x).$$

例 2 过 $x_0 = 0, x_1 = 1$ 两点构造一个三次 Hermite 插值多项式,且满足条件:
$$f(0) = 1, \quad f'(0) = 0.5, \quad f(1) = 2, \quad f'(1) = 0.5.$$

解 由三次 Hermite 插值公式(2-42)得
$$H_3(x) = \left(1 + 2 \times \frac{x-0}{1-0}\right)\left(\frac{x-1}{0-1}\right)^2 \times 1 + \left(1 + 2 \times \frac{x-1}{0-1}\right)\left(\frac{x-0}{1-0}\right)^2 \times 2$$
$$+ (x-0)\left(\frac{x-1}{0-1}\right)^2 \times 0.5 + (x-1)\left(\frac{x-0}{1-0}\right)^2 \times 0.5$$
$$= 6x^3 - 3.5x^2 - x + 1.5,$$
$$R_3(x) = \frac{1}{24}f^{(4)}(\xi)x^2(x-1)^2, \xi \in (0,1).$$

(3) 情形(2)给出了具体的插值公式和误差表达式,而情形(1)对于不同的问题要具体分析,不便于推广. 下面通过具体问题,给出此类问题的一般插值法.

例 3 对给定条件 $f(0) = 1, f'(0) = 2, f(1) = 2$,构造二次插值函数.

首先可以借助情形(2)的插值公式,由于该问题在只给出了 $x = 1$ 这一点的函数值,可以补充 $f'(1) = m_1$,则由三次 Hermite 插值多项式得
$$H_3(x) = \alpha_0(x) + 2\alpha_1(x) + 2\beta_0(x) + m_1\beta_1(x)$$
$$= \left(1 + 2\frac{x-0}{1-0}\right)\left(\frac{x-0}{0-1}\right)^2 + 2\left(1 + 2\frac{x-1}{0-1}\right)\left(\frac{x-0}{1-0}\right)^2$$
$$+ 2(x-0)\left(\frac{x-1}{0-1}\right)^2 + m_1(x-1)\left(\frac{x-0}{1-0}\right)^2$$

$$= m_1 x^3 - (m_1 + 1)x^2 + 2x + 1.$$

因为补充了一个条件,所以插值的次数相应的提高一次,此时令最高次系数为零,即 $m_1 = 0$,代入到上式中,则得到所要求的二次插值函数

$$P_2(x) = -x^2 + 2x + 1.$$

其次对情形(1)也可以使用插值基函数法,相应于三个插值条件分别令对应的插值基函数为 $\alpha_0(x), \alpha_1(x)$ 和 $\beta_0(x)$,其分别满足

$$\begin{cases} \alpha_0(x_0) = 1, \\ \alpha_0(x_1) = 0, \\ \alpha'_0(x_0) = 0, \end{cases} \begin{cases} \alpha_1(x_0) = 0, \\ \alpha_1(x_1) = 1, \\ \alpha'_1(x_0) = 0, \end{cases} \begin{cases} \beta_0(x_0) = 0, \\ \beta_0(x_1) = 0, \\ \beta'_0(x_0) = 1, \end{cases}$$

设 $\alpha_0(x) = (ax + b)(x - x_1)$,将 $\alpha_0(x_1) = \alpha'_0(x_0) = 0$ 代入,得 $a = b = -1$,即

$$\alpha_0(x) = 1 - x^2.$$

同理可得

$$\alpha_1(x) = x^2.$$

再设 $\beta_0(x) = c(x - x_0)(x - x_1)$,由 $\beta'_0(x_0) = 1$,得 $c = -1$,即

$$\beta_0(x) = -x^2 + x,$$

所以

$$P_2(x) = \alpha_0(x) + 2\alpha_1(x) + 2\beta_0(x) = -x^2 + 2x + 1.$$

最后由导数和差商的关系,在牛顿插值中,求一阶差商的时候可以用导数代替,但是有导数的插值节点在差商表中要重复写一次,即

x	$f(x)$	一阶差商	二阶差商
0	1		
0	1	2(导数值)	
1	2	1	-1

由牛顿插值得

$$P_2(x) = 1 + 2x - x^2.$$

该方法称为**扩展的牛顿法**,该方法也可以用来处理情形(2)的问题.

所以 Hermite 插值的两种情形不是相互独立的,针对不同的情形可以采用不同的方法,而扩展的牛顿法在解决这类问题时是十分方便的.

2.5 分段低次插值

2.5.1 高次插值多项式的缺点

在区间 $[a,b]$ 上的节点用插值多项式 $P_n(x)$ 近似 $f(x)$ 时,一般总认为 $P_n(x)$ 的次数 n 越高逼近 $f(x)$ 的精度越好,所产生的绝对偏差和最小,而且可拟合较大的数据集,但实际上并非如此.一些高次多项式在区间端点附近有严重的摆动,使得成为了使用时的一个

严重缺点,可能缘由在于对任意的插值节点,当 n 趋于无穷时,$P_n(x)$ 不一定收敛于 $f(x)$.

早在 20 世纪初,龙格(Runge)就给出了一个等距节点插值函数 $P_n(x)$ 不一定收敛于 $f(x)$ 的例子,考虑的函数为 $f(x) = \dfrac{1}{1+x^2}$,它在 $[-5,5]$ 上各阶导数均存在,且在 $[-5,5]$ 上取 $n+1$ 个等距节点 $x_k = -5 + 10\dfrac{k}{n}$ $(k = 0,1,\cdots,n)$,所构造的 Lagrange 插值多项式为

$$L_n(x) = \sum_{j=0}^{n} \frac{1}{1+x_j^2} \frac{\omega_{n+1}(x)}{(x-x_j)\omega'_{n+1}(x_j)}.$$

令 $x_{n-\frac{1}{2}} = \dfrac{1}{2}(x_{n-1} + x_n)$,则 $x_{n-\frac{1}{2}} = 5 - \dfrac{5}{n}$,表 2 - 9 列出了当 $n = 2,4,\cdots,20$ 时的 $L_n(x_{n-\frac{1}{2}})$ 的计算结果及在 $x_{n-\frac{1}{2}}$ 上的误差 $R(x_{n-\frac{1}{2}})$. 可以看出,随着 n 的增加,$R(x_{n-\frac{1}{2}})$ 的绝对值几乎成倍地增加. 这说明当 $n \to \infty$ 时,L_n 在 $[-5,5]$ 上不收敛. 同时龙格证明了,存在一个常数 $c \approx 3.63$,使得当 $|x| \leqslant c$ 时,$\lim\limits_{n \to \infty} L_n(x) = f(x)$,而当 $|x| > c$ 时 $\{L_n(x)\}$ 发散.

表 2 - 9　计算结果及误差

n	$f(x_{n-\frac{1}{2}})$	$L_n(x_{n-\frac{1}{2}})$	$R(x_{n-\frac{1}{2}})$	n	$f(x_{n-\frac{1}{2}})$	$L_n(x_{n-\frac{1}{2}})$	$R(x_{n-\frac{1}{2}})$
2	0.137931	0.759615	-0.621684	12	0.045440	-2.755000	2.800440
4	0.066390	-0.356826	0.423216	14	0.044334	5.332743	-5.288409
6	0.054463	0.67879	-0.553416	16	0.43530	-10.173867	10.217397
8	0.049651	-0.831017	0.880668	18	0.042920	20.123671	-20.080751
10	0.047059	1.578721	-1.531662	20	0.042440	-39.952449	39.994889

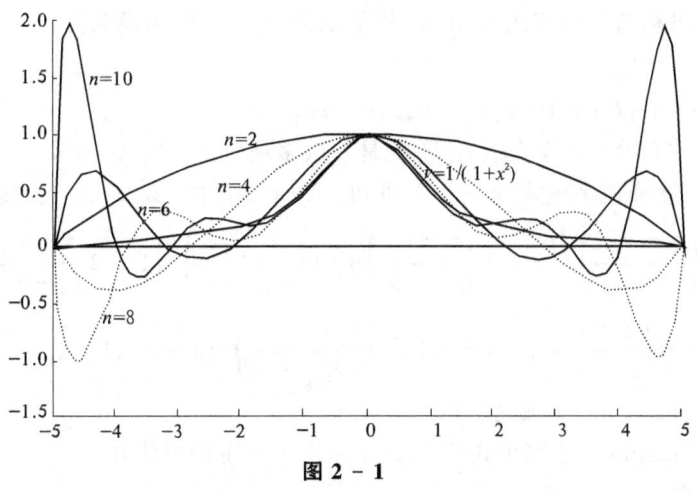

图 2 - 1

从图 2 - 1 看到,在 $x = \pm 5$ 附近 $L_{10}(x)$ 与 $1/(1+x^2)$ 偏离很大,可以看出用高次插值多项式 $L_n(x)$ 近似 $f(x)$ 效果并不好. 要想解决这样的问题,通常的做法就是采用分段低次插值,这样做的好处就是保留了高阶多项式插值的优点而摒弃了其缺点. 对本例而言,我

们可以把 $y = 1/(1 + x^2)$ 在节点 $x = 0, \pm 1, \pm 2, \pm 3, \pm 4, \pm 5$ 处用折线连起来，显然这种方法比 $L_{10}(x)$ 逼近 $f(x)$ 好得多。

2.5.2 分段线性插值

在区间 $[a, b]$ 上，给定插值节点 $a = x_0 < x_1 < \cdots < x_n = b$ 和相应函数值 $y_0, y_1, \cdots, y_n$，分段线性插值就是通过插值点用折线段连接起来逼近 $f(x)$。记 $h_k = x_{k+1} - x_k$，$h = \max_k h_k$，求一个折线函数 $I_h(x)$ 满足：

(1) $I_h(x) \in C[a, b]$；
(2) $I_h(x_k) = y_k (k = 0, 1, \cdots, n)$；
(3) $I_h(x)$ 在每个小区间 $[x_k, x_{k+1}]$ 上是线性函数，

则称 $I_h(x)$ 为**分段线性插值函数**。如何构造具有这种性质的插值函数呢？

由条件可知 $I_h(x)$ 在每个小区间 $[x_k, x_{k+1}]$ 上可表示为

$$I_h(x) = \frac{x - x_{k+1}}{x_k - x_{k+1}} y_k + \frac{x - x_k}{x_{k+1} - x_k} y_{k+1}, x_k \leq x \leq x_{k+1}, k = 0, 1, \cdots, n - 1.$$

分段线性插值的误差估计可利用插值余项(2-43)得到

$$\max_{x_k \leq x \leq x_{k+1}} |f(x) - I_h(x)| \leq \frac{M_2}{2} \max_{x_k \leq x \leq x_{k+1}} |(x - x_k)(x - x_{k+1})| \leq \frac{M_2}{8} h^2,$$

其中 $M_2 = \max_{a \leq x \leq b} |f''(x)|$。

2.5.3 分段三次 Hermite 插值

从前面介绍的分段线性插值函数，可以看出分段 $I_h(x)$ 的导数是间断的，函数图像不光滑。若在节点 $x_0 < x_1 < \cdots < x_n$ 处，$f(x_i)$ 的函数值 y_k 和导数值 $y'_k (k = 0, 1, \cdots, n)$ 都为已知，这样就可构造分段三次 Hermite 插值函数 $H_h(x)$，它满足条件：

(1) $H(x) \in C^1[a, b]$；
(2) $H(x_k) = y_k, I'_h(x_k) = y'_k, k = 0, 1, \cdots, n$；
(3) $H(x)$ 在每个小区间 $[x_k, x_{k+1}]$ 上是三次多项式。

根据两点三次插值多项式(4-42)可知，$H(x)$ 在区间 $[x_k, x_{k+1}]$ 上的表达式为

$$H(x) = \left(\frac{x - x_{k+1}}{x_k - x_{k+1}}\right)^2 \left(1 + 2\frac{x - x_k}{x_{k+1} - x_k}\right) y_k + \left(\frac{x - x_k}{x_{k+1} - x_k}\right)^2 \left(1 + 2\frac{x - x_{k+1}}{x_k - x_{k+1}}\right) y_{k+1}$$

$$+ \left(\frac{x - x_{k+1}}{x_k - x_{k+1}}\right)^2 (x - x_k) y'_k + \left(\frac{x - x_k}{x_{k+1} - x_k}\right)^2 (x - x_{k+1}) y'_{k+1},$$

上式对于 $k = 0, 1, \cdots, n - 1$ 成立。

利用三次 Hermite 插值多项式的余项(2-43)可得误差估计

$$|f(x) - H(x)| \leq \frac{h_k^4}{384} \max_{x_k \leq x \leq x_{k+1}} |f^{(4)}(x)|, \quad f \in C^4[a, b],$$

其中 $h_k = x_{k+1} - x_k, x \in [x_k, x_{k+1}]$。

该误差结果表明分段三次 Hermite 插值比分段线性效果明显改善。但这种插值要求

给出节点上的导数值,所要的信息太多,其光滑度不高,改进这种插值以克服其缺点就导致三次样条插值的提出.

例 1 求 $f(x)=x^2$ 在 $[a,b]$ 上分段线性插值函数 $I_h(x)$,并估计误差.

解 在区间 $[a,b]$ 上,$x_0=a, x_n=b, h_i=x_{i+1}-x_i, i=0,1,\cdots,n-1, h=\max\limits_{0\leqslant i\leqslant n-1} h_i$.

因为 $f(x)=x^2$,所以函数 $f(x)$ 在小区间 $[x_i, x_{i+1}]$ 上分段线性插值函数为

$$I_h(x) = \frac{x-x_{i+1}}{x_i-x_{i+1}} f(x_i) + \frac{x-x_i}{x_{i+1}-x_i} f(x_{i+1})$$

$$= \frac{1}{h_i}[x_i^2(x_{i+1}-x) + x_{i+1}^2(x-x_i)],$$

误差为

$$\max_{x_i\leqslant x\leqslant x_{i+1}} |f(x)-I_h(x)| \leqslant \frac{1}{8} \max_{a\leqslant \xi\leqslant b} |f''(\xi)| h_i^2.$$

又因为

$$f'(x) = 2x, \quad f''(x) = 2,$$

所以

$$\max_{x_i\leqslant x\leqslant x_{i+1}} |f(x)-I_h(x)| \leqslant \frac{1}{4} h^2.$$

2.6 三次样条函数插值

分段低次插值函数虽然有一致收敛性,但其光滑性较差. 早期绘图员制图时,把富有弹性的纤细木条固定在每一个数据点上,在其他地方让它自由弯曲,然后沿木条画下曲线,称为样条曲线. 样条曲线实际上是由分段三次曲线并接而成,在连接点(样点)上要求二阶导数连续. 下面给出三次样条构造的具体过程.

定义 2.6 若函数 $S(x)$ 满足下面条件:

(1) $S(x) \in C^2[a,b]$;

(2) 在每个小区间 $[x_j, x_{j+1}]$ 上是三次多项式,

则称 $S(x)$ 是节点 $x_0<x_1<\cdots<x_n$ 上的**三次样条函数**. 若在节点 x_j 上还满足

$$S(x_j) = y_j, j = 0,1,\cdots,n, \tag{2-44}$$

则称 $S(x)$ 为**三次样条插值函数**.

为了求出 $S(x)$,需在每个小区间 $[x_j, x_{j+1}]$ 上确定 4 个待定系数. 因为共有 n 个小区间,故应确定 $4n$ 个参数. 由于 $S(x)$ 在 $[a,b]$ 上二次导数连续,在节点 $x_j(j=1,2,\cdots,n-1)$ 处应满足连续性条件

$$S(x_j-0) = S(x_j+0), S'(x_j-0) = S'(x_j+0), S''(x_j-0) = S''(x_j+0). \tag{2-45}$$

加上条件(2-44)这里共有 $4n-2$ 个条件,还需附加两个条件才能确定 $S(x)$.

基本而又常见的附加条件有以下几种.

(1) 第一边值条件,已知两端的一阶导数值,即
$$S'(x_0) = f'_0, \quad S'(x_n) = f'_n, \tag{2-46}$$
这样确定的三次样条通常称为强制样条.

(2) 第二边值条件,两端的二阶导数已知,即
$$S''(x_0) = f''_0, \quad S''(x_n) = f''_n.$$
特别地,
$$S''(x_0) = S''(x_n) = 0, \tag{2-47}$$
这样产生的称为自然边界条件. 满足自然边界条件的三次样条插值函数为自然样条插值函数.

(3) 第三边值条件(混合边值条件):
$$\begin{cases} \alpha_1 S'(x_0) + \beta_1 S''(x_0) = \gamma_1, \\ \alpha_2 S'(x_0) + \beta_2 S''(x_0) = \gamma_2, \end{cases}$$
其中 $\alpha_1, \alpha_2, \beta_1, \beta_2, \gamma_1, \gamma_2$ 为常数,特别地,$\beta_1 = \beta_2 = 0$ 时为第一边值条件,$\alpha_1 = \alpha_2 = 0$ 时为第二边值条件.

(4) 当 $f(x)$ 是以 $(x_n - x_0)$ 为周期的周期函数时,则 $S(x)$ 也是周期函数. 这时边界条件应满足
$$\begin{cases} S(x_j - 0) = S(x_j + 0), \\ S'(x_j - 0) = S'(x_j + 0), \\ S''(x_j - 0) = S''(x_j + 0), \end{cases} \tag{2-48}$$
而此时式中 $y_0 = y_n$,这样确定的样条函数 $S(x)$ 称为**周期样条函数**.

记 $S'(x_j) = m_j (j = 0,1,2,\cdots,n)$,在每个小区间 $[x_i, x_{i+1}]$ 上利用三次样条插值函数 $S(x)$,由插值条件(2-44)可得
$$S(x) = \sum_{j=0}^{n} [y_j \alpha_j(x) + m_j \beta_j(x)], \tag{2-49}$$
其中 $\alpha_j(x)$ 和 $\beta_j(x)$ 是插值基函数,只要能求出每个小区间上的 $m_j (j = 0,1,2,\cdots,n)$,$S(x)$ 就可以确定.

为了求出 $m_0, m_1, \cdots, m_n$,利用 $S(x)$ 在节点 x_j 上的二阶导数连续的性质. 由于 $S(x)$ 在区间 $[x_j, x_{j+1}]$ 上是三次多项式,故 $S''(x)$ 在 $[x_j, x_{j+1}]$ 上是线性函数,可表示为
$$S''(x) = M_j \frac{x_{j+1} - x}{h_j} + M_{j+1} \frac{x - x_j}{h_j}. \tag{2-50}$$
对 $S''(x)$ 积分两次,并利用 $S(x_j) = y_j$ 及 $S(x_{j+1}) = y_{j+1}$ 可定出积分常数,于是得三次样条表达式
$$S(x) = M_j \frac{(x_{j+1} - x)^3}{6h_j} + M_{j+1} \frac{(x - x_j)^3}{6h_j} + \left(y_j - \frac{M_j h_j^2}{6}\right) \frac{x_{j+1} - x}{h_j}$$
$$+ \left(y_{j+1} - \frac{M_{j+1} h_j^2}{6}\right) \frac{x - x_j}{h_j} \quad (j = 0,1,2,\cdots,n-1). \tag{2-51}$$

下面确定 $M_j (j = 0,1,2,\cdots,n)$,对 $S(x)$ 求导得

$$S'(x) = -M_j \frac{(x_{j+1}-x)^2}{2h_j} + M_{j+1}\frac{(x-x_j)^2}{2h_j} + \frac{y_{j+1}-y_j}{h_j} - \frac{M_{j+1}-M_j}{6}h_j, \quad (2-52)$$

由此在区间 $[x_j, x_{j+1}]$ 上可得

$$S'(x_j+0) = -\frac{h_j}{3}M_j - \frac{h_j}{6}M_{j+1} + \frac{y_{j+1}-y_j}{h_j}.$$

类似地,可求出 $S(x)$ 在区间 $[x_{j-1}, x_j]$ 上的表达式,进而得

$$S'(x_j-0) = -\frac{h_{j-1}}{6}M_{j-1} + \frac{h_{j-1}}{3}M_j + \frac{y_{j+1}-y_j}{h_j}.$$

利用 $S'(x_j+0) = S'(x_j-0)$ 可得

$$\mu_j M_{j-1} + 2M_j + \lambda_j M_{j+1} = d_j (j=1,2,\cdots,n-1), \quad (2-53)$$

其中

$$\mu_j = \frac{h_{j-1}}{h_{j-1}+h_j}, \quad \lambda_j = \frac{h_j}{h_{j-1}+h_j},$$

$$d_j = 6\frac{f[x_j,x_{j+1}] - f[x_{j-1},x_j]}{h_{j-1}+h_j}$$

$$= 6f[x_{j-1},x_j,x_{j+1}] \quad (j=1,2,\cdots,n-1). \quad (2-54)$$

对第一边界条件,可导出两个方程

$$\begin{cases} 2M_0 + M_1 = \frac{6}{h_0}(f[x_0,x_1]-f'_0), \\ M_{n-1} + M_n = \frac{6}{h_{n-1}}(f'_n - f[x_{n-1},x_n]). \end{cases} \quad (2-55)$$

如果令 $\lambda_0=1, d_0=\frac{6}{h_0}(f[x_0,x_1]-f'_0), \mu_0=1, d_n=\frac{6}{h_{n-1}}(f'_n-f[x_{n-1},x_n])$,那么(2-53) 式及(2-55) 式可写成矩阵形式

$$\begin{bmatrix} 2 & \lambda_0 & & & & \\ \mu_1 & 2 & \lambda_1 & & & \\ & \ddots & \ddots & \ddots & & \\ & & \mu_{n-1} & 2 & \lambda_{n-1} \\ & & & \mu_n & 2 \end{bmatrix} \begin{bmatrix} M_0 \\ M_1 \\ \vdots \\ M_{n-1} \\ M_n \end{bmatrix} = \begin{bmatrix} d_0 \\ d_1 \\ \vdots \\ d_{n-1} \\ d_n \end{bmatrix}. \quad (2-56)$$

对第二种边界条件(2-47),直接得端点方程

$$M_0 = f''_0, \quad M_n = f''_n. \quad (2-57)$$

如果令 $\lambda_0 = \mu_0 = 0, d_0 = f''_0, d_n = 2f''_n$,则(2-53) 式和(2-57) 式也可以写成(2-56) 式的形式.

对第三种边界条件,可得

$$M_0 = M_n, \quad \lambda_n M_1 + \mu_n M_{n-1} + 2M_n = d_n, \quad (2-58)$$

其中

$$\lambda_n = \frac{h_0}{h_{n-1}+h_0}, \mu_n = 1-\lambda_n = \frac{h_{n-1}}{h_{n-1}-h_0}, d_n = 6\frac{f[x_0,x_1]-f[x_{n-1},x_n]}{h_0+h_{n-1}}.$$

下面给出该方法的误差范围和收敛阶.

定理 2.3 设 $f(x) \in C^4[a,b]$，$S(x)$ 为满足第一种或第二种边界条件的三次样条插值，令 $h = \max\limits_{0 \leq i \leq n-1} h_i, h_i = x_{i+1} - x_i (i = 0,1,\cdots,n-1)$，则有估计式

$$\max_{a \leq x \leq b} |f^{(k)}(x) - S^{(k)}(x)| \leq C_k \max_{a \leq x \leq b} |f^{(4)}(x)| h^{4-k} \quad (k = 0,1,2), \quad (2-59)$$

其中 $C_0 = \dfrac{5}{384}, C_1 = \dfrac{1}{24}, C_2 = 3$.

三次样条函数的收敛性与误差估计比较复杂，在这里不再证明，对证明过程有兴趣的读者可参阅其他书籍. 这个定理不但给出了三次样条插值的误差估计，而且说明当 $h \to 0$ 时，$S(x)$ 及其一阶导数 $S'(x)$ 和二阶导数 $S''(x)$ 均分别一致收敛于 $f(x), f'(x)$ 和 $f''(x)$.

例 1 给定数据表如下 (表 2-10)：

表 2-10 函数数据

x_i	0.25	0.3	0.39	0.45	0.53
y_i	0.5	0.5477	0.6245	0.6708	0.728

试求三次样条函数 $S(x)$，并满足条件：

(1) $S'(0.25) = 1.0000, S'(0.53) = 0.6868$；

(2) $S''(0.25) = S''(0.53) = 0$.

解 由 $h_0 = 0.05, h_1 = 0.09, h_2 = 0.06, h_3 = 0.08, \lambda_j = \dfrac{h_j}{h_{j-1}+h_j}, \mu_j = \dfrac{h_{j-1}}{h_{j-1}+h_j}$ $(j = 1,\cdots,n-1)$ 可知

$$\lambda_1 = \frac{h_1}{h_0 + h_1} = \frac{9}{14}, \quad \lambda_3 = \frac{h_3}{h_2 + h_3} = \frac{4}{7},$$

$$\mu_1 = \frac{h_0}{h_0 + h_1} = \frac{5}{14}, \quad \mu_2 = \frac{h_1}{h_1 + h_2} = \frac{3}{5}, \quad \mu_3 = \frac{h_2}{h_2 + h_3} = \frac{0.06}{0.06 + 0.08} = \frac{3}{7},$$

由 $d_j = 3(\lambda_j f[x_{j-1}, x_j] + \mu_j f[x_j, x_{j+1}])$ $(j = 1,\cdots,n-1)$ 可知

$$d_1 = 3(\lambda_1 f[x_0, x_1] + \mu_1 f[x_1, x_2]) = 3\left[\frac{9}{14} \frac{f(x_1) - f(x_0)}{x_1 - x_0} + \frac{5}{14} \frac{f(x_2) - f(x_1)}{x_2 - x_1}\right]$$

$$= 3 \times \left(\frac{9}{14} \times \frac{477}{500} + \frac{5}{14} \times \frac{768}{900}\right) = \frac{19279}{7000} = 2.7541,$$

$$g_2 = 3(\lambda_2 f[x_1, x_2] + \mu_2 f[x_2, x_3]) = 3\left[\frac{2}{5} \frac{f(x_2) - f(x_1)}{x_2 - x_1} + \frac{3}{5} \frac{f(x_3) - f(x_2)}{x_3 - x_2}\right]$$

$$= 3 \times \left(\frac{2}{5} \times \frac{768}{900} + \frac{3}{5} \times \frac{463}{600}\right) = 2.413,$$

$$g_3 = 3(\lambda_3 f[x_2, x_3] + \mu_3 f[x_3, x_4]) = 3\left[\frac{4}{7} \frac{f(x_3) - f(x_2)}{x_3 - x_2} + \frac{3}{7} \frac{f(x_4) - f(x_3)}{x_4 - x_3}\right]$$

$$= 3 \times \left(\frac{4}{7} \times \frac{463}{600} + \frac{3}{7} \times \frac{472}{800}\right) = 2.0814,$$

从而

(1) 矩阵形式为

$$\begin{bmatrix} 2 & \frac{5}{14} & 0 \\ \frac{2}{5} & 2 & \frac{3}{5} \\ 0 & \frac{4}{7} & 2 \end{bmatrix} \begin{bmatrix} M_1 \\ M_2 \\ M_3 \end{bmatrix} = \begin{bmatrix} 2.1112 \\ 2.413 \\ 1.7871 \end{bmatrix},$$

解之得

$$\begin{bmatrix} M_1 \\ M_2 \\ M_3 \end{bmatrix} = \begin{bmatrix} 0.9078 \\ 0.8278 \\ 0.6570 \end{bmatrix},$$

从而
$S(x) =$
$$\begin{cases} -6.7593(0.3-x)^3 - 4.881(x-0.25)^3 + 0.9493x + 0.26352, x \in [0.25, 0.3], \\ -2.7117(0.39-x)^3 - 1.9098(x-0.3)^3 + 0.8469x + 0.295605, x \in [0.3, 0.39], \\ -2.8647(0.45-x)^3 - 2.2422(x-0.39)^3 + 0.7695x + 0.325011, x \in [0.39, 0.45], \\ -1.6817(0.53-x)^3 - 1.3623(x-0.45)^3 + 0.7129x + 0.350859, x \in [0.45, 0.53]. \end{cases}$$

(2) 此为自然边界条件,故

$$d_0 = 3f[x_0, x_1] = 3 \times \frac{f(x_1) - f(x_0)}{x_1 - x_0} = 3 \times \frac{0.5477 - 0.5000}{0.30 - 0.25} = 2.862,$$

$$d_n = 3f[x_{n-1}, x_n] = 3 \times \frac{f(x_n) - f(x_{n-1})}{x_n - x_{n-1}} = 3 \times \frac{0.7280 - 0.6708}{0.53 - 0.45} = 2.145,$$

矩阵形式为

$$\begin{bmatrix} 2 & 1 & 0 & 0 & 0 \\ \frac{9}{14} & 2 & \frac{5}{14} & 0 & 0 \\ 0 & \frac{2}{5} & 2 & \frac{3}{5} & 0 \\ 0 & 0 & \frac{4}{7} & 2 & \frac{3}{7} \\ 0 & 0 & 0 & \frac{4}{7} & 2 \end{bmatrix} \begin{bmatrix} M_0 \\ M_1 \\ M_2 \\ M_3 \\ M_4 \end{bmatrix} = \begin{bmatrix} 2.862 \\ 2.7541 \\ 2.413 \\ 2.0814 \\ 2.145 \end{bmatrix},$$

解之得

$$\begin{bmatrix} M_0 \\ M_1 \\ M_2 \\ M_3 \\ M_4 \end{bmatrix} = \begin{bmatrix} 0.3054 \\ 2.2512 \\ -5.4448 \\ 2.5209 \\ 0.3522 \end{bmatrix},$$

从而
$S(x) =$
$$\begin{cases} -6.7593(x-0.25)^3 + 0.9697x + 0.257575, x \in [0.25, 0.3], \\ -3.4831(0.39-x)^3 - 1.5956(x-0.3)^3 + 0.838x + 0.298842, x \in [0.3, 0.39], \\ -2.3933(0.45-x)^3 - 2.8622(x-0.39)^3 + 0.7734x + 0.323388, x \in [0.39, 0.45], \\ -2.1467(0.53-x)^3 + 0.323388x + 0.356311, x \in [0.45, 0.53]. \end{cases}$$

2.7 最小二乘法的曲线拟合

插值法得到的多项式是在局部(插值结点附近)逼近被插函数,本节我们将研究如何确定一个简单函数 $\varphi(x)$,使之在整体上逼近已知函数,即对函数 $y = f(x)$ 的已知点序列 $(x_i, y_i)(i = 1, 2, \cdots, m)$,求一个简单拟合曲线 $y = \varphi(x)$,使之在整体上尽可能与原始数据曲线近似.

2.7.1 最小二乘拟合问题

称 $\delta_i = \varphi(x_i) - y_i$ 为拟合曲线 $y = \varphi(x)$ 在节点 x_i 处的偏差或残量. 如果 $\varphi(x)$ 为插值多项式,则所有偏差均为零. 但事实上,我们不可能要求近似曲线 $y = \varphi(x)$ 严格通过这么多数据点. 为了使 $\varphi(x)$ 尽可能地反映所给数据的变化趋势,我们可以要求 $|\delta_i|$ 尽可能小. 为此,选取的 $\varphi(x)$ 在节点 x_i 处偏差的平方和达到最小这一原则,即

$$\sum_{i=1}^{m} \delta_i^2 = \sum_{i=1}^{m} [\varphi(x_i) - y_i]^2 = \min, \tag{2-60}$$

称为**最小二乘原则**,按最小二乘原则选择的拟合曲线 $y = \varphi(x)$ 称为**最小二乘拟合曲线**,此方法称为**最小二乘法**.

最小二乘曲线拟合的一般思路为:对于给定的数据 $(x_i, y_i)(i = 1, 2, \cdots, m)$,在某一个函数类(简单函数类) Φ 中寻求一个函数 $\varphi^*(x)$,使得

$$\sum_{i=1}^{m} [\varphi^*(x_i) - y_i]^2 = \min_{\varphi(x) \in \Phi} \sum_{i=1}^{m} [\varphi(x_i) - y_i]^2. \tag{2-61}$$

在运用最小二乘法解决实际问题时,一方面一般会选用形式简单、易于计算函数类,另一方面还要使函数 $\varphi(x)$ 的几何形状与已给数据表中数据分布相近,并不是个简单问题. 通常是利用函数表中的数据 (x_i, y_i) 将散点图画出来,通过分析其分布情况来确定所要选择的 $\varphi(x)$ 的函数类形式.

例1 已知一组实验数据如下(表2-11):

表 2-11 实验数据

x_i	2	4	6	8
y_i	2	11	28	40

试用最小二乘法求出它的数据拟合曲线.

解 把点序列描绘在坐标纸上(图 2-2),从散点图上看出这些点的分布接近于在一条直线上,因此很自然地想到用一条直线来表示两者之间的关系,即令

$$y = ax + b,$$

运用最小二乘准则,极小化

$$S = \sum_{i=1}^{m} (y_i - f(x_i))^2 = \sum_{i=1}^{m} (y_i - ax_i - b)^2.$$

最优的一个必要条件是两个偏导数满足 $\dfrac{\partial S}{\partial a} = \dfrac{\partial S}{\partial b} = 0$,即

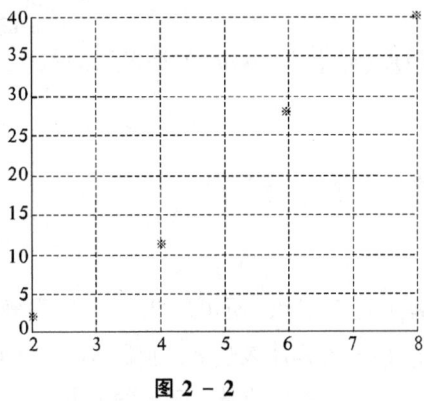

图 2-2

$$\frac{\partial S}{\partial a} = -2\sum_{i=1}^{m}(y_i - ax_i - b)x_i = 0,$$

$$\frac{\partial S}{\partial b} = -2\sum_{i=1}^{m}(y_i - ax_i - b) = 0,$$

将 x_i 和 y_i 的全部值代入,可解出 a 和 b,即

$$a = \frac{m\sum\limits_{i=1}^{m} x_i y_i - \sum\limits_{i=1}^{m} x_i \sum\limits_{i=1}^{m} y_i}{m\sum\limits_{i=1}^{m} x_i^2 - (\sum\limits_{i=1}^{m} x_i)^2}, \qquad \text{斜率}$$

$$b = \frac{\sum\limits_{i=1}^{m} x_i^2 \sum\limits_{i=1}^{m} y_i - \sum\limits_{i=1}^{m} x_i y_i \sum\limits_{i=1}^{m} x_i}{m\sum\limits_{i=1}^{m} x_i^2 - (\sum\limits_{i=1}^{m} x_i)^2}. \qquad \text{截距}$$

令 $\varphi(x) = ax + b$,按照上述公式得

$$a = \frac{4(2\times 2 + 4\times 11 + 6\times 28 + 8\times 40) - (2+4+6+8)\times(2+11+28+40)}{4\times(2^2+4^2+6^2+8^2) - (2+4+6+8)^2}$$

$$= 6.55,$$

$b =$

$$\frac{(2^2+4^2+6^2+8^2)(2+11+28+40) - (2\times 2 + 4\times 11 + 6\times 28 + 8\times 40)\times(2+4+6+8)}{4\times(2^2+4^2+6^2+8^2) - (2+4+6+8)^2}$$

$$= -12.5,$$

所求拟合曲线为 $y = \varphi(x) = 6.55x - 12.5.$

一般地,通常设 $y = f(x)$ 的近似拟合曲线函数形如

$$y = \varphi(x) = f(a_0, a_1, \cdots, a_n, x), \tag{2-62}$$

其中 $n < m, a_0, a_1, \cdots, a_n$ 为待定参数.若 $\varphi^*(x)$ 为最小二乘解,则 $\varphi^*(x)$ 应满足

$$\sum_{i=1}^{m}[\varphi^*(x_i) - y_i]^2 = \sum_{i=1}^{m}[f(a_0^*, a_1^*, \cdots, a_n^*, x_i) - y_i]^2$$

$$= \min_{a_0,\cdots,a_n} \sum_{i=1}^{m} [f(a_0, a_1, \cdots, a_n, x_i) - y_i]^2, \quad (2-63)$$

即点$(a_0^*, a_1^*, \cdots, a_n^*)$是多元函数

$$S(a_0, a_1, \cdots, a_n) = \sum_{i=1}^{m} [f(a_0, a_1, \cdots, a_n, x_i) - y_i]^2$$

的极小值点,需满足

$$\frac{\partial S}{\partial a_k} = 0 \ (k = 0, 1, \cdots, n), \quad (2-64)$$

解上述方程组,便可求出最小二乘解$\varphi^*(x)$中的待定参数$a_0^*, a_1^*, \cdots, a_n^*$,从而确定出$\varphi^*(x)$的具体表达式. 通常称(2-64)为法方程组.

需要注意的是,(2-64)不一定是线性方程组,但如果限定所选定的函数类Φ是由$n+1$个线性无关的函数$\varphi_0(x), \varphi_1(x), \cdots, \varphi_n(x)$所张成的函数空间的话,所选的任一个函数$\varphi(x)$,均可以由$\varphi_0(x), \varphi_1(x), \cdots, \varphi_n(x)$线性组合表示为

$$\varphi(x) = a_0 \varphi_0(x) + a_1 \varphi_1(x) + \cdots + a_n \varphi_n(x), \quad (2-65)$$

则所要求的最小二乘解为

$$\varphi^*(x) = a_0^* \varphi_0(x) + a_1^* \varphi_1(x) + \cdots + a_n^* \varphi_n(x),$$

且

$$\sum_{i=1}^{m} [\varphi^*(x_i) - y_i]^2 = \min \sum_{i=1}^{m} [\varphi(x_i) - y_i]^2$$

$$= \min_{a_0, \cdots, a_n} \sum_{i=1}^{m} [a_0 \varphi_0(x_i) + a_1 \varphi_1(x_i) + \cdots + a_n \varphi_n(x_i) - y_i]^2. \quad (2-66)$$

此时,所对应的最小二乘问题便可称为线性最小二乘问题.

线性最小二乘问题所对应的法方程组一定是线性方程组.

一般选取最简单、最常见的n次代数多项式为线性最小二乘拟合函数类. 此时,

$$\varphi(x) = a_0 + a_1 x + a_2 x^2 + \cdots + a_n x^n$$

为最小二乘拟合曲线的函数.

2.7.2 非线性最小二乘拟合的线性化

在实际问题中,所画的散点图反映的变量之间并不一定是线性的,则在一定条件下通过引入变换的办法使其线性化,再利用线性最小二乘拟合,就能做到既直观又节省计算量.

若通过描绘数据点图,可以确定所选的最小二乘拟合曲线形如

$$\frac{1}{y} = a + b \frac{1}{x}, \quad (2-67)$$

则可作变换,令$Y = \frac{1}{y}, X = \frac{1}{x}$,这时数据$(x_i, y_i)$表相应的变成$(X_i, Y_i)$表,所求拟合函数(2-67)可表示为线性拟合函数

$$Y = a + bX. \quad (2-68)$$

关于(2-68)式进行线性最小二乘拟合,求解方程组得到 a,b 的确定值,再代入(2-67)式便可得到所要求的非线性问题的最小二乘解.

再如,若通过描绘数据点图,可以确定选用的最小二乘拟合曲线形如

$$y = ae^{b/x}, \qquad (2-69)$$

为实现线性化,对(2-69)式两边同时取对数,得

$$\ln y = \ln a + b\frac{1}{x}. \qquad (2-70)$$

这时,令 $Y = \ln y, X = \dfrac{1}{x}, A = \ln a, B = b$,则(2-70)式可表示为

$$Y = A + BX, \qquad (2-71)$$

(2-71)式显然是一个以 A,B 为参数的一次方程. 运用线性最小二乘拟合原则,求出 A, B,然后再回代.

例 2 单原子波函数的形式为 $y = ae^{-bx}$,试按照最小二乘法决定参数 a 和 b,已知数据如下(表 2-12):

表 2-12 函数数据

x_i	0	1	2	4
y_i	2.01	1.21	0.74	0.45

解 对 $y = ae^{-bx}$ 两边取对数得 $\ln y = \ln a - bx$,令 $Y = \ln y, A = \ln a$,则拟合函数变为 $Y = A - bx$,所给数据转化为表 2-13:

表 2-13 转化的数据

x_i	0	1	2	4
Y_i	0.6981	0.1906	-0.301	-0.3985

通过计算可以得到 $A = 0.5946, b = 0.3699$. 因而拟合函数为

$$Y = 0.5946 - 0.3699x,$$

原拟合函数为

$$y = e^{0.5946 - 0.3699x} = 1.8123 e^{-0.3699x}.$$

习题 2

1. 当 $x = 1, -1, 0$ 时,$f(x) = 0, -3, 2$,求 $f(x)$ 的二次插值多项式.
2. 利用函数 $y = \sqrt{x}$ 在 $x_1 = 100, x_2 = 121$ 处的值计算 $\sqrt{115}$ 的近似值,并估计误差.
3. 设有函数数据(表 2 - 14):

表 2 - 14　函数数据

x	1	3	4	6	7	9
y	9	7	6	4	3	1

试求各阶均差,并写出 Newton 插值多项式.

4. 给定数据(表 2 - 15):

表 2 - 15　函数数据

x	0.125	0.25	0.375	0.5	0.625	0.75
y	0.79618	0.77334	0.74371	0.70413	0.65632	0.60228

试用三次 Newton 插值多项式计算 $f(0.1581)$ 及 $f(0.636)$.

5. 在 $-4 \leqslant x \leqslant 4$ 上给出 $f(x) = e^x$ 的等距节点函数表,若用二次插值求 e^x 的近似值,要使截断误差不超过 10^{-6},问使用函数表的步长 h 应取多少.

6. 证明 $\Delta(f_k g_k) = \Delta f_k g_{k+1} + f_k \Delta g_k$.

7. 证明 n 阶均差有下列性质:

(1) 若 $F(x) = cf(x)$,则 $F[x_0, x_1, \cdots, x_n] = cf[x_0, x_1, \cdots, x_n]$;

(2) 若 $F(x) = f(x) + g(x)$,则 $F[x_0, x_1, \cdots, x_n] = f[x_0, x_1, \cdots, x_n] + g[x_0, x_1, \cdots, x_n]$.

8. 求 $f(x) = x^4$ 在 $[a, b]$ 上的分段 Hermite 插值,并估计误差.

9. 若 $f(x) \in C^2[a, b]$,$S(x)$ 是三次样条函数,证明:

(1) $\int_a^b [f''(x)]^2 dx - \int_a^b [S''(x)]^2 dx = \int_a^b [f''(x) - S''(x)]^2 dx$
$+ 2\int_a^b S''(x)[f''(x) - S''(x)] dx$;

(2) 若 $f(x_i) = S(x_i)$ $(i = 0, 1, \cdots, n)$,式中 x_i 为插值节点,且 $a = x_0 < x_1 < \cdots < x_n = b$,则

$\int_a^b S''(x)[f''(x) - S''(x)] dx = S''(b)[f'(b) - S'(b)] - S''(a)[f'(a) - S'(a)]$.

10. 设 $f(x) = x^7 + x^4 + 3x + 1$,求 $f[2^0, 2^1, \cdots, 2^7]$ 及 $f[2^0, 2^1, \cdots, 2^8]$.

11. 给定 $f(x) = e^x$. 设 $x = 0$ 是 4 重插值节点,$x = 1$ 是单重插值节点,试求相应的 Hermite 插值公式,并估计误差($x \in [0, 1]$).

12. 在 $[a, b]$ 上求插值多项式 $H_3(x)$,使得

$H_3(a) = f(a)$, $H'_3(a) = f'(a)$, $H''_3(a) = f''(a)$, $H''_3(b) = f'(b)$.

13. 设 $f(x) = \dfrac{1}{1 + 25x^2}$ 定义在 $[-1,1]$ 上. 将 $[-1,1]$ 作 n 等分按等距节点求分段线性插值函数 $I_k(x)$,并求各相邻节点中点处 $I_k(x)$ 的值,与 $f(x)$ 相应的值进行比较,误差为多大?

14. 求 $f(x) = x^4$ 在 $[0,5]$ 上的分段三次 Hermite 插值,并估计误差 ($h = 1$).

15. 给定下列函数值(表 2 – 16):

表 2 – 16 函数值

i	0	1	2
x_i	1	4	6
y_i	6	0	2
y'_i	1		-1

求三次样条插值函数.

16. 设已知一组实验数据(表 2 – 17):

表 2 – 17 实验数据

x	2.2	2.6	3.4	4.0	1.0
y	65	61	54	50	90

试用最小二乘法确定拟合模型 $y = ax^b$ 中的参数 a, b.

17. 试用最小二乘法,求解下列超定方程组

$$\begin{cases} x_1 + 2x_2 = 4, \\ 2x_1 + x_2 = 5, \\ 2x_1 + 2x_2 = 6, \\ -x_1 + 2x_2 = 2, \\ 3x_1 - x_2 = 4. \end{cases}$$

18. 设某实验数据(表 2 – 18):

表 2 – 18 实验数据

x	1.36	1.49	1.73	1.81	1.95	2.16	2.28	2.48
y	14.094	15.096	16.844	17.378	18.435	19.949	20.963	22.494

试按最小二乘法求一次多项式拟合以上数据.

19. 给定数据(表 2 – 19):

表 2 – 19 函数数据

x	0.1	0.2	0.3	0.4	0.5	0.6	0.7	0.8	0.9
y	5.1234	5.3053	5.5684	5.9378	6.4270	7.0798	7.9493	9.0253	10.3627

求二次最小二乘拟合多项式.

20. 用最小二乘法求形如 $y = a + bx^2$ 的经验公式,使它与下列数据拟合(表 2 - 20):

表 2 - 20 函数数据

x	19	25	31	38	44
y	19.0	32.3	49.0	73.3	97.8

第3章 数值积分与数值微分

在实际问题中常常遇到求解定积分,由微分积分基本定理可知,对于积分
$$I = \int_a^b f(x)\,dx,$$
若函数 $f(x)$ 的原函数 $F(x)$ 已知,就可以利用牛顿 — 莱布尼兹(Newton-Leibnitz)公式:
$$\int_a^b f(x)\,dx = F(b) - F(a).$$
但这种求积方法在实际应用中往往有困难,如 $\dfrac{\sin x}{x}$,$\sin x^2$ 等被积函数,却找不到用初等函数形式表示的原函数;其次,当 $f(x)$ 的表达式未知,只知道其在一些点的信息,这些情况出现时,牛顿 — 莱布尼兹公式也不能直接运用. 因此,非常有必要研究积分的数值计算问题. 除此之外,本章还对微分问题给出了一些数值解法.

3.1 数值求积公式

积分中值定理告诉我们,在积分区间 $[a,b]$ 内存在一点 ξ,成立
$$\int_b^a f(x)\,dx = (b-a)f(\xi),$$
其中 $f(\xi)$ 为区间 $[a,b]$ 上平均高度. 只要对 $f(\xi)$ 提供一种算法,相应地便获得一种数值求积方法.

如果用 $\dfrac{1}{2}(f(a)+f(b))$ 近似 $f(\xi)$,可导出求积公式
$$T = \frac{a-b}{2}[f(a)+f(b)], \tag{3-1}$$
这就是我们所熟悉的**梯形公式**. 而若改用 $f(a)$,$f(b)$ 以及 $f\left(\dfrac{a+b}{2}\right)$ 近似地取代平均高度 $f(\xi)$,又可导出左矩形公式、右矩形公式以及中矩形公式,即

左矩形公式: $\qquad \int_a^b f(x)\,dx \approx (b-a)f(a),$

右矩形公式: $\qquad \int_a^b f(x)\,dx \approx (b-a)f(b),$

中矩形公式: $$\int_a^b f(x)\mathrm{d}x \approx (b-a)f\left(\frac{a+b}{2}\right). \tag{3-2}$$

一般地,我们可以在区间$[a,b]$上适当选取某些节点x_k,然后用$f(x_k)$加权平均得到平均高度$f(\xi)$的近似值,这样构造出的求积公式具有下列形式:

$$\int_a^b f(x)\mathrm{d}x \approx \sum_{k=0}^n A_k f(x_k). \tag{3-3}$$

其中,x_k称为**求积节点**;A_k称为**求积系数**,亦称伴随节点x_k的**权**.权A_k仅仅与节点x_k的选取有关,而不依赖于被积函数$f(x)$的具体形式.

上述数值积分方法通常称为**机械求积**,其特点是将积分求值问题归结为函数值的计算,这就避开了牛顿—莱布尼兹公式需要寻求原函数的困难.

3.1.1 代数精度

下面给出一种衡量数值积分公式近似程度的量化指标.

定义 3.1 如果某个求积公式对于次数不超过m的多项式均能准确地成立,但对于$m+1$次多项式时,求积公式不能准确地成立,则称该求积公式具有m次代数精度.

根据定义可以验证,梯形公式(3-1)和左(右)矩形公式均具有一次代数精度.

一般地,在验证求积公式(3-3)具有m次代数精度时,通常只要验证令它对$f(x)$取$1,x,\cdots,x^m$时,求积公式能准确成立即可,这就要求

$$\begin{cases} \sum_{k=0}^n A_k = b-a, \\ \sum_{k=0}^n A_k x_k = \frac{1}{2}(b^2-a^2), \\ \cdots\cdots \\ \sum_{k=0}^n A_k x_k^m = \frac{1}{m+1}(b^{m+1}-a^{m+1}). \end{cases} \tag{3-4}$$

例 1 确定下列求积公式中的待定参数,使其代数精度尽量高,并指明所构造出的求积公式所具有的代数精度.

$$\int_{-h}^h f(x)\mathrm{d}x \approx A_{-1}f(-h)+A_0 f(0)+A_1 f(h).$$

解 分别取$f(x)=1,x,x^2$代入得到

$$\begin{cases} A_{-1}+A_0+A_1 = \int_{-h}^h 1\mathrm{d}x = 2h, \\ A_{-1}(-h)+A_0\cdot 0+A_1 h = \int_{-h}^h x\mathrm{d}x = 0, \\ A_{-1}(-h)^2+A_0\cdot 0^2+A_1 h^2 = \int_{-h}^h x^2\mathrm{d}x = \frac{2}{3}h^3, \end{cases}$$

解之得 $$A_{-1}=\frac{1}{6}h, \quad A_0=\frac{2}{3}h, \quad A_1=\frac{1}{6}h.$$

又因为当$f(x)=x^3$时,

$$A_{-1}(-h)^3 + A_0 \cdot 0^3 + A_1 h^3 = -\frac{1}{6}h^4 + \frac{1}{6}h^3 = 0 = \int_{-h}^{h} x^3 \mathrm{d}x;$$

当 $f(x) = x^4$ 时,

$$A_{-1}(-h)^4 + A_0 \cdot 0^4 + A_1 h^4 = \frac{1}{6}h^5 + \frac{1}{6}h^5 = \frac{1}{3}h^5 \neq \frac{2}{5}h^5 = \int_{-h}^{h} x^4 \mathrm{d}x,$$

从而此求积公式最高具有三次代数精度.

3.1.2 插值型的求积公式及其余项

给定节点

$$a \leqslant x_0 < x_1 < x_2 < \cdots < x_n \leqslant b,$$

以及函数 $f(x)$ 在节点处的值,考虑插值函数 $L_n(x)$. 由于代数多项式 $L_n(x)$ 原函数是容易求出的,我们取

$$I_n = \int_a^b L_n(x) \mathrm{d}x$$

作为积分 $I = \int_a^b f(x) \mathrm{d}x$ 的近似取值,这样构造出的求积公式

$$I_n = \sum_{k=0}^{n} A_k f(x_k) \tag{3-5}$$

称为是**插值型求积公式**的,式中求积系数 A_k 通过插值基函数 $l_k(x)$ 积分得出

$$A_k = \int_a^b l_k(x) \mathrm{d}x. \tag{3-6}$$

由插值余项定理可知,对于插值型的求积公式的余项

$$R[f] = I - I_n = \int_a^b \frac{f^{(n+1)}(\xi)}{(n+1)!} \omega(x) \mathrm{d}x, \tag{3-7}$$

式中 ξ 与变量 x 有关,$\omega(x) = (x - x_0)(x - x_1) \cdots (x - x_n)$.

由于次数不超过 n 的多项式 $f(x)$ 的余项 $R[f]$ 等于零,因而按照(3-7)式可知求积公式(3-5)的代数精度至少具有 n. 反之,如果求积公式(3-5)至少具有 n 次代数精度,则它必定是插值型的.

若 $f(x) \in C^2[a,b]$,梯形求积公式的余项为

$$R[f] = -\frac{(b-a)^3}{12} f''(\eta), \quad a < \eta < b.$$

事实上,由公式(3-7)知,

$$R[f] = \int_a^b \frac{f''(\xi)}{2!}(x-a)(x-b) \mathrm{d}x.$$

因为 $f''(\xi)$ 在 $[a,b]$ 上连续,$(x-a)(x-b)$ 在 $[a,b]$ 上保号(非正),利用积分中值定理,在 (a,b) 上存在一点 η,有

$$R[f] = \int_a^b \frac{f''(\xi)}{2!}(x-a)(x-b) \mathrm{d}x$$
$$= -\frac{(b-a)^3}{12} f''(\eta).$$

3.2 Newton-Cotes 求积公式

3.2.1 Newton-Cotes 系数

把积分区间$[a,b]$划分为n等分,其分点为$x_k = a + kh, k = 0,1,\cdots,n$,步长$h = \dfrac{b-a}{n}$,选取等距节点,构造出的插值型求积公式

$$I_n = \sum_{k=0}^{n} A_k f(x_i) = (b-a) \sum_{k=0}^{n} C_k^{(n)} f(x_k) \tag{3-8}$$

称为牛顿—柯特斯(Newton-Cotes)公式,式中$C_k^{(n)}$称为柯特斯系数.按(3-6)式,引进变换$x = a + th$,则有

$$C_k^{(n)} = \frac{h}{b-a} \int_0^n \prod_{\substack{j=0\\j \neq k}}^{n} \frac{t-j}{k-j} \mathrm{d}t = \frac{(-1)^{n-k}}{nk!(n-k)!} \int_0^n \prod_{\substack{j=0\\j \neq k}}^{n} (t-j) \mathrm{d}t. \tag{3-9}$$

首先考虑下面情形.

(1) $n = 1$时,

$$C_0^{(1)} = C_1^{(1)} = \frac{1}{2}, I_1 = \frac{b-a}{2}(f(a) + f(b))$$

就是我们所熟悉的梯形公式(3-1).

(2) $n = 2$时,

$$C_0^{(2)} = \frac{1}{4} \int_0^2 (t-1)(t-2) \mathrm{d}t = \frac{1}{6},$$

$$C_1^{(2)} = -\frac{1}{2} \int_0^2 t(t-2) \mathrm{d}t = \frac{4}{6},$$

$$C_2^{(2)} = \frac{1}{4} \int_0^2 t(t-1) \mathrm{d}t = \frac{1}{6},$$

得到相应的求积公式辛普森(Simpson)公式

$$S = \frac{b-a}{6}\left[f(a) + 4f\left(\frac{a+b}{2}\right) + f(b)\right], \tag{3-10}$$

还称为抛物线求积公式

(3) $n = 4$时,则特别称为Cotes公式,其形式为

$$C = \frac{b-a}{90}\left[7f(a) + 32f\left(\frac{3a+b}{4}\right) + 12f\left(\frac{a+b}{2}\right) + 32f\left(\frac{a+3b}{4}\right) + 7f(b)\right].$$
$$\tag{3-11}$$

(3-9)式中的$C_k^{(n)}$是不依赖于函数$f(x)$和区间$[a,b]$的常数,下面给出n从1到8的柯特斯系数表3-1.

从表3-1中看到$n \geq 8$时,柯特斯系数$C_k^{(n)}$出现负值,初始数据误差将会引起计算结

果误差增大,计算结果不稳定,故 $n \geq 8$ 的 Newton-Cotes 公式是不采用的.

表 3 - 1 柯特斯系数

n	$C_k^{(n)}$								
1	$\dfrac{1}{2}$	$\dfrac{1}{2}$							
2	$\dfrac{1}{6}$	$\dfrac{2}{3}$	$\dfrac{1}{6}$						
3	$\dfrac{1}{8}$	$\dfrac{3}{8}$	$\dfrac{3}{8}$	$\dfrac{1}{8}$					
4	$\dfrac{7}{90}$	$\dfrac{16}{45}$	$\dfrac{2}{15}$	$\dfrac{16}{45}$	$\dfrac{7}{90}$				
5	$\dfrac{19}{288}$	$\dfrac{25}{96}$	$\dfrac{25}{144}$	$\dfrac{25}{96}$	$\dfrac{19}{288}$				
6	$\dfrac{41}{840}$	$\dfrac{9}{35}$	$\dfrac{9}{280}$	$\dfrac{34}{105}$	$\dfrac{9}{280}$	$\dfrac{9}{35}$	$\dfrac{41}{840}$		
7	$\dfrac{751}{17280}$	$\dfrac{3577}{17280}$	$\dfrac{1323}{17280}$	$\dfrac{2989}{17280}$	$\dfrac{2989}{17280}$	$\dfrac{1323}{17280}$	$\dfrac{3577}{17280}$	$\dfrac{751}{17280}$	
8	$\dfrac{989}{28350}$	$\dfrac{5888}{28350}$	$-\dfrac{928}{28350}$	$\dfrac{10496}{28350}$	$-\dfrac{4540}{28350}$	$\dfrac{10496}{28350}$	$-\dfrac{928}{28350}$	$\dfrac{5888}{28350}$	$\dfrac{989}{28350}$

例 1 试用梯形求积公式、辛普森求积公式和牛顿—柯特斯求积公式计算定积分

$$\int_0^1 e^{-x} dx.$$

解 (1) 梯形求积公式

$$\int_0^1 e^{-x} dx \approx \frac{1}{2}(e^0 + e^{-1}) \approx 0.68394;$$

(2) Simpson 求积公式

$$\int_0^1 e^{-x} dx \approx \frac{1}{6}(e^{-0} + 4e^{-\frac{1}{2}} + e^{-1}) \approx 0.63233;$$

(3) Newton-Cotes 求积公式

$$\int_0^1 e^{-x} dx \approx \frac{1}{90}(7e^{-0} + 32e^{-\frac{1}{4}} + 12e^{-\frac{1}{2}} + 32e^{-\frac{3}{4}} + 7e^{-1}) \approx 0.63212,$$

积分的准确值为 $\int_0^1 e^{-x} dx = 1 - e^{-1} \approx 0.6321205588285516$. 从结果上看,利用牛顿—柯特斯公式的精度高.

3.2.2 Newton-Cotes 公式及其余项

由于 Newton-Cotes 公式仍为插值型求积公式,因此 n 阶的 Newton-Cotes 公式的代数精度至少具有 n. 下面可证明 n 为偶数时,Newton-Cotes 公式的代数精度能达到 $n+1$.

定理 3.1 当 n 为偶数时,n 阶 Newton-Cotes 公式(3-8)至少有 $n+1$ 次代数精度.

证明 我们只需验证,当 n 为偶数时,牛顿—柯特斯公式对 $f(x) = x^{n+1}$ 的余项为零.

显然 $f^{(n+1)}(x) = (n+1)!$，由余项公式(3-7)得

$$R[f] = \int_a^b \prod_{j=0}^n (x - x_j) \, dx.$$

引进变换 $x = a + th$，并注意到 $x_j = a + jh$，有

$$R[f] = h^{n+2} \int_0^n \prod_{j=0}^n (t - j) \, dt;$$

取 $n = 2k$，k 为整数，再令 $t = u + k$，进一步有

$$R[f] = h^{2k+2} \int_{-k}^k \prod_{j=0}^{2k} (u + k - j) \, du.$$

设 $G(u) = \prod_{j=0}^{2k} (u + k - j)$，考虑

$$G(-u) = \prod_{j=0}^{2k} (-u + k - j) = (-1)^{2k+1} \prod_{j=0}^{2k} (u + k - j) = -G(u),$$

即 $G(u)$ 为奇函数，那么 $R[f] = 0$。

定理 3.2 若 $f(x) \in C^4[a,b]$，则辛普森公式的余项为

$$R[f] = -\frac{b-a}{180}\left(\frac{b-a}{2}\right)^4 f^{(4)}(\eta), \quad a < \eta < b.$$

证明 构造次数不超过三的多项式 $H(x)$，使满足

$$\begin{cases} H(a) = f(a), H(b) = f(b), \\ H\left(\dfrac{a+b}{2}\right) = f\left(\dfrac{a+b}{2}\right), H'\left(\dfrac{a+b}{2}\right) = f'\left(\dfrac{a+b}{2}\right). \end{cases} \qquad (3-12)$$

由于 Simpson 公式具有三次代数精度，它对于这样构造出的三次式 $H(x)$ 是准确的，即

$$\int_a^b H(x) \, dx = \frac{b-a}{6}\left[H(a) + 4H\left(\frac{a+b}{2}\right) + H(b)\right],$$

上式右端可视为 Simpson 公式(3-10)求得的积分值 S，因此积分余项为

$$R_s = I - S = \int_a^b [f(x) - H(x)] \, dx.$$

由第 2 章结论可知，其插值余项为

$$f(x) - H(x) = \frac{f^{(4)}(\xi)}{4!}(x-a)(x-c)^2(x-b),$$

于是

$$R_s = \int_a^b \frac{f^{(4)}(\xi)}{4!}(x-a)(x-c)^2(x-b) \, dx.$$

这时积分的核函数 $(x-a)(x-c)^2(x-b)$ 在 $[a,b]$ 上保号(非正)，用积分中值定理得

$$R_s = \frac{f^{(4)}(\eta)}{4!}\int_a^b (x-a)(x-c)^2(x-b) \, dx = -\frac{b-a}{180}\left(\frac{a+b}{2}\right)^4 f^{(4)}(\eta). \qquad (3-13)$$

定理 3.3 若 $f(x) \in C^6[a,b]$，关于 Cotes 公式(3-11)的积分余项为

$$R_C = I - C = -\frac{2(b-a)}{945}\left(\frac{a+b}{4}\right)^6 f^{(6)}(\eta). \qquad (3-14)$$

这里不再具体推导.

3.3 复化求积公式

由于等距节点的多项式插值的次数较大时,结果在端点处的值会出现震荡,而且从表 3-1 的柯特斯数据表中显示当 $n>7$ 时,Newton-Cotes 公式不稳定.因此,不可能通过提高阶的方法来提高求积精度.为了提高精度通常可把积分区间分成若干子区间,再在每个子区间上用低阶求积公式.这种方法称为复化求积法.

3.3.1 复化梯形求积公式

将区间 $[a,b]$ 划分为 n 等份,分点 $x_k = a + kh, h = \dfrac{b-a}{n}, k = 0, 1, \cdots, n$,在每个子区间 $[x_k, x_{k+1}](k = 0, 1, \cdots, n-1)$ 上使用梯形公式(3-1),便可得

$$I = \int_a^b f(x)\,\mathrm{d}x = \sum_{k=0}^{n-1} \int_{x_k}^{x_{k+1}} f(x)\,\mathrm{d}x = \frac{h}{2} \sum_{k=0}^{n-1} [f(x_k) + f(x_{k+1})] + R_n(f). \quad (3-15)$$

记

$$T_n = \frac{h}{2} \sum_{k=0}^{n-1} [f(x_k) + f(x_{k+1})] = \frac{h}{2} \Big[f(a) + 2\sum_{k=1}^{n-1} f(x_k) + f(b)\Big], \quad (3-16)$$

称其为**复化梯形公式**,由于 $f(x) \in C^2[a,b]$,所以 $\exists \eta \in (a,b)$ 使

$$\min_{0 \leq k \leq n-1} f''(\eta_k) \leq \frac{1}{n} \sum_{k=0}^{n-1} f''(\eta_k) = f''(\eta), \eta_k \in (x_k, x_{k+1}),$$

于是复化梯形公式余项为

$$R_n(f) = I - T_n = \sum_{k=0}^{n-1} \Big[-\frac{h^3}{12} f''(\eta_k)\Big] = -\frac{b-a}{12} h^2 f''(\eta). \quad (3-17)$$

3.3.2 Simpson 求积公式

将区间 $[a,b]$ 分为 n 等份,在每个子区间 $[x_k, x_{k+1}]$ 上采用辛普森公式(3-10),记 $x_{k+1/2} = x_k + \dfrac{1}{2} h$,则得

$$\begin{aligned}
I = \int_a^b f(x)\,\mathrm{d}x &= \sum_{k=0}^{n-1} \int_{x_k}^{x_{k+1}} f(x)\,\mathrm{d}x \\
&= \frac{h}{6} \sum_{k=0}^{n-1} [f(x_k) + 4f(x_{k+1/2}) + f(x_{k+1})] + R_n(f) \\
&= S_n + R_n(f),
\end{aligned} \quad (3-18)$$

其中

$$S_n = \frac{h}{6} \sum_{k=0}^{n-1} [f(x_k) + 4f(x_{k+1/2}) + f(x_{k+1})]$$

$$= \frac{h}{6}\left[f(a) + 4\sum_{k=0}^{n-1} f(x_{k+1/2}) + 2\sum_{k=1}^{n-1} f(x_k) + f(b)\right], \quad (3-19)$$

称其为**复化 Simpson 求积公式**. 当 $f(x) \in C^4[a,b]$ 时,复化 Simpson 求积公式的余项为

$$R_n(f) = I - S_n = -\frac{b-a}{180}\left(\frac{h}{2}\right)^4 f^{(4)}(\eta_4), \eta \in (a,b). \quad (3-20)$$

例 1 试用复化梯形公式及复化 Simpson 公式计算积分

$$I = \int_0^1 \frac{\sin x}{x} dx,$$

并估计误差.

解 (1) 将积分区间 $[0,1]$ 划分为 8 等份,$h = \frac{1}{8}$,应用复化梯形法求积得

$$T_8 = \frac{h}{2}\left[f(0) + 2\sum_{k=1}^{7} f(x_k) + f(1)\right] = 0.9456909,$$

相应的复化梯形公式误差为

$$|R_n(f)| = |I - T_n| \leq \frac{h^2}{12} \max_{0 \leq x \leq 1} |f''(x)|.$$

(2) 若将积分区间 $[0,1]$ 划分为 4 等份,$h = \frac{1}{4}$,应用复化 Simpson 法有

$$S_4 = \frac{h}{6}\left[f(0) + 4\sum_{k=0}^{3} f(x_{k+1/2}) + 2\sum_{k=1}^{3} f(x_k) + f(1)\right] = 0.9460832.$$

对复化 Simpson 公式误差,由 (3-20) 式得

$$|R_n(f)| = |I - S_n| \leq \frac{1}{2880}\left(\frac{1}{4}\right)^4 \frac{1}{5} = 0.271 \times 10^{-6}.$$

准确值 $I = 0.9460831$,与上面两个结果 T_8 和 S_4 相比较,它们计算量基本相同,然而精度却差别很大,同积分的比较,复化梯形法的结果 $T_8 = 0.9456909$ 只有两位有效数字,而复化辛普森法的结果 $S_4 = 0.9460832$ 却有六位有效数字.

例 2 试分别确定用复化梯形和复化 Simpson 求积公式计算积分 $\int_0^2 \frac{1}{x+4} dx$ 所需的步长 h,使得精度达到 10^{-5}.

解 (1) 复化梯形公式

$$|R[f]| = \left|-\frac{h^2}{12}(b-a)f''(\eta)\right| = \left|-\frac{h^2}{12}(2-0)\frac{2}{(4+\eta)^3}\right| < \frac{1}{192}h^2,$$

故 $h = \sqrt{192 \times 10^{-5}} \approx 0.438178, n = \frac{1}{h} \geq \frac{1}{\sqrt{192 \times 10^{-5}}} \approx 22.8218.$

(2) 复化 Simpson 公式

$$|R[f]| = \left|-\frac{h^4}{180}(b-a)f^{(4)}(\eta)\right| \leq \frac{1}{3840}h^4,$$

故 $h = \sqrt[4]{3840 \times 10^{-5}} \approx 0.442673, n = \frac{1}{h} \geq \frac{1}{\sqrt[4]{3840 \times 10^{-5}}} \approx 2.25901.$

3.4 Romberg 求积公式

在使用复合求积公式时,若精度不够,我们通常是将步长 h 逐步分半,并逐次地应用复化求积公式进行计算. 若先后两次积分结果的差值满足要求,则最后一次的积分结果便为积分近似值.

若将区间 $[a,b]$ 等分 m 份,步长为 $h = (b-a)/m$ 的复合梯形求积公式为

$$I = \int_a^b f(x)\,dx$$
$$= \frac{h}{2}\big(f(a) + 2\sum_{i=1}^{m-1} f(x_i) + f(b)\big) - \frac{b-a}{12}h^2 f''(\xi_1)$$
$$= T_1^{(m)} - \frac{b-a}{12}h^2 f''(\xi_1),\ \xi_1 \in [a,b].$$

现将 $[a,b]$ 等分 $2m$ 份,此时步长为 $h' = \dfrac{h}{2} = \dfrac{b-a}{2m}$,则有

$$I = \int_a^b f(x)\,dx$$
$$= \frac{h}{4}\big(f(a) + 2\sum_{i=1}^{2m} f(x_i) + f(b)\big) - \frac{b-a}{12}\left(\frac{h}{2}\right)^2 f''(\xi_2) \qquad (3-21)$$
$$= T_1^{(2m)} - \frac{b-a}{12}\left(\frac{h}{2}\right)^2 f''(\xi_2),\ \xi_2 \in [a,b].$$

于是,在步长分半时,只需计算新分点的函数值 $f(x_{2j+1})(j = 0,1,2,\cdots,m-1)$.

由此可以看出,复合梯形求积公式 T_m 的余项 R_m 大致与 h^2 成正比. 可以验证,它可以写成

$$R_m(h) = a_2 h^2 + a_4 h^4 + a_6 h^6 + \cdots$$

这里 $a_2, a_4, a_6, \cdots$ 是与 h 无关的常数. 若将步长分半,新步长 $h' = h/2$,复合梯形求积公式 T_{2m} 的余项为

$$R_{2m}(h) = a_2\left(\frac{h}{2}\right)^2 + a_4\left(\frac{h}{2}\right)^4 + a_6\left(\frac{h}{2}\right)^6 + \cdots$$

于是由

$$I = T_1^{(m)} + a_2 h^2 + a_4 h^4 + a_6 h^6 + \cdots$$

和

$$I = T_1^{(2m)} + a_2\left(\frac{h}{2}\right)^2 + a_4\left(\frac{h}{2}\right)^4 + a_6\left(\frac{h}{2}\right)^6 + \cdots$$

消去 h 的二次项得

$$I = \frac{2^2 T_1^{(2m)} - T_1^{(m)}}{2^2 - 1} + a_4'\left(\frac{h}{2}\right)^4 + a_6'\left(\frac{h}{2}\right)^6 + \cdots$$

其中 $a_4', a_6', \cdots$ 仍是与 h 无关的常数. 舍去 $O(h^4)$ 项, 就得到积分 I 的新的近似值. 经验算可知, 它就是以 $h' = h/2$ 为步长的复合抛物线求积公式, 即

$$T_2^{(2m)} = \frac{2^2 T_1^{(2m)} - T_1^{(m)}}{2^2 - 1}.$$

再将步长分半, 由

$$I = T_2^{(2m)} + a_4'\left(\frac{h}{2}\right)^4 + a_6'\left(\frac{h}{2}\right)^6 + \cdots$$

$$I = T_2^{(4m)} + a_4'\left(\frac{h}{4}\right)^4 + a_6'\left(\frac{h}{4}\right)^6 + \cdots$$

消去 h 的四次项得

$$I = \frac{2^4 T_2^{(4m)} - T_2^{(2m)}}{2^4 - 1} + a_6''\left(\frac{h}{4}\right)^6 + \cdots$$

舍去 $O(h^6)$ 项, 所得积分 I 的新的近似值就是复合 Cotes 求积公式

$$T_4^{(4m)} = \frac{2^4 T_2^{(4m)} - T_2^{(2m)}}{2^4 - 1}.$$

重复同样的过程, 将步长再分半, 便可得到新的求积公式

$$T_8^{(8m)} = \frac{2^6 T_4^{(8m)} - T_4^{(4m)}}{2^6 - 1}.$$

该求积公式称为 Romberg 求积公式, 上述逐次分半的加速算法也叫 Romberg 算法.

例 1 用 Romberg 计算 $\int_0^1 \frac{4}{1+x^2} dx (=\pi)$ 的近似值.

解 将 $[0,1]$ 依次分为 $1, 2, 4, 8$ 等份, 按 Romberg 算法, 其计算结果如下(表 3 - 2).

表 3 - 2 计算结果

m	$T_1^{(m)}$	$T_2^{(m)}$	$T_4^{(m)}$	$T_8^{(m)}$
1	3.00000			
2	3.10000	3.13333		
4	3.13118	3.14157	3.14212	
8	3.13899	3.14159	3.14159	3.14159

3.5 高斯型求积公式

3.5.1 高斯求积公式

在节点数目固定为 n 的条件下, 选择适当节点位置 x_k 和相应的系数 $A_k(k=0,1,\cdots,n)$, 使得含有 $2n+2$ 个待定参数机械求积公式

$$\int_a^b f(x)\mathrm{d}x \approx \sum_{k=0}^n A_k f(x_k)$$

具有 $2n+1$ 次代数精度,这类求积公式称为高斯(Gauss)型求积公式.

对一般情形而言,考虑加权积分 $I = \int_a^b f(x)\rho(x)\mathrm{d}x$,这里 $\rho(x)$ 为权函数,如何适当选取节点 x_k 及 $A_k(k=0,1,\cdots,n)$,使求积公式

$$\int_a^b f(x)\rho(x)\mathrm{d}x \approx \sum_{k=0}^n A_k f(x_k) \tag{3-22}$$

具有 $2n+1$ 次代数精度,而且 $A_k(k=0,1,\cdots,n)$ 为不依赖于 $f(x)$ 的求积系数,则称其节点 $x_k(k=0,1,\cdots,n)$ 为**高斯点**,相应公式(3-22)称为**高斯求积公式**.

上述高斯求积公式最关键的就是确定高斯点,通常可以通过求解相应的方程组得到.由于(3-22)具有 $2n+1$ 次代数精度,取 $f(x) = x^m, m = 0,1,\cdots,2n+1$,则得

$$\sum_{k=0}^n A_k x_k^m = \int_a^b x^m \rho(x)\mathrm{d}x, \ m = 0,1,\cdots,2n+1. \tag{3-23}$$

当给定权函数 $\rho(x)$,求出右端积分,即可解出 A_k 及 $x_k(k=0,1,\cdots,n)$.

例 1 试确定 A_0, A_1, x_1, x_2,使得下面求积公式为高斯型求积公式

$$\int_0^1 \sqrt{x} f(x)\mathrm{d}x \approx A_0 f(x_0) + A_1 f(x_1).$$

解 由于上述公式对 $f(x) = 1, x, x^2, x^3$ 精准确成立,得

$$\begin{cases} A_0 + A_1 = \dfrac{2}{3}, \\ x_0 A_0 + x_1 A_1 = \dfrac{2}{5}, \\ x_0^2 A_0 + x_1^2 A_1 = \dfrac{2}{7}, \\ x_0^3 A_0 + x_1^3 A_1 = \dfrac{2}{9}, \end{cases} \tag{3-24}$$

利用消元法,可以得到

$$\begin{cases} \dfrac{2}{5}(x_0 + x_1) - \dfrac{2}{3}x_0 x_1 = \dfrac{2}{7}, \\ \dfrac{2}{7}(x_0 + x_1) - \dfrac{2}{5}x_0 x_1 = \dfrac{2}{9}, \end{cases}$$

从而求出

$$x_0 = 0.821162, \ x_1 = 0.289949;$$
$$A_0 = 0.389111, \ A_1 = 0.277556.$$

于是,相应的高斯公式为

$$\int_0^1 \sqrt{x} f(x)\mathrm{d}x \approx 0.389111 f(0.821162) + 0.277556 f(0.289949).$$

由于方程组(3-24)为非线性方程组,其求解过程比较复杂.对于高斯点多于 2 时该

方法不常用. 我们还可以从高斯点的特性来构造高斯求积公式, 即借助正交多项式的零点.

定理 3.4 插值型求积公式 (3 – 22) 的节点 $a \leqslant x_0 < x_1 < \cdots < x_n \leqslant b$ 是高斯点的充分必要条件是, 以这些节点为零点的多项式

$$\omega_{n+1}(x) = (x - x_0)(x - x_1)\cdots(x - x_n)$$

与任何次数不超过 n 的多项式 $q(x)$ 加权 $\rho(x)$ 正交, 即

$$\int_a^b q(x)\omega_{n+1}(x)\rho(x)\mathrm{d}x = 0. \qquad (3-25)$$

证明 必要性. 由于 $q(x)$ 为不超过 n 次多项式, 则 $q(x)\omega_{n+1}(x)$ 为不超过 $2n+1$ 次多项式, 因此, 如果 $x_0, x_1, \cdots, x_n$ 是高斯点, 则求积公式 (3 – 22) 对于 $f(x) = q(x)\omega_{n+1}(x)$ 精确成立, 即有

$$\int_a^b q(x)\omega_{n+1}(x)\rho(x)\mathrm{d}x = \sum_{k=0}^n A_k q(x_k)\omega_{n+1}(x_k).$$

因 $\omega_{n+1}(x_k) = 0 (k = 0, 1, \cdots, n)$, 故 (3 – 25) 式成立.

充分性. 对于任意不超过 $2n+1$ 次多项式 $f(x)$, 去除以 $\omega_{n+1}(x)$, 并表示为

$$f(x) = q(x)\omega_{n+1}(x) + r(x),$$

其中 $q(x)$ 和 $r(x)$ 都是不超过 n 次多项式, 于是

$$\int_a^b f(x)\rho(x)\mathrm{d}x = \int_a^b q(x)\omega_{n+1}(x)\rho(x)\mathrm{d}x + \int_a^b r(x)\rho(x)\mathrm{d}x$$

$$= \int_a^b r(x)\rho(x)\mathrm{d}x.$$

由于所给求积公式 (3 – 22) 是插值型的, 它对于 $r(x) \in H_n$ 是精确的, 即

$$\int_a^b r(x)\rho(x)\mathrm{d}x = \sum_{k=0}^n A_k r(x_k).$$

再注意到 $\omega_{n+1}(x_k) = 0 (k = 0, 1, \cdots, n)$, 知 $r(x_k) = f(x_k) (k = 0, 1, \cdots, n)$, 从而有

$$\int_a^b f(x)\rho(x)\mathrm{d}x = \int_a^b r(x)\rho(x)\mathrm{d}x = \sum_{k=0}^n A_k r(x_k).$$

可见, 求积公式 (3 – 22) 对一切次数不超过 $2n+1$ 的多项式均能精确成立. 因此, $x_k (k = 0, 1, \cdots, n)$ 为高斯点.

定理 3.4 表明:

(1) 在 $[a, b]$ 上带权 $\rho(x)$ 的 $n+1$ 次正交多项式的零点就是求积公式 (3 – 22) 的高斯点.

(2) $n+1$ 个零点不相重, 而且有了求积节点 $x_k (k = 0, 1, \cdots, n)$, 可以得到一组关于求积系数 $A_0, A_1, \cdots, A_n$ 的线性方程, 解此方程则得 $A_k (k = 0, 1, \cdots, n)$, 也可直接由 $x_0, x_1, \cdots, x_n$ 的插值多项式求出求积系数 $A_k (k = 0, 1, \cdots, n)$,

$$A_k = \int_a^b \frac{\rho(x)\omega_{n+1}(x)}{(x - x_k)\omega'_{n+1}(x_k)}\mathrm{d}x. \qquad (3-26)$$

定理 3.5 设 $f(x) \in C^{2n+2}[a, b]$, 则高斯求积公式的余项为

$$R_n[f] = \frac{f^{(2n+2)}(\eta)}{(2n+2)!}\int_a^b \omega_{n+1}^2(x)\rho(x)\mathrm{d}x, a \leqslant \eta \leqslant b.$$

证明 利用 $f(x)$ 在节点 $x_k(k=0,1,\cdots,n)$ 的埃尔米特插值 $H_{2n+1}(x)$，即
$$H_{2n+1}(x_k) = f(x_k), \quad H'_{2n+1}(x_k) = f'(x_k), \quad k = 0,1,\cdots,n.$$
于是
$$f(x) = H_{2n+1}(x) + \frac{f^{(2n+2)}(\xi)}{(2n+2)!}\omega_{n+1}^2(x),$$
两端同乘以 $\rho(x)$，从 a 到 b 积分，得
$$I = \int_a^b f(x)\rho(x)\mathrm{d}x = \int_a^b H_{2n+1}(x)\rho(x)\mathrm{d}x + R_n[f].$$
其中，右端第一项积分对 $2n+1$ 次多项式精确成立，故
$$R_n[f] = I - \sum_{k=0}^n A_k f(x_k) = \int_a^b \frac{f^{(2n+2)}(\xi)}{(2n+2)!}\omega_{n+1}^2(x)\rho(x)\mathrm{d}x. \tag{3-27}$$
由于 $\omega_{n+1}(x)\rho(x) \geqslant 0$，故由积分中值定理得余项为
$$R_n[f] = \frac{f^{(2n+2)}(\eta)}{(2n+2)!}\int_a^b \omega_{n+1}^2(x)\rho(x)\mathrm{d}x, \quad a \leqslant \eta \leqslant b.$$

尽管高斯积分求积公式代数精度高，但节点和系数的计算比较麻烦. 为此，前人制出了相应节点和系数数据表，故在使用时只需查表即可. 下面给出几种常用的高斯积分公式.

3.5.2 Gauss-Legendre 求积公式

在高斯求积公式(3-22)中，特别取权函数 $\rho(x) \equiv 1$，区间为 $[-1,1]$，则得公式
$$I = \int_{-1}^1 f(x)\mathrm{d}x \approx \sum_{k=0}^n A_k f(x_k), \tag{3-28}$$
其中节点 x_k 和求积系数 A_k 将可由表 3-3 查到. 形如(3-28)式的 Gauss 求积公式被称为 **Gauss-Legendre 求积公式**.

Legendre 多项式为
$$L_{n+1}(x) = \frac{1}{2^{n+1}(n+1)!}\frac{\mathrm{d}^{n+1}}{\mathrm{d}x^{n+1}}[(x^2-1)^{n+1}],$$
$L_1(x) = 1$，构成了 $[-1,1]$ 上的正交系，并且它对一切 $x^k, k=0,1,\cdots,n$ 正交. 因此，Guass 求积公式的 $n+1$ 个节点就是 Legendre 多项式的 $n+1$ 个零点，利用多项式的性质
$$(1-x^2)L'_{n+1}(x) = (n+1)[L_n(x) - xL_{n+1}(x)]$$
可得
$$A_k = \frac{2(1-x_k^2)}{[(n+1)L_n(x_k)]^2}, \quad k=0,1,\cdots,n.$$
由公式(3-27)，不难求出 Gauss-Legendre 求积公式的余项为
$$R_n[f] = \frac{2^{(2n+3)}[(n+1)!]^4}{(2n+3)[(2n+2)!]^3}f^{(2n+2)}(\eta), \quad \eta \in (-1,1). \tag{3-29}$$
若取 $P_1(x) = x$ 的零点 $x_0 = 0$ 作节点构造求积公式
$$\int_{-1}^1 f(x)\mathrm{d}x \approx A_0 f(0).$$
令它对 $f(x) = 1$ 准确成立，即可确定 $A_0 = 2$. 这样构造出的一点 Gauss-Legendre 求积公式是

中矩形公式.

再取 $P_2(x) = \frac{1}{2}(3x^2 - 1)$ 的两个零点 $\pm \frac{1}{\sqrt{3}}$ 构造求积公式

$$\int_{-1}^{1} f(x) \mathrm{d}x \approx A_0 f\left(-\frac{1}{\sqrt{3}}\right) + A_1 f\left(\frac{1}{\sqrt{3}}\right),$$

令它对 $f(x) = 1, x$ 都准确成立,有

$$\begin{cases} A_0 + A_1 = 2, \\ A_0\left(-\frac{1}{\sqrt{3}}\right) + A_1\left(\frac{1}{\sqrt{3}}\right) = 0, \end{cases}$$

由此解出 $A_0 = A_1 = 1$,从而得到两点 Gauss-Legendre 求积公式

$$\int_{-1}^{1} f(x) \mathrm{d}x \approx f\left(-\frac{1}{\sqrt{3}}\right) + f\left(\frac{1}{\sqrt{3}}\right).$$

三点 Gauss-Legendre 求积公式的形式是

$$\int_{-1}^{1} f(x) \mathrm{d}x \approx \frac{5}{9} f\left(-\frac{\sqrt{15}}{5}\right) + \frac{8}{9} f(0) + \frac{5}{9} f\left(\frac{\sqrt{15}}{5}\right).$$

表 3-3 列出 Gauss-Legendre 求积公式的节点和系数.

表 3-3 Gauss-Legendre 求积节点和系数

n	x_k	A_k	n	x_k	A_k
1	± 0.577 350 3	1.000 000 0	4	0.000 000 0 ± 0.538 469 3 ± 0.906 179 9	0.568 888 9 0.478 628 7 0.236 926 9
2	0.000 000 0 ± 0.774 596 7	0.888 888 9 0.555 555 6	5	± 0.238 619 2 ± 0.661 209 4 ± 0.932 469 5	0.467 913 9 0.360 761 6 0.171 324 5
3	± 0.339 981 0 ± 0.861 136 3	0.652 145 2 0.347 854 8			

当积分区间不是 $[-1,1]$,而是一般的区间 $[a,b]$ 时,只需做变换

$$x = \frac{b-a}{2} t + \frac{a+b}{2}$$

便可将 $[a,b]$ 化为 $[-1,1]$ 上的积分

$$\int_a^b f(x) \mathrm{d}x = \frac{a+b}{2} \int_{-1}^{1} f\left(\frac{b-a}{2} t + \frac{a+b}{2}\right) \mathrm{d}t. \quad (3-30)$$

对等式右端的积分即可使用 Gauss-Legendre 求积公式.

例 2 用 4 点 ($n=3$) 的高斯—勒让德求积公式计算

$$I = \int_0^{\frac{\pi}{2}} x^2 \cos x \mathrm{d}x.$$

解 先将区间 $\left[0, \frac{\pi}{2}\right]$ 化为 $[-1,1]$,由 (3-30) 式有

$$I = \int_{-1}^{1} \left(\frac{\pi}{4}\right)^3 (1+t)^2 \cos\frac{\pi}{4}(1+t)\,\mathrm{d}t.$$

根据表 3 - 3 中 $n = 3$ 的节点及系数值可求得

$$I \approx \sum_{k=0}^{3} A_k f(x_k) \approx 0.467402 \ (\text{准确值 } I = 0.467401\cdots).$$

3.5.3 其他几种常见的 Gauss 型求积公式*

在物理学和力学中,常常遇到一些带有权函数的广义积分. 对于这些积分使用其他求积公式会遇到困难, 而针对权函数和积分区间, 选择适当的节点构造代数精确度最高的 Gauss 型求积公式进行计算, 通常是有效的. 当然要构造 Gauss 型求积公式, 计算节点和求积系数是比较麻烦的. 对于一些常用的特定的权函数, 前人已算出它们的节点和求积系数表, 计算这些积分时可以直接查表得到求积公式. 下面给出几种常用的 Gauss 型求积公式的节点和求积系数表, 并举例说明如何使用这些方法.

3.5.3.1 Gauss-Chebyshev 求积公式

若 $a = -1, b = 1$, 且取权函数

$$\rho(x) = \frac{1}{\sqrt{1-x^2}},$$

则所建立的高斯公式为

$$\int_{-1}^{1} \frac{f(x)}{\sqrt{1-x^2}} \mathrm{d}x \approx \frac{\pi}{n+1} \sum_{k=0}^{n} f\left(\cos\frac{2k+1}{2n+2}\pi\right). \tag{3-31}$$

特别地, 称其为 Gauss-Chebyshev 求积公式, 该求积余项为

$$R[f] = \frac{2\pi}{2^{2n}(2n)!} f^{(2n)}(\eta), \ \eta \in (-1, 1).$$

带权的高斯求积公式可用于计算奇异积分.

例 3 用 5 点($n = 5$)的高斯—切比雪夫求积公式计算积分

$$I = \int_{-1}^{1} \frac{\mathrm{e}^x}{\sqrt{1-x^2}} \mathrm{d}x.$$

解 这里 $f(x) = \mathrm{e}^x, f^{(2n)}(x) = \mathrm{e}^x$, 当 $n = 5$ 时由公式(3-31)可得

$$I = \frac{\pi}{5} \sum_{k=1}^{5} \mathrm{e}^{\cos\frac{2k-1}{10}\pi} = 3.977463.$$

由余项可估计误差

$$|R[f]| \leq \frac{\pi}{2^9 \cdot 10!} \leq 4.6 \times 10^{-9}.$$

3.5.3.2 Gauss-Laguerre 求积公式

$$\int_{0}^{+\infty} \mathrm{e}^{-x} f(x) \mathrm{d}x \approx \sum_{k=0}^{n} A_k f(x_k), \tag{3-32}$$

节点和求积系数如表 3 - 4, Gauss-Laguerre 求积公式的余项为

表 3 - 4 Gauss-Laguerre 求积公式的节点和系数

n	x_k	A_k	n	x_k	A_k
1	0.5857864 3.4142136	0.8535534 0.1464466			
2	0.4157746 2.2942804 6.2899451	0.7110930 0.2785177 0.0103893	4	0.2635603 1.4134031 3.5964258 7.0858100 12.6408008	0.5217556 0.3986668 0.0759424 0.0036118 0.0000234
3	0.3225477 1.7457611 4.5366203 9.3950709	0.6031541 0.3574187 0.0388879 0.0005393			

$$R_n[f] = \frac{((n+1)!)^2}{(2n+2)!} f^{(2n+2)}(\zeta). \tag{3-33}$$

例 4 应用 Gauss-Laguerre 求积公式计算

$$I = \int_0^\infty e^{-x} \sin x \, dx.$$

解 我们用 3 个节点($n=2$) 的 Gauss-Laguerre 公式计算：

$$I = \int_0^\infty e^{-x} \sin x \, dx \approx 0.7110930 \times \sin 0.4157746 + 0.2785177 \times \sin 2.2942804$$
$$+ 0.0103893 \times \sin 6.2899451$$
$$\approx 0.4960298.$$

与其精确值 0.5 相比，绝对误差为 0.0039702。

3.5.3.3 Gauss-Hermite 求积公式

$$\int_{-\infty}^{+\infty} e^{-x^2} f(x) \, dx \approx \sum_{k=0}^{n} A_k f(x_k), \tag{3-34}$$

节点和求积系数如表 3 - 5，Gauss-Hermite 求积公式的余项为

$$R[f] = \frac{(n+1)! \, \pi^{\frac{1}{2}}}{2^{n+1}(2n+2)!} f^{(2n+2)}(\eta).$$

表 3 - 5 Gauss-Hermite 求积公式的节点和系数

$n+1$	x_k	A_k	$n+1$	x_k	A_k
2	±0.7071068	0.8862269			
4	±0.5246476 ±1.6506801	0.1464466 0.0813128	8	±0.3811870 ±1.1571937 ±1.9816568 ±2.9306374	0.6611470 0.2078023 0.0170780 0.0001996
6	±0.4360774 ±1.3358491 ±2.3506050	0.7246296 0.1570673 0.0045300			

例 5 应用 Gauss-Hermite 求积公式计算积分

$$I = \int_0^\infty e^{-x} \sin^2 x \, dx,$$

其精确值是 $\dfrac{\sqrt{\pi}(1-\mathrm{e}^{-1})}{2} \approx 0.5602023$.

解 使用 4 个节点的 Gauss-Hermite 求积公式计算：
$$I \approx 0.8049141 \times (\sin^2 0.5246476 + \sin^2(-0.5246476))$$
$$+ 0.0813128 \times (\sin^2 1.6506801 + \sin^2(-1.6506801))$$
$$\approx 0.5655102.$$

3.6 数值微分

数值微分就是求数值导数. 由于多项式有较好的微分性能, 一般利用插值多项式来确定函数 $f(x)$ 的数值导数. 本节给出了三类求解数值微分的方法.

3.6.1 用差商近似微商

数值微分就是用函数值的线性组合近似函数在某点的导数值. 按照导数定义可以简单地用差商近似导数, 即取达到极限前的形式为导数的近似式. 例如,
$$f'(a) \approx \frac{f(a+h)-f(a)}{h},$$
$$f'(a) \approx \frac{f(a)-f(a-h)}{h},$$
$$f'(a) \approx \frac{f(a+h)-f(a-h)}{2h}.$$

以上三种不同表示形式依次为用一阶向前差商、一阶向后差商和一阶中心差商来近似表示微商, 利用泰勒公式可得到这三种近似式的截断误差的数量级.
$$\begin{cases} \dfrac{f(a+h)-f(a-h)}{h} = f'(a) + \dfrac{1}{2}hf''(\xi), a < \xi < a+h, \\ \dfrac{f(a)-f(a-h)}{h} = f'(a) - \dfrac{1}{2}hf''(\eta), a-h < \eta < a, \end{cases}$$

以及
$$f(a+h) - f(a-h) = [f(a) + f'(a) + \frac{1}{2}h^2 f''(a) + \frac{1}{3!}f'''(\xi_1)]$$
$$- [f(a) - f'(a) + \frac{1}{2}h^2 f''(a) - \frac{1}{3!}f'''(\xi_2)]$$
$$= hf'(a) + \frac{1}{3}[f'''(\xi_1) + f'''(\xi_2)],$$

其中 $a < \xi_1 < a+h, a-h < \xi_2 < a$. 由此可见, 一阶向前差商和一阶向后差商近似导数是关于 h 的一次方的无穷小量, 而以一阶中心差商近似表示导数的截断误差是关于 h 的二次方的无穷小量, 所以中心差商近似导数精度较高.

3.6.2 用插值函数计算微商

从插值的原理可知,若给定函数在区间$[a,b]$上$n+1$个节点$x_0,x_1,x_2,\cdots,x_n$以及$n+1$节点处的函数值$y_0,y_1,y_2,\cdots,y_n$,可以建立插值多项式$y=P(x)$作为它的近似. 由于多项式的求导比较容易,因此我们取$P'(x)$的值作为$f'(x)$的近似值,即

$$f(x) \approx P'_n(x), \qquad (3-35)$$

称其为**插值型的求导公式**.

需要注意的是,即使$f(x)$与$P_n(x)$的值相差不大,$P'_n(x)$与导数的真值$f'(x)$仍然可能差别很大.

依据插值余项定理,求导公式的余项为

$$f'(x) - P'_n(x) = \frac{f^{(n+1)}(\xi)}{(n+1)!}\omega'_{n+1}(x) + \frac{\omega_{n+1}(x)}{(n+1)!}\frac{\mathrm{d}}{\mathrm{d}x}f^{(n+1)}(\xi).$$

其中$\xi \in [a,b]$,并依赖于x的未知数,但由于无法知道ξ依赖于x的具体形式,故上式的第二项$\frac{\omega_{n+1}(x)}{(n+1)!}\frac{\mathrm{d}}{\mathrm{d}x}f^{(n+1)}(\xi)$是一个复杂的表达式. 因此,对于随意给出的点$x$,误差$f'(x) - P'_n(x)$是无法预估的. 但是,如果我们只限定求某个节点$x_k$上的导数值,那么上面的第二项因式$\omega_{n+1}(x_k)$变为零,这时有余项公式

$$f'(x_k) - P'_n(x_k) = \frac{f^{(n+1)}(\xi)}{(n+1)!}\omega'_{n+1}(x_k). \qquad (3-36)$$

下面我们仅仅考察节点处的导数值. 为了简化讨论,假定所给的节点是等距的.

3.6.2.1 两点求导公式

设已给出两个节点x_0,x_1上的函数值$f(x_0),f(x_1)$,做线性插值得公式

$$P_1(x) = \frac{x-x_1}{x_0-x_1}f(x_0) + \frac{x-x_0}{x_1-x_0}f(x_1),$$

对上式两端求导,记$f(x)$,有

$$P'_1(x) = \frac{1}{h}[-f(x_0) + f(x_1)], x \in [x_0, x_1],$$

由余项公式 (3-36) 知,带余项的两点公式是

$$\begin{cases} f'(x_0) = \frac{1}{h}[f(x_1) - f(x_0)] - \frac{h}{2}f''(\xi), \\ f'(x_1) = \frac{1}{h}[f(x_1) - f(x_0)] + \frac{h}{2}f''(\xi), \end{cases} x_0 < \xi < x_1. \qquad (3-37)$$

3.6.2.2 三点公式

过三个节点x_0,x_1,x_2做二次插值多项式,并取$x_2-x_1=x_1-x_0=h$,则

$$P_2(x) = \frac{(x-x_1)(x-x_2)}{2h^2}y_0 - \frac{(x-x_0)(x-x_2)}{h^2}y_1$$
$$+ \frac{(x-x_0)(x-x_1)}{2h^2}y_2,$$

两边求微商得

$$P'_2(x) = \frac{2x - x_1 - x_2}{2h^2}y_0 - \frac{2x - x_0 - x_2}{h^2}y_1 + \frac{2x - x_1 - x_0}{2h^2}y_2,$$

于是得到三种三点公式：

$$\begin{cases} f'(x_0) \approx P'_2(x_0) = \dfrac{-3y_0 + 4y_1 - y_2}{2h}, \\ f'(x_1) \approx P'_2(x_1) = \dfrac{-y_0 + y_2}{2h}, \\ f'(x_2) \approx P'_2(x_2) = \dfrac{y_0 - 4y_1 + 3y_2}{2h}, \end{cases}$$

其截断误差为

$$\begin{cases} R_2(x_0) = f'(x_0) - P'_2(x_0) = \dfrac{h^2}{3}f'''(\xi), \\ R_2(x_1) = f'(x_1) - P'_2(x_1) = -\dfrac{h^2}{6}f'''(\xi), x_0 < \xi < x_2. \\ R_2(x_0) = f'(x_2) - P'_2(x_2) = \dfrac{h^2}{3}f'''(\xi), \end{cases} \quad (3-38)$$

3.6.3 用三次样条函数求微商

三次样条函数 $S(x)$ 作为 $f(x)$ 的近似,不但函数值非常接近,而且可使导数值也很接近,应用三次样条插值函数求数值导数不但可求出节点处的导数,而且可求出非节点处的导数,在工程科学计算中经常采用这种有效的方法.

对于以节点处三次样条函数为

$$S(x) = \frac{(x_{k+1} - x)^3}{6h_k}M_k + \frac{(x - x_k)^3}{6h_k}M_{k+1} + \left(y_k - \frac{h_k^2}{6}M_k\right)\frac{(x_{k+1} - x)}{h_k}$$
$$+ \left(y_{k+1} - \frac{h_k^2}{6}M_{k+1}\right)\frac{(x - x_k)}{h_k}, k = 0,1,2,\cdots,n, x \in [x_k, x_{k+1}].$$

于是求导得

$$S'(x) = -\frac{(x_{k+1} - x)^2}{2h_k}M_k + \frac{(x - x_k)^2}{2h_k}M_{k+1} + \frac{y_{k+1} - y_k}{h_k} - \frac{1}{6}h_k(M_{k+1} - M_k),$$
$$S''(x) = \frac{1}{h_k}M_k(x_{k+1} - x) + \frac{1}{h_k}M_{k+1}(x - x_k),$$

因此在节点 x_k 处的一阶和二阶导数分别为

$$f'(x_k) \approx S'(x_k) = -\frac{h_k}{2}M_k + \frac{y_{k+1} - y_k}{h_k} - \frac{1}{6}h_k(M_{k+1} - M_k),$$
$$f''(x_k) = M_k. \quad (3-39)$$

习题 3

1. 确定下列求积公式中的待定参数，使其代数精度尽量高，并指明所构造的求积公式所具有的代数精度.

(1) $\int_{-h}^{h} f(x) \mathrm{d}x \approx A_{-1} f(-h) + A_0 f(0) + A_1 f(h)$；

(2) $\int_{-1}^{1} f(x) \mathrm{d}x \approx \dfrac{1}{3}[f(-1) + 2f(\alpha) + 3f(\beta)]$；

(3) $\int_{-1}^{1} f(x) \mathrm{d}x \approx \alpha_0 f(-1) + \alpha_1 f(0) + \alpha_2 f(1)$；

(4) $\int_{-b}^{b} f(x) \mathrm{d}x \approx \dfrac{b-a}{2}[f(a) + f(b)] + a(b-a)^2 [f'(a) + f'(b)]$.

2. 分别用梯形公式和辛普森公式计算下列积分：

(1) $\int_0^1 \dfrac{x}{4+x} \mathrm{d}x, n = 8$；

(2) $\int_0^1 \dfrac{(1 - \mathrm{e}^{-x})^{\frac{1}{2}}}{x} \mathrm{d}x, n = 10$；

(3) $\int_1^9 \sqrt{x} \mathrm{d}x, n = 4$；

(4) $\int_0^{\pi/6} \sqrt{4 - \sin^2 x} \mathrm{d}x, n = 6$.

3. 考察下列求积公式具有几次代数精度：

(1) $\int_0^1 f(x) \mathrm{d}x \approx f(0) + \dfrac{1}{2} f'(1)$；

(2) $\int_{-1}^{1} f(x) \mathrm{d}x \approx f\left(-\dfrac{1}{\sqrt{3}}\right) + f\left(\dfrac{1}{\sqrt{3}}\right)$.

4. 直接验证柯特斯公式具有 5 次代数精度.

5. 用辛普森公式求积分 $\int_0^1 \mathrm{e}^{-x} \mathrm{d}x$，并估计误差.

6. 推导下列三种矩形求积公式，并给出截断误差的表达式.

$$\int_a^b f(x) \mathrm{d}x \approx f(a)(b-a),$$
$$\int_a^b f(x) \mathrm{d}x \approx f(b)(b-a),$$
$$\int_a^b f(x) \mathrm{d}x \approx \left(\dfrac{a+b}{2}\right)(b-a).$$

7. 利用积分 $\int_2^8 \dfrac{1}{x} \mathrm{d}x = \ln 4$ 计算 $\ln 4$ 时，若采用复化梯形公式，问应分多少节点才能使

截断误差不超过 $\frac{1}{2} \times 10^{-5}$？若改用复化辛普森公式,要达到同样精度区间 [2,8] 应分多少等份？

8. 如果 $f''(x) > 0$,证明用梯形公式计算积分 $I = \int_a^b f(x)\mathrm{d}x$ 所得结果比准确性大,并说明其集合意义.

9. 用龙贝格求积方法计算下列积分,使误差不超过 10^{-5}.

(1) $\dfrac{2}{\sqrt{\pi}} \int_0^1 \mathrm{e}^x \mathrm{d}x$； (2) $\int_0^{2\pi} x\sin x \mathrm{d}x$；

(3) $\int_0^3 x\sqrt{1+x^2}\, \mathrm{d}x$； (4) $\int_0^1 x^{\frac{3}{2}} \mathrm{d}x$.

10. 用高斯型求积方法计算下列积分,使误差不超过 10^{-5}.

(1) $\int_0^1 \mathrm{e}^{-x} \mathrm{d}x$； (2) $\int_0^1 \sqrt{1+2x}\, \mathrm{d}x$；

(3) $\int_0^\pi x\mathrm{e}^x \mathrm{d}x$； (4) $\int_{-1}^1 \dfrac{x^2}{\sqrt{1-x^2}} \mathrm{d}x$.

11. 证明等式

$$n\sin\frac{\pi}{n} = \pi - \frac{\pi^3}{3!\, n^2} + \frac{\pi^5}{5!\, n^4} - \cdots$$

试依据 $n\sin(\dfrac{\pi}{n})$ ($n = 3, 6, 12$) 的值,用外推算法求 π 的近似值.

12. 用下列方法计算积分 $\int_1^3 \dfrac{1}{x} \mathrm{d}x$,并比较结果.

(1) 龙贝格方法；

(2) 三点及五点高斯公式；

(3) 将积分区间分为四等份,用复化两点高斯公式.

13. 用三点公式和积分方求 $f(x) = \dfrac{1}{(1+x)^2}$ 在 $x = 1.0, 1.1$ 和 1.2 处的导数值,并估计误差. $f(x)$ 的值由表 3-6 给出.

表 3-6 数据值

x	1.0	1.1	1.2
$f(x)$	0.25	0.2268	0.2066

第 4 章 线性方程组的数值解法

在自然科学与工程技术的科学计算中,工程问题的求解一般都要归结于解一个或若干个线性方程组,如电学中的网络问题、多级水库的跨流域调水问题等. 计算方法中的许多问题也涉及求解线性方程组,如曲线拟合需要解一个正规方程、三次样条插值需要解一个三对角线性方程组、解非线性方程组问题、用差分法或者有限元法解常微分方程、偏微分方程边值问题等. 因此,线性方程组的求解问题是计算数学需要解决的主要问题之一,而且后面几种情况常常归结为求解大型线性方程组,可见线性方程组的解法在计算数学中占有重要的地位.

线性方程组的解法可以分为以下两大类. (1) 直接法,指若计算过程中没有舍入误差,经过有限步四则算术运算,求得方程组的精确解的方法(实际计算有舍入误差). 这种方法实际上是一种代数方法,是中学及线性代数里解法的伸延和拓展. (2) 间接法,主要指迭代法,迭代法是用某种极限过程去逐步逼近线性方程组精确解的方法,它是不动点方法的应用,可以理解为几何的方法或拓扑的方法;迭代法具有占存储单元少、程序设计简单、原始系数矩阵在迭代过程中不变等优点,但存在收敛性及收敛速度等问题. 还有一些方法是与最小二乘法类似的方法,许多研究者还在为完善和发展这种方法而努力.

线性代数方面的计算方法就是研究求解线性方程组的一些数值解法与研究计算矩阵的特征值及特征向量的数值方法. 对于大部分实际中的应用问题来说,目前线性方程组的求解主流还是直接法,主要是克莱姆法则、高斯消去法和它的各种变化形式. 本章主要介绍的方法是直接法与迭代法(间接法). 首先介绍一下矩阵及线性方程组的一些基础知识.

4.1 线性方程组概述及矩阵基础知识

4.1.1 引言

由 n 个变元,m 个线性方程组成的线性方程组的一般形式为

$$\begin{cases} a_{11}x_1 + a_{12}x_2 + \cdots + a_{1j}x_j + \cdots + a_{1n}x_n = b_1, \\ a_{21}x_1 + a_{22}x_2 + \cdots + a_{2j}x_j + \cdots + a_{2n}x_n = b_2, \\ \cdots\cdots \\ a_{i1}x_1 + a_{i2}x_2 + \cdots + a_{ij}x_j + \cdots + a_{in}x_n = b_i, \\ \cdots\cdots \\ a_{m1}x_1 + a_{m2}x_2 + \cdots + a_{mj}x_j + \cdots + a_{mn}x_n = b_m. \end{cases}$$

为了计算方便,该线性方程组可以用矩阵和向量把它简写为形为 $AX = b$ 的矩阵方程,其中

$$A = \begin{bmatrix} a_{11} & a_{12} & \cdots & a_{1j} & \cdots & a_{1n} \\ a_{21} & a_{22} & \cdots & a_{2j} & \cdots & a_{2n} \\ \cdots & \cdots & \cdots & \cdots & \cdots & \cdots \\ a_{i1} & a_{i2} & \cdots & a_{ij} & \cdots & a_{in} \\ \cdots & \cdots & \cdots & \cdots & \cdots & \cdots \\ a_{m1} & a_{m2} & \cdots & a_{mj} & \cdots & a_{mn} \end{bmatrix}, \quad X = \begin{bmatrix} x_1 \\ x_2 \\ \vdots \\ x_n \end{bmatrix}, \quad b = \begin{bmatrix} b_1 \\ b_2 \\ \vdots \\ b_m \end{bmatrix}. \quad (4-1)$$

矩阵或向量依次称为 $m \times n$ 阶系数矩阵,n 维未知向量,以及 m 维常数向量. 为了得到有效的数值解方法,需要回顾一下线性方程组解的各种不同情况. 一般形式的线性方程组,总可以假定线性方程组的系数矩阵满行秩或者满列秩,这种假设与实际情况是相符的.

在这种假设下,当 $m < n$ 时,即方程的个数小于未知数的个数时,线性方程组一定有无穷多组解,在实际计算中通常要找某种意义下的最优解,运筹学中的线性规划就是专门研究此类问题的;当 $m > n$ 时,线性方程组无解,此时作为实际问题仍然是有意义的,可以转向求它的最小二乘解,这也是计算方法所要研究的一个重要问题;当 $m = n$ 时,即矩阵 A 是满秩的 n 阶方阵,那么由克莱姆法则知,线性方程组一定有唯一解.

4.1.2 矩阵的相关基础知识

定义 4.1 设 $A = (a_{ij}) \in \mathbf{R}^{n \times n}$,若存在一个数 λ(实数或复数)和非零向量 $x = (x_1, x_2, \cdots, x_n)^{\mathrm{T}}$,使 $Ax = \lambda x$ 成立,则称 λ 为 A 的特征值,非零向量 x 为 A 的属于 λ 的特征向量,A 的全体特征值称为 A 的谱,记作 $\sigma(A)$,即

$$\sigma(A) = \{\lambda_1, \lambda_2, \cdots, \lambda_n\}.$$

$\rho(A) = \max |\lambda|$ 称为 A 的谱半径.

例 1 对于任意 n 阶矩阵 A,则 $\rho(A^k) = [\rho(A)]^k$.

证明 设 $\lambda_1, \lambda_2, \cdots, \lambda_n$ 是属于矩阵 A 的所有特征值,则矩阵 A^k 的所有特征值为 $\lambda_1^k, \lambda_2^k, \cdots, \lambda_n^k$,因此 $\rho(A^k) = \max_i |\lambda_i^k| = (\max_i |\lambda_i|)^k = [\rho(A)]^k$. 证毕.

在求解一个 n 阶矩阵 A 的特征值和特征向量时,首先利用 $\det(\lambda I - A) = 0$ 求矩阵 A 在复数域中的所有特征值 $\lambda_i (i = 1, 2, \cdots, n)$,即求解特征方程

$$f(\lambda) = \det(\lambda I - A) = \begin{vmatrix} \lambda - a_{11} & -a_{12} & \cdots & -a_{1n} \\ -a_{21} & \lambda - a_{22} & \cdots & -a_{2n} \\ \cdots & \cdots & & \cdots \\ -a_{n1} & -a_{n2} & \cdots & \lambda - a_{nn} \end{vmatrix}$$

$$= \lambda^n - (a_{11} + a_{22} + \cdots + a_{nn})\lambda^{n-1} + \cdots + (-1)^n |A| = 0.$$

特征方程的解定义为特征根,特征根即为特征值。其中,$f(\lambda) = (\lambda - \lambda_1)(\lambda - \lambda_2)\cdots(\lambda - \lambda_n)$ 称为特征多项式。

再将求得的特征值回代入齐次线性方程组 $(\lambda_i I - A)x = 0$ 中,求出其非零解 x_i 即为特征值 λ_i 对应的特征向量。由特征值和特征向量的求解过程可知,n 阶矩阵 A 的迹 $\mathrm{tr}(A)$,$\det(A)$ 与其特征值之间有以下关系式成立:

$$\mathrm{tr}(A) = \sum_{i=1}^{n} a_{ii} = \sum_{i=1}^{n} \lambda_i,$$
$$\det(A) = \lambda_1 \lambda_2 \cdots \lambda_n.$$

此外,矩阵 A 的特征值 λ_i 和特征向量 x_i 具有以下性质。

(1) 若矩阵 A 可逆,则 $kA, A^m, A^{-1}, A^*, f(A)$ 的特征值分别为 $k\lambda_i, \lambda_i^m, \lambda_i^{-1}, |A|\lambda_i^{-1}, f(\lambda)$,其特征向量均为 x_i。

(2) 相似矩阵具有相同的特征值。

例 2 求矩阵 $A = \begin{bmatrix} 1 & 3 & 3 \\ 3 & 1 & 3 \\ 3 & 3 & 1 \end{bmatrix}$ 的特征值、特征向量及谱半径。

解 先求矩阵 A 的特征值,即由

$$|\lambda I - A| = (\lambda - 7) \begin{vmatrix} 1 & -3 & -3 \\ 0 & \lambda + 2 & 0 \\ 0 & 0 & \lambda + 2 \end{vmatrix} = (\lambda - 7)(\lambda + 2)^2$$

得到 A 的全部特征值为 $\lambda_1 = 7, \lambda_2 = \lambda_3 = -2$,谱半径 $\rho(A) = \max|\lambda| = 7$。

对于 $\lambda_1 = 7$,解齐次线性方程组 $(7I - A)X = 0$,得方程组的一个基础解系 $v_1 = \begin{bmatrix} -3 \\ -1 \\ 1 \end{bmatrix}$,所以 $C_1 v_1 (C_1 \neq 0)$ 是 A 的属于特征值 7 的全部特征向量。

对于 $\lambda_2 = \lambda_3 = -2$,解齐次线性方程组 $(-2I - A)X = 0$,得方程组的一个基础解系 $v_2 = \begin{bmatrix} -1 \\ 0 \\ 1 \end{bmatrix}, v_3 = \begin{bmatrix} -1 \\ 1 \\ 0 \end{bmatrix}$,所以 $C_2 v_2 + C_3 v_3$ 是 A 的属于特征值 -2 的全部特征向量,其中 C_2, C_3 不全为零。

4.2 线性方程组的直接解法

4.2.1 Gauss 消去法

通常把按照先消元,后回代两个步骤求解线性方程组的方法称为高斯(Gauss)消去法. Gauss 消去法的基本思想是:将方程组看成是等价的增广矩阵,利用矩阵的初等变换将复杂的线性方程组化为三角方程组(消元过程),通过回代求得原方程组的解. Gauss 消去法是线性代数里最常用的求解线性方程组的方法.

例 1 用 Gauss 消去法求解线性方程组 $\begin{cases} x_1 + x_2 + 2x_3 + 3x_4 = 1, \\ x_1 + 2x_2 + 3x_3 - x_4 = -4, \\ 3x_1 - x_2 - x_3 - 2x_4 = -4, \\ 2x_1 + 3x_2 - x_3 - x_4 = -6. \end{cases}$

解 首先将方程组写成增广矩阵的形式,化为上三角矩阵,即消元过程:

$$[A \vdots b] = \begin{bmatrix} 1 & 1 & 2 & 3 & 1 \\ 1 & 2 & 3 & -1 & -4 \\ 3 & -1 & -1 & -2 & -4 \\ 2 & 3 & -1 & -1 & -6 \end{bmatrix} \xrightarrow[r_4 - 2r_1]{\substack{r_2 - 1r_1 \\ r_3 - 3r_1}} \begin{bmatrix} 1 & 1 & 2 & 3 & 1 \\ 0 & 1 & 1 & -4 & -5 \\ 0 & -4 & -7 & -11 & -7 \\ 0 & 1 & -5 & -7 & -8 \end{bmatrix}$$

$$\xrightarrow[r_4 - 1r_2]{r_3 + 4r_2} \begin{bmatrix} 1 & 1 & 2 & 3 & 1 \\ 0 & 1 & 1 & -4 & -5 \\ 0 & 0 & -3 & -27 & -27 \\ 0 & 0 & -6 & -3 & -3 \end{bmatrix} \xrightarrow[r_4 - 2r_3]{\substack{(-\frac{1}{3})r_3 \\ (-\frac{1}{7})r_4}} \begin{bmatrix} 1 & 1 & 2 & 3 & 1 \\ 0 & 1 & 1 & -4 & -5 \\ 0 & 0 & 1 & 9 & 9 \\ 0 & 0 & 0 & -17 & -17 \end{bmatrix}$$

$$\xrightarrow{(-\frac{1}{17})r_4} \begin{bmatrix} 1 & 1 & 2 & 3 & 1 \\ 0 & 1 & 1 & -4 & -5 \\ 0 & 0 & 1 & 9 & 9 \\ 0 & 0 & 0 & 1 & 1 \end{bmatrix},$$

得到同解的方程组

$$\begin{cases} x_1 + x_2 + 2x_3 + 3x_4 = 1, \\ x_2 + x_3 - 4x_4 = -5, \\ x_3 + 9x_4 = 9, \\ x_4 = 1, \end{cases}$$

回代求得方程组的解为 $x_1 = -1, x_2 = -1, x_3 = 0, x_4 = 1$.

由于增广矩阵和线性方程组是一一对应的,对于任意的一般线性方程组 $Ax = b$, Gauss 消去法的第一步消元过程是将增广矩阵第一行的某个倍数与其他各行相加,把第一列中的主对角线以下元素变为零,以消去第一个未知量;再将第二行的某个倍数与下方各行相加,把第二列中主对角线以下的各个元素变为零,以消去下方各行的第二个未知量;然后多次重复以上步骤. 显然,线性方程组的消元过程就是把对应的增广矩阵化为上三角矩阵的过程.

记线性方程组

$$\begin{cases} a_{11}x_1 + a_{12}x_2 + \cdots + a_{1j}x_j + \cdots + a_{1n}x_n = b_1, \\ a_{21}x_1 + a_{22}x_2 + \cdots + a_{2j}x_j + \cdots + a_{2n}x_n = b_2, \\ \cdots\cdots \\ a_{i1}x_1 + a_{i2}x_2 + \cdots + a_{ij}x_j + \cdots + a_{in}x_n = b_i, \\ \cdots\cdots \\ a_{n1}x_1 + a_{n2}x_2 + \cdots + a_{nj}x_j + \cdots + a_{nn}x_n = b_n \end{cases}$$

的初始增广矩阵为

$$[\boldsymbol{A}^{(1)} \vdots \boldsymbol{b}^{(1)}] = \begin{bmatrix} a_{11}^{(0)} & a_{12}^{(0)} & \cdots & a_{1n}^{(0)} & b_1^{(0)} \\ a_{21}^{(0)} & a_{22}^{(0)} & \cdots & a_{2n}^{(0)} & b_2^{(0)} \\ \cdots & \cdots & \cdots & \cdots & \cdots \\ a_{n1}^{(0)} & a_{n2}^{(0)} & \cdots & a_{nn}^{(0)} & b_n^{(0)} \end{bmatrix}.$$

(1) 假设 $a_{11}^{(0)} \neq 0$,分别计算 $l_{i1} = a_{i1}^{(0)}/a_{11}^{(0)}$ $(i = 2,3,\cdots,n)$,把 l_{i1} 作为消元因子,用增广矩阵第一行的 $(-l_{i1})$ 倍加到第 $i(i = 2,3,\cdots,n)$ 个方程上,把第一列对角线下方元素(即 a_{11} 下方元素)全都变为零,对应于方程组是消去了第 2 个到第 n 个方程的变量 x_1. 由此得到矩阵记为

$$[\boldsymbol{A}^{(1)} \vdots \boldsymbol{b}^{(1)}] = \begin{bmatrix} a_{11}^{(0)} & a_{12}^{(0)} & \cdots & a_{1n}^{(0)} & b_1^{(0)} \\ 0 & a_{22}^{(1)} & \cdots & a_{2n}^{(1)} & b_2^{(1)} \\ \cdots & \cdots & \cdots & \cdots & \cdots \\ 0 & a_{n2}^{(1)} & \cdots & a_{nn}^{(0)} & b_n^{(1)} \end{bmatrix},$$

将矩阵变化后的各位置元素表示为 $a_{ij}^{(1)}$,则有 $a_{ij}^{(1)} = a_{ij}^{(0)} - l_{i1}a_{1j}^{(0)}$,$b_i^{(1)} = b_i^{(0)} - l_{i1}b_1^{(0)}$,其中 $i = 2,3,\cdots,n$,$j = 2,3,\cdots,n$.

(2) 第 k 步消元:设 $a_{kk}^{(k-1)} \neq 0$,以第 k 行为基础利用 $a_{kk}^{(k-1)} \neq 0$,将其下方的元素 $a_{ik}^{(k-1)}$ 全部变为零,为此计算消元因子 $l_{ik} = a_{ik}^{(k-1)}/a_{kk}^{(k-1)}$,然后将第 k 行的 $(-l_{ik})$ 倍加到第 i 个方程 $(i = k+1,\cdots,n+1)$ 上,增广矩阵变化后各位置上的元素为 $a_{ij}^{(k)} = a_{ij}^{(k-1)} - l_{ik}a_{kj}^{(k-1)}$,$b_i^{(k)} = b_i^{(k-1)} - l_{ik}b_k^{(k-1)}$,其中 $i,j = k+1,\cdots,n+1$. 消元后得到的矩阵为

$$[\boldsymbol{A}^{(k-1)} \vdots \boldsymbol{b}^{(k-1)}] = \begin{bmatrix} a_{11}^{(0)} & a_{12}^{(0)} & \cdots & \cdots & \cdots & a_{1n}^{(0)} & b_1^{(0)} \\ & a_{22}^{(1)} & \cdots & \cdots & \cdots & a_{2n}^{(1)} & b_2^{(1)} \\ & & \ddots & & \vdots & \vdots \\ & & & a_{kk}^{(k-1)} & \cdots & a_{kn}^{(k-1)} & b_k^{(k-1)} \\ & & & a_{nk}^{(k-1)} & \cdots & a_{nn}^{(k-1)} & b_n^{(k-1)} \end{bmatrix}.$$

(3) 重复上述步骤,经过 $n-1$ 步消元后,增广矩阵可化为

$$\begin{bmatrix} a_{11}^{(0)} & a_{12}^{(0)} & \cdots & \cdots & \cdots & a_{1n}^{(0)} & b_1^{(0)} \\ & a_{22}^{(1)} & \cdots & \cdots & \cdots & a_{2n}^{(1)} & b_2^{(1)} \\ & & \ddots & & \vdots & \vdots & \vdots \\ & & & a_{kk}^{(k-1)} & \cdots & a_{kn}^{(k-1)} & b_k^{(k-1)} \\ & & & & \ddots & \vdots & \vdots \\ & & & & & a_{nn}^{(n-1)} & b_n^{(n-1)} \end{bmatrix}.$$

这样的上三角形矩阵方程 $A^{(n)}x = b^{(n)}$ 的求解是十分容易的.

(4) 回代过程:从上述矩阵方程的第 n 行开始,依此解出变量 $x_n, x_{n-1}, \cdots, x_1$,具体的计算公式为

$$x_n = b_n^{(n-1)}/a_{nn}^{(n-1)},$$

$$x_i = (b_i^{(i-1)} - \sum_{j=i+1}^{n} a_{ij}^{(i-1)} \cdot x_j)/a_{ii}^{(i-1)} \quad (i = n-1, n-2, \cdots, 1).$$

回代过程将上三角形方程组自下而上求解,从而求得原方程组的解. 上述的解法即为一般的 Gauss 消去法,也可称为沿系数矩阵主对角元素的顺序消去法.

与 Gauss 消去法有关的一些定理如下.

定理 4.1 若 A 为 n 阶非奇异(可逆)矩阵,则可通过交换两行的初等变换及 Gauss 消去法,将方程组转化为三角方程组.

定理 4.2 若 A 的所有顺序主子式均不为零,则可通过 Gauss 消去法(无须交换两行的初等变换)将方程组转化为三角方程组.

经过计算,整个 Gauss 消去法过程乘除法运算的次数为

$$\frac{1}{3}n^3 + n^2 - \frac{1}{3}n.$$

这种顺序消去法总是利用系数矩阵中非零的主对角线元素 $a_{kk}^{(k-1)}$ 作为消元因子的分母,将第 k 列主对角线以下元素全部变为零. 如果此时的 $a_{kk}^{(k-1)}$ 为零,则消元过程就无法继续进行下去;如果 $a_{kk}^{(k-1)}$ 绝对值很小,则将严重地影响计算精度,这也是 Gauss 消去法的一个重要缺陷.

4.2.2 Gauss 列主元消去法和完全主元消去法

为了使计算结果可靠,在消元过程中要避免用绝对值较小的数作除数以及溢出现象,以减少舍入误差对计算结果的影响. 我们可以采用选主元素的方法来克服 Gauss 顺序消去法的这个缺点,在每一步消元之前先选主元,并将主元所在行与对角线所在行交换,再进行消元过程. Gauss 选主元法分为列主元消去法和完全主元消去法. 若某一步主元的绝对值小于事先给定的阈值,则求解结果会严重失真,此时终止计算,并输出计算失败的信息. 首先来看列主元消去法.

例 2 用 Gauss 消去法求解线性方程组 $\begin{cases} 10^{-6}x_1 + x_2 = 1, \\ x_1 + x_2 = 2. \end{cases}$

解 $[A \vdots b] = \begin{bmatrix} 10^{-6} & 1 & 1 \\ 1 & 1 & 2 \end{bmatrix} \xrightarrow{r_2 - 10^6 r_1} \begin{bmatrix} 10^{-6} & 1 & 1 \\ 0 & 1-10^6 & 2-10^6 \end{bmatrix}$,其中 $l_{11} = 10^6$,

得到等价的方程组为 $\begin{cases} 10^{-6}x_1 + x_2 = 1, \\ (1-10^6)x_2 = 2 - 10^6, \end{cases}$ 这时 $1-10^6 = -10^6, 2-10^6 = -10^6$，回代解得 $x_1 = 0, x_2 = 1$.

很显然，Gauss 消元法得到的结果不满足原方程组，解是错误的. 这是因为所用的除数太小使得上式在消元过程中"吃掉"了下式，解决这个问题的方法之一就是采用列主元消去法.

即按列选绝对值大的系数作为主元素，则将方程组中的两个方程相交换，原方程组变为

$$\begin{cases} x_1 + x_2 = 2, \\ 10^{-6}x_1 + x_2 = 1, \end{cases}$$

对应的矩阵

$$[A \vdots b] = \begin{bmatrix} 10^{-6} & 1 & 1 \\ 1 & 1 & 2 \end{bmatrix} \xrightarrow{r_1 \leftrightarrow r_2} \begin{bmatrix} 1 & 1 & 2 \\ 10^{-6} & 1 & 1 \end{bmatrix}$$

$$\xrightarrow{r_2 - 10^{-6} r_1} \begin{bmatrix} 1 & 1 & 2 \\ 0 & 1-10^{-6} & 1 - 2\times 10^{-6} \end{bmatrix},$$

其中 $l_{11} = 10^{-6}$. 而 $1 - 10^{-6} = 1, 1 - 2 \times 10^{-6} = 1$，解得 $x_1 = 1, x_2 = 1$，这个结果是正确的.

用高斯消去法解方程组时，用绝对值很小的数作除数，乘数很大，引起约化中间结果数量级严重增长，再舍入就使得计算结果不可靠了，故避免采用绝对值很小的主元素，以便减少计算过程中舍入误差对计算解的影响.

Gauss 选主元消去法的基本思想：每次消元之前在系数矩阵中按一定的范围选取绝对值最大的元素作为主元素，以便减少舍入误差的影响. 交换原则是通过增广矩阵行的交换，使在对角线位置上获得绝对值尽可能大的系数作为主元素，这样的主元消去法一般分为列主元消去法和完全主元消去法.

列主元消去法仅按照列来选择主元素，在消元过程中只对增广矩阵作行变换，能节省主元搜索的时间，提高效率. 设有矩阵方程 $Ax = b$，其中 n 阶系数矩阵 A 为非奇异矩阵，$x = (x_1, x_2, \cdots, x_n)^T, b = (b_1, b_2, \cdots, b_n)^T$. 经过 k 次列主元素消元后，设得到下列形式的增广矩阵

$$[A \vdots b] \to \begin{bmatrix} a_{11} & a_{12} & \cdots & \cdots & \cdots & \cdots & a_{1n} & b_1 \\ & a'_{22} & \cdots & \cdots & \cdots & \cdots & a'_{2n} & b'_2 \\ & & \ddots & & & & \vdots & \vdots \\ & & & a'_{kk} & a'_{k(k+1)} & \cdots & a'_{kn} & b'_k \\ & & & & a'_{(k+1)(k+1)} & \cdots & a'_{(k+1)n} & b'_{k+1} \\ & & & & \vdots & & \vdots & \vdots \\ & & & & a'_{n(k+1)} & \cdots & a'_{nn} & b'_n \end{bmatrix},$$

在系数矩阵 A 的第 $k+1$ 列主对角线以下的元素中找出绝对值最大的元素. 假设 $|a_{p(k+1)}| = \max\limits_{k+1 \leqslant i \leqslant n} |a_{i(k+1)}| \neq 0$，交换矩阵中的第 $k+1$ 行与第 p 行，将主元 $a_{p(k+1)}$ 移到位置第 $k+1$ 行、第 $k+1$ 列上，用主元作除数进行第 $k+1$ 次消元，把第 $k+1$ 列主对角线以下的元素消为

零.

重复以上步骤,最后可得到一个上三角形矩阵,通过回代即可求得方程组的解.

例 3 用 Gauss 列主元消去法求下面线性方程组的解

$$\begin{cases} x_1 + 2x_2 + 3x_3 = 1, \\ 5x_1 + 4x_2 + 10x_3 = 0, \\ 3x_1 - 0.1x_2 + x_3 = 2. \end{cases}$$

解 将选择的列主元在矩阵中用中括号标识,对增广矩阵作变换:

$$\begin{bmatrix} 1 & 2 & 3 & 1 \\ [5] & 4 & 10 & 0 \\ 3 & -0.1 & 1 & 2 \end{bmatrix} \xrightarrow{r_1 \leftrightarrow r_2} \begin{bmatrix} 5 & 4 & 10 & 0 \\ 1 & 2 & 3 & 1 \\ 3 & -0.1 & 1 & 2 \end{bmatrix}$$

$$\xrightarrow[r_3 - \frac{3}{5}r_1]{r_2 - \frac{1}{5}r_1} \begin{bmatrix} 5 & 4 & 10 & 0 \\ 0 & 1.2 & 1 & 1 \\ 0 & [-2.5] & -5 & 2 \end{bmatrix}$$

$$\xrightarrow{r_2 \leftrightarrow r_3} \begin{bmatrix} 5 & 4 & 10 & 0 \\ 0 & -2.5 & -5 & 2 \\ 0 & 1.2 & 1 & 1 \end{bmatrix}$$

$$\xrightarrow{r_3 + \frac{12}{25}r_2} \begin{bmatrix} 5 & 4 & 10 & 0 \\ 0 & -2.5 & -5 & 2 \\ 0 & 0 & -1.4 & 1.96 \end{bmatrix},$$

得到同解线性方程组

$$\begin{cases} 5x_1 + 4x_2 + 10x_3 = 0, \\ -2.5x_2 - 5x_3 = 2, \\ -1.4x_3 = 1.96, \end{cases}$$

回代解得 $x_1 = 1.2, x_2 = 2, x_3 = -1.4$.

Gauss 完全主元消去法不是按列选主元素,而是在全体待选系数中选取.这是完全主元消去法与列主元消去法的主要区别.

例 4 用完全主元消去法求解线性方程组

$$\begin{bmatrix} -3 & 2 & 6 \\ 10 & -7 & 0 \\ 5 & -1 & 5 \end{bmatrix} \begin{bmatrix} x_1 \\ x_2 \\ x_3 \end{bmatrix} = \begin{bmatrix} 4 \\ 7 \\ 6 \end{bmatrix}.$$

解 在整个矩阵中绝对值最大的元素是 10,首先选取 10 为主元,以后的主元都用中括号在矩阵中标识,运算过程如下:

$$\begin{bmatrix} -3 & 2 & 6 & 4 \\ [10] & -7 & 0 & 7 \\ 5 & -1 & 5 & 6 \end{bmatrix} \xrightarrow{r_1 \leftrightarrow r_2} \begin{bmatrix} 10 & -7 & 0 & 7 \\ -3 & 2 & 6 & 4 \\ 5 & -1 & 5 & 6 \end{bmatrix} \xrightarrow[r_3 - \frac{5}{10}r_1]{r_2 + \frac{3}{10}r_1} \begin{bmatrix} 10 & -7 & 0 & 7 \\ 0 & -0.1 & [6] & 6.1 \\ 0 & 2.5 & 5 & 2.5 \end{bmatrix}$$

$$\xrightarrow{l_2 \leftrightarrow l_3} \begin{bmatrix} 10 & 0 & -7 & 7 \\ 0 & 6 & -0.1 & 6.1 \\ 0 & 5 & 2.5 & 2.5 \end{bmatrix} \xrightarrow{r_3 - \frac{5}{6} r_2} \begin{bmatrix} 10 & 0 & -7 & 7 \\ 0 & 6 & -0.1 & 6.1 \\ 0 & 0 & 2.5833 & -2.5833 \end{bmatrix}.$$

运算中需要交换行列,交换列的时候要做记录,如上面的交换即未知量 x_3 和 x_2 交换了位置,在回代求解时,将位置再调换回来,求得

$$x_2 = -2.5833/2.5833 = -1,$$
$$x_3 = (6.1 + 0.1 x_2)/6 = 1,$$
$$x_1 = (7 + 7 x_2 + 0 x_3)/10 = 0,$$

即 $x_1 = 0, x_2 = -1, x_3 = 1$.

设有方程组 $Ax = b$,其中 n 阶系数矩阵 A 为非奇异矩阵,$x = (x_1, x_2, \cdots, x_n)^T$,$b = (b_1, b_2, \cdots, b_n)^T$. 经过 k 次选主元素消元后,在系数矩阵的字块

$$\begin{bmatrix} a'_{(k+1)(k+1)} & \cdots & a'_{(k+1)n} \\ \cdots & & \cdots \\ a'_{n(k+1)} & \cdots & a'_{nn} \end{bmatrix}$$

中找出绝对值最大的元素作为第 $k+1$ 次消元的主元.

假设 $|a_{pq}| = \max\limits_{\substack{k+1 \le p \le n \\ k+1 \le q \le n}} |a_{ij}| \neq 0$,则将绝对值最大的第 p 行、第 q 列的元素调换到第 $k+1$ 行、第 $k+1$ 列,注意调换的时候系数矩阵作了列交换,故各变量之间的位置也相应发生了改变. 然后以 a_{pq} 作为除数,作随后的第 $k+1$ 次消元.

重复上述步骤,经过这样的选主元消去法 $n-1$ 次后,可将方程组转化为一个上三角形的同解方程组,再回代求出各个未知量. 由于进行了系数矩阵的列交换,变量的具体位置都发生了变化,需要做记录并在最后按照变量的原始顺序输出计算结果.

除了上述的 Gauss 列主元消去法和完全主元消去法,还有一种 Gauss-Jordan 消去法. 这种方法是对消元过程稍加改变,将主元素 $a_{kk}^{(k)}$ 化为1,并用主元将其所在列的其余元素全都消为零,用第 i 行 $-$ 第 k 行 $\times \dfrac{a_{ik}^{(k)}}{a_{kk}^{(k)}}$ ($i = 1, \cdots, k-1, k+1, \cdots, n$),消去对角线上方与下方的元素,使方程组 $Ax = b$ 化为对角阵,即化为如下的形式:

$$\begin{bmatrix} 1 & & & \\ & 1 & & \\ & & \ddots & \\ & & & 1 \end{bmatrix} \begin{bmatrix} x_1 \\ x_2 \\ \vdots \\ x_n \end{bmatrix} = \begin{bmatrix} b_1^{(n)} \\ b_2^{(n)} \\ \vdots \\ b_n^{(n)} \end{bmatrix},$$

系数矩阵变为 Jordan 矩阵,这时等号右端即为方程组的解.

例 5 用 Gauss-Jordan 消去法求解方程组

$$\begin{cases} x_1 + 2x_2 - x_3 = 2, \\ x_1 + 2x_2 - 2x_3 = 2, \\ -2x_1 - 2x_2 + x_3 = 0. \end{cases}$$

解 方程组的增广矩阵转化为

$$\begin{bmatrix} 1 & 2 & -1 & 2 \\ 1 & 2 & -2 & 2 \\ -2 & -2 & 1 & 0 \end{bmatrix} \longrightarrow \begin{bmatrix} 1 & 0 & 0 & -2 \\ 0 & 1 & 0 & 2 \\ 0 & 0 & 1 & 0 \end{bmatrix},$$

可直接解得 $x_1 = -2, x_2 = 2, x_3 = 0$.

4.2.3 矩阵三角分解法

矩阵三角分解法是高斯消去法解线性方程组的一种变形解法，应用高斯消去法解 n 阶线性方程组 $Ax = b$，经过 n 步消元之后，得出一个等价的上三角形方程组 $A^{(n)}x = b^{(n)}$，对上三角形方程组用逐步回代就可以求出解来.

上述过程可通过矩阵分解来实现. 将非奇异阵 A 分解成一个下三角阵 L 和一个上三角阵 U 的乘积 $A = LU$，称为对矩阵 A 的三角分解，又称 LU 分解.

$$A = \begin{bmatrix} a_{11} & a_{12} & a_{13} & \cdots & a_{1n} \\ a_{21} & a_{22} & a_{23} & \cdots & a_{2n} \\ a_{31} & a_{32} & a_{33} & \cdots & a_{3n} \\ \cdots & \cdots & \cdots & & \cdots \\ a_{n1} & a_{n2} & a_{n3} & \cdots & a_{nn} \end{bmatrix} = LU,$$

其中

$$L = \begin{bmatrix} 1 & & & & \\ m_{21} & 1 & & & \\ m_{31} & m_{32} & 1 & & \\ \vdots & \vdots & \cdots & \ddots & \\ m_{n1} & m_{n2} & \cdots & & 1 \end{bmatrix}, \quad U = \begin{bmatrix} a_{11}^{(1)} & a_{12}^{(1)} & a_{13}^{(1)} & \cdots & a_{1n}^{(1)} \\ & a_{22}^{(2)} & a_{23}^{(2)} & \cdots & a_{2n}^{(2)} \\ & & a_{33}^{(3)} & \cdots & a_{3n}^{(3)} \\ & & & \ddots & \vdots \\ & & & & a_{nn}^{(n)} \end{bmatrix}.$$

方程组 $Ax = b$ 的系数矩阵 A 经过顺序消元逐步化为上三角形 $A^{(n)}$，相当于用一系列初等变换左乘 A 的结果. 记 $A^{(1)} = A, b^{(1)} = b$，设 $a_{11}^{(1)} \neq 0$，作第一次消元相当于用一个下三角初等矩阵左乘 $A^{(1)}$，得到 $A^{(2)}$，即 $L_1 A^{(1)} = A^{(2)}, L_1 b^{(1)} = b^{(2)}$，其中

$$L_1 = \begin{bmatrix} 1 & 0 & 0 & \cdots & 0 \\ -m_{21} & 1 & 0 & \cdots & 0 \\ -m_{31} & 0 & 1 & \cdots & 0 \\ \vdots & \vdots & \vdots & \ddots & 0 \\ -m_{n1} & 0 & 0 & \cdots & 1 \end{bmatrix}, \quad m_{i1} = \frac{a_{i1}^{(1)}}{a_{11}^{(1)}}, \quad i = 2, 3, \cdots, n.$$

设 $a_{22}^{(2)} \neq 0$，作第二次消元相当于用一个下三角初等矩阵左乘 $A^{(2)}$，将 $A^{(2)}$ 转化为 $A^{(3)}$，即 $L_2 A^{(2)} = A^{(3)}, L_2 b^{(2)} = b^{(3)}$，其中

$$L_2 = \begin{bmatrix} 1 & 0 & 0 & \cdots & 0 \\ 0 & 1 & 0 & \cdots & 0 \\ 0 & -m_{32} & 1 & \cdots & 0 \\ \vdots & \vdots & \vdots & \ddots & 0 \\ 0 & -m_{n2} & 0 & \cdots & 1 \end{bmatrix}, \quad m_{i2} = \frac{a_{i2}^{(2)}}{a_{22}^{(2)}}, \quad i = 3, 4, \cdots, n.$$

依此类推,作第 k 次消元($a_{kk}^{(k)} \neq 0$)一般有 $L_k A^{(k)} = A^{(k+1)}$,$L_k b^{(k)} = b^{(k+1)}$,其中

$$L_k = \begin{bmatrix} 1 & & & & & & \\ & \ddots & & & & & \\ & & 1 & & & & \\ & & & 1 & & & \\ & & & -m_{(k+1)k} & 1 & & \\ & & & \vdots & & \ddots & \\ & & & -m_{nk} & & & 1 \end{bmatrix}.$$

重复上述过程,经 $n-1$ 次消元后得到

$$L_{n-1} L_{n-2} \cdots L_2 L_1 A^{(1)} = A^{(n)},$$
$$L_{n-1} L_{n-2} \cdots L_2 L_1 b^{(1)} = b^{(n)},$$

其中 $A^{(1)} = A, b^{(1)} = b, L_k (k = 1, 2, \cdots, n-1)$ 是一类初等矩阵,它们都是单位下三角阵,且其逆矩阵也是单位下三角阵,只需将 $-m_{ik}$ 改为 $m_{ik} (i = k+1, k+2, \cdots, n)$,就得到 L_k^{-1},即

$$L_k^{-1} = \begin{bmatrix} 1 & & & & & & \\ & \ddots & & & & & \\ & & 1 & & & & \\ & & & 1 & & & \\ & & & m_{(k+1)k} & 1 & & \\ & & & \vdots & & \ddots & \\ & & & m_{nk} & & & 1 \end{bmatrix},$$

于是可得

$$A = A^{(1)} = (L_1^{-1} L_2^{-1} \cdots L_{n-1}^{-1}) A^{(n)}.$$

这里下三角矩阵的乘积 $L_1^{-1} L_2^{-1} \cdots L_{n-1}^{-1}$ 仍为下三角矩阵,记作 L,而 $A^{(n)}$ 是一个上三角矩阵,记作 U,则有 $A = LU$,其中

$$L = \begin{bmatrix} 1 & & & & \\ m_{21} & 1 & & & \\ m_{31} & m_{32} & 1 & & \\ \vdots & \vdots & \cdots & \ddots & \\ m_{n1} & m_{n2} & \cdots & & 1 \end{bmatrix}, \quad U = \begin{bmatrix} a_{11}^{(1)} & a_{12}^{(1)} & a_{13}^{(1)} & \cdots & a_{1n}^{(1)} \\ & a_{22}^{(2)} & a_{23}^{(2)} & \cdots & a_{2n}^{(2)} \\ & & a_{33}^{(3)} & \cdots & a_{3n}^{(3)} \\ & & & \ddots & \vdots \\ & & & & a_{nn}^{(n)} \end{bmatrix}.$$

由此可见,在 $a_{kk}^{(k)} \neq 0 (k = 1, 2, \cdots, n-1)$ 的条件下,高斯消去法实质上是将方程组的系数矩阵 A 分解为上三角矩阵与下三角矩阵相乘的因式分解 $A = LU$. 这种把非奇异矩阵 A 分解成一个下三角矩阵 L 和一个上三角矩阵 U 的乘积称为矩阵的三角分解,又称 LU 分解. 从矩阵理论来讲,只要矩阵 A 的各顺序主子式不为零,则有 $A = LU$,即当

$$\det(A_1) = a_{11} \neq 0, \begin{vmatrix} a_{11} & a_{12} \\ a_{21} & a_{22} \end{vmatrix} \neq 0, \det(A) \neq 0,$$

则矩阵 A 可分解为一个单位下三角矩阵 L 和一个上三角矩阵 U,且这种分解是唯一的.

定理 4.3 如果矩阵 A 各阶顺序主子式 $\det(A_i) \neq 0$ ($i = 1, 2, \cdots, n-1$),则矩阵 A 可唯一地分解成一个单位下三角阵 L 和一个非奇异的上三角阵 U 的乘积,其中 $A \in \mathbf{R}^{n \times n}$.

证明 由于矩阵 A 各阶顺序主子式均不为零,则消元过程能进行到底,前面已证明将方程组的系数矩阵 A 用初等变换的方法分解成两个三角矩阵的乘积 $A = LU$ 的过程.

现仅证明分解的唯一性.

设矩阵 A 有两种 LU 分解 $A = LU = \overline{L}\,\overline{U}$,其中 $L, \overline{L}$ 为单位下三角阵,$U, \overline{U}$ 为上三角阵. 由矩阵 A 的行列式,则矩阵 $L, U, \overline{L}, \overline{U}$ 均为非奇异矩阵,对于等式 $LU = \overline{L}\,\overline{U}$,两端同时左乘 $\overline{L}^{-1}$,右乘 U^{-1},得

$$\overline{L}^{-1} L = \overline{U} U^{-1}.$$

上式左边为单位下三角阵,而右边为上三角阵,故都应为单位阵,即 $L = \overline{L}, U = \overline{U}$,唯一性得证. 证毕.

把矩阵 A 分解成一个单位下三角阵 L 和一个上三角阵 U 的乘积称为杜利特尔(Doolittle)分解,其中

$$L = \begin{bmatrix} 1 & & & \\ l_{21} & 1 & & \\ \vdots & \vdots & \ddots & \\ l_{n1} & l_{n2} & \cdots & 1 \end{bmatrix}, \quad U = \begin{bmatrix} u_{11} & u_{12} & \cdots & u_{1n} \\ & u_{22} & \cdots & u_{2n} \\ & & \ddots & \vdots \\ & & & u_{nn} \end{bmatrix}.$$

若把矩阵 A 分解成一个下三角阵 L 和一个单位上三角阵 U 的乘积称为克洛特(Crout)分解,其中

$$L = \begin{bmatrix} l_{11} & & & \\ l_{21} & l_{22} & & \\ \vdots & \vdots & \ddots & \\ l_{n1} & l_{n2} & \cdots & l_{nn} \end{bmatrix}, \quad U = \begin{bmatrix} 1 & u_{12} & \cdots & u_{1n} \\ & 1 & \cdots & u_{2n} \\ & & \ddots & \vdots \\ & & & 1 \end{bmatrix}.$$

求解线性方程组 $Ax = b$ 时,先对非奇异矩阵 A 进行 LU 分解使 $A = LU$,那么方程组就化为

$$LUx = b.$$

从而使问题转化为求解两个简单的三角方程组

$$Ly = b, \quad 求解 \ y;$$
$$Ux = y, \quad 求解 \ x,$$

这就是求解线性方程组的三角分解法的基本思想.

下面介绍杜利特尔(Doolittle)分解法. 设 $A = LU$ 为

$$\begin{bmatrix} a_{11} & a_{11} & \cdots & a_{1n} \\ a_{21} & a_{22} & \cdots & a_{2n} \\ \vdots & \vdots & \ddots & \vdots \\ a_{n1} & a_{n2} & \cdots & a_{nn} \end{bmatrix} = \begin{bmatrix} 1 & & & \\ l_{21} & 1 & & \\ \vdots & \vdots & \ddots & \\ l_{n1} & l_{n2} & \cdots & 1 \end{bmatrix} \begin{bmatrix} u_{11} & u_{12} & \cdots & u_{1n} \\ & u_{22} & \cdots & u_{2n} \\ & & \ddots & \vdots \\ & & & u_{nn} \end{bmatrix},$$

由矩阵乘法规则

$$a_{1i} = u_{1i} \quad (i = 1, 2, \cdots, n), \quad a_{i1} = l_{i1} u_{11} \quad (i = 2, 3, \cdots, n),$$

可得 U 的第一行元素和 L 的第一列元素：

$$u_{1i} = a_{1i} \quad (i = 1, 2, \cdots, n), \quad l_{i1} = \frac{a_{i1}}{u_{11}} \quad (i = 2, 3, \cdots, n).$$

对于 $k = 2, 3, \cdots, n$，计算 U 的第 k 行元素时，先固定 k，对 $j = k, k+1, \cdots, n$，有

$$a_{kj} = \sum_{r=1}^{n} l_{kr} u_{rj} = \sum_{r=1}^{k-1} l_{kr} u_{rj} + l_{kk} u_{kj} = \sum_{r=1}^{k-1} l_{kr} u_{kj} + u_{kj}.$$

因为当 $r > k$ 时，$l_{kr} = 0$；当 $r = k$ 时，$l_{kr} = l_{kk} = 1$，所以

$$u_{kj} = a_{kj} - \sum_{r=1}^{k-1} l_{kr} u_{rj}, \quad j = k, k+1, \cdots, n.$$

计算 L 的第 k 列元素时，再固定 k，对 $i = k, k+1, \cdots, n$，有

$$a_{ik} = \sum_{r=1}^{n} l_{ir} u_{rk} = \sum_{r=1}^{k-1} l_{ir} u_{rk} + l_{ik} u_{kk}.$$

当 $r > k$ 时，$u_{rk} = 0$，所以

$$l_{ik} = \frac{a_{ik} - \sum_{r=1}^{k-1} l_{ir} u_{rk}}{u_{kk}}, \quad i = k, k+1, \cdots, n.$$

利用上述计算公式便可逐步求出 U 与 L 的各元素.

求解 $Ly = b$，即计算

$$\begin{cases} y_1 = b_1, \\ y_i = b_i - \sum_{k=1}^{i-1} l_{ik} y_k, \quad i = 2, 3, \cdots, n; \end{cases}$$

求解 $Ux = y$，即计算

$$\begin{cases} x_n = \dfrac{y_n}{u_{nn}}, \\ x_i = \dfrac{y_i - \sum_{k=i+1}^{n} u_{ik} x_k}{u_{ii}}, \quad i = n-1, \cdots, 2, 1. \end{cases}$$

显然，当 $u_{kk} \neq 0 (k = 1, 2, \cdots, n)$ 时，解 $Ax = b$ 直接用三角分解法计算才能完成. 设 A 为非奇异矩阵，当 $u_{kk} = 0$ 时计算将中断或者当 u_{kk} 绝对值很小时，按分解公式计算可能引起舍入误差的积累，因此可采用与列主元消去法类似的方法，对矩阵作行交换，再实现矩阵的三角分解，这种方法称为选主元的三角分解法.

用直接三角分解法解 $Ax = b$ 大约需要 $n^3/3$ 次乘除法.

例 6 用矩阵的三角分解法求解方程组

$$\begin{bmatrix} 1 & 0 & 2 & 0 \\ 0 & 1 & 0 & 1 \\ 1 & 2 & 4 & 3 \\ 0 & 1 & 0 & 3 \end{bmatrix} \begin{bmatrix} x_1 \\ x_2 \\ x_3 \\ x_4 \end{bmatrix} = \begin{bmatrix} 5 \\ 3 \\ 17 \\ 7 \end{bmatrix}.$$

解 可根据上述公式确定各元素的取值，由于

$$\begin{bmatrix} 1 & 0 & 2 & 0 \\ 0 & 1 & 0 & 1 \\ 1 & 2 & 4 & 3 \\ 0 & 1 & 0 & 3 \end{bmatrix} = \begin{bmatrix} 1 & & & \\ 0 & 1 & & \\ 1 & 2 & 1 & \\ 0 & 1 & 0 & 1 \end{bmatrix} \begin{bmatrix} 1 & 0 & 2 & 0 \\ & 1 & 0 & 1 \\ & & 2 & 1 \\ & & & 2 \end{bmatrix},$$

求解

$$\begin{bmatrix} 1 & & & \\ 0 & 1 & & \\ 1 & 2 & 1 & \\ 0 & 1 & 0 & 1 \end{bmatrix} \begin{bmatrix} y_1 \\ y_2 \\ y_3 \\ y_4 \end{bmatrix} = \begin{bmatrix} 5 \\ 3 \\ 17 \\ 7 \end{bmatrix}$$

可得

$$\begin{cases} y_1 = 5, \\ y_2 = 3, \\ y_3 = 6, \\ y_4 = 4, \end{cases}$$

求解

$$\begin{bmatrix} 1 & 0 & 2 & 0 \\ & 1 & 0 & 1 \\ & & 2 & 1 \\ & & & 2 \end{bmatrix} \begin{bmatrix} x_1 \\ x_2 \\ x_3 \\ x_4 \end{bmatrix} = \begin{bmatrix} 5 \\ 3 \\ 6 \\ 4 \end{bmatrix}$$

可得

$$\begin{cases} x_1 = 1, \\ x_2 = 1, \\ x_3 = 2, \\ x_4 = 2. \end{cases}$$

4.2.4 平方根法与改进的平方根法

工程实际计算中,线性方程组的系数矩阵常常具有对称正定性,其各阶顺序主子式及全部特征值均大于零. 矩阵的这一特性使它的三角分解也有更简洁的形式,从而导出一些特殊的解法,如平方根法(矩阵的 Cholesky 分解)与改进的平方根法.

定理 4.4 设 A 是对称正定矩阵,则存在唯一的对角元素均为正数的下三角阵 L,使 $A = LL^T$ 成立.

证明 因为 A 是对称正定矩阵,则有 $A = A^T$,A 的各阶顺序主子式均大于零,因此存在唯一的分解 $A = LU$:

$$A = \begin{bmatrix} 1 & & & \\ m_{21} & 1 & & \\ \vdots & \ddots & \ddots & \\ m_{n1} & \cdots & m_{n(n-1)} & 1 \end{bmatrix} \begin{bmatrix} u_{11} & u_{12} & \cdots & u_{1n} \\ & u_{22} & \ddots & \vdots \\ & & \ddots & u_{(n-1)n} \\ & & & u_{nn} \end{bmatrix},$$

L 是单位下三角阵和 U 是上三角阵,由于 A 是对称正定的,则有 $u_{ii} > 0$ $(i = 1, 2, \cdots, n)$,将 U 再分解:

$$U = \begin{bmatrix} u_{11} & u_{12} & \cdots & u_{1n} \\ & u_{22} & \cdots & u_{2n} \\ & & \ddots & \vdots \\ & & & u_{nn} \end{bmatrix} = \begin{bmatrix} u_{11} & & & \\ & u_{22} & & \\ & & \ddots & \\ & & & u_{nn} \end{bmatrix} \begin{bmatrix} 1 & u_{12}/u_{11} & \cdots & u_{1n}/u_{11} \\ & 1 & \ddots & \vdots \\ & & \ddots & u_{(n-1)n}/u_{(n-1)(n-1)} \\ & & & 1 \end{bmatrix}$$

$$= DR.$$

其中 D 为对角阵，R 为单位上三角阵，于是 $A = LU = LDR$. 由于 $A = A^T = R^T D L^T$ 和分解唯一性，即得 $R^T = L$，则 $A = LDR = LDL^T$，此时对角阵 D 还可以分解为

$$U = \begin{bmatrix} u_{11} & & & \\ & u_{22} & & \\ & & \ddots & \\ & & & u_{nn} \end{bmatrix} = \begin{bmatrix} \sqrt{u_{11}} & & & \\ & \sqrt{u_{22}} & & \\ & & \ddots & \\ & & & \sqrt{u_{nn}} \end{bmatrix} \begin{bmatrix} \sqrt{u_{11}} & & & \\ & \sqrt{u_{22}} & & \\ & & \ddots & \\ & & & \sqrt{u_{nn}} \end{bmatrix}$$

$$= D^{\frac{1}{2}} D^{\frac{1}{2}},$$

所以

$$A = LDL^T = LD^{\frac{1}{2}} D^{\frac{1}{2}} L^T = (LD^{\frac{1}{2}})(LD^{\frac{1}{2}})^T = L_1 L_1^T,$$

其中 $L_1 = LD^{\frac{1}{2}}$ 为下三角阵. 令 $L = L_1$，定理得证.

证毕.

这种对称正定矩阵的分解称为 Cholesky 分解，又称为平方根法，在 Matlab 中函数 "chol" 给出了对称正定矩阵的 Cholesky 分解. Cholesky 分解所需要的乘除次数约以 $\frac{1}{6}n^3$ 为数量级，比 LU 分解节省近一半的工作量.

将 $A = LL^T$ 写成如下的形式：

$$\begin{bmatrix} a_{11} & a_{12} & \cdots & a_{1n} \\ a_{21} & a_{22} & \cdots & a_{2n} \\ \vdots & \vdots & \ddots & \vdots \\ a_{n1} & a_{n2} & \cdots & a_{nn} \end{bmatrix} = \begin{bmatrix} l_{11} & & & \\ l_{21} & l_{22} & & \\ \vdots & \vdots & \ddots & \\ l_{n1} & l_{n2} & \cdots & l_{nn} \end{bmatrix} \begin{bmatrix} l_{11} & l_{21} & \cdots & l_{n1} \\ & l_{22} & \cdots & l_{n2} \\ & & \ddots & \vdots \\ & & & l_{nn} \end{bmatrix},$$

按矩阵乘法展开，用待定系数法可逐行求出分解矩阵 L 的元素 l_{ij}，计算公式是

$$a_{ij} = \sum_{k=1}^{n} l_{ik} l_{jk} = \sum_{k=1}^{j-1} l_{ik} l_{jk} + l_{ij} l_{jj}.$$

当 $k > j$ 时，$l_{jk} = 0$，经过 n 步可求得 L 的所有元素 l_{ij}：

$$l_{ii} = \left(a_{ii} - \sum_{k=1}^{i-1} l_{ik}^2 \right)^{\frac{1}{2}}, \quad i = 1, 2, \cdots, n;$$

$$l_{ij} = \left(a_{ij} - \sum_{k=1}^{j-1} l_{ik} l_{jk} \right) / l_{jj}, \quad j = 1, 2, \cdots, i-1, j < i.$$

Cholesky 分解的具体步骤(平方根法)：

(1) 分解对称正定矩阵 $A = LL^T$

(2) 分解 $Ax = b \Leftrightarrow$ 求解 $LL^T x = b \Leftrightarrow \begin{cases} Ly = b, \text{求 } y; \\ L^T x = y, \text{求 } x. \end{cases}$

计算公式为

$$y_i = (b_i - \sum_{k=1}^{i-1} l_{ik} y_k)/l_{ii}, \quad i = 1, 2, \cdots, n;$$

$$x_i = (y_i - \sum_{k=i+1}^{n} l_{ki} x_k)/l_{ii}, \quad i = n, n-1, \cdots, 2, 1.$$

例 7 用平方根法（Cholesky 分解）求解方程组

$$\begin{bmatrix} 3 & 2 & 3 \\ 2 & 2 & 0 \\ 3 & 0 & 12 \end{bmatrix} \begin{bmatrix} x_1 \\ x_2 \\ x_3 \end{bmatrix} = \begin{bmatrix} 5 \\ 3 \\ 7 \end{bmatrix}.$$

解 由系数矩阵的对称正定性，可令 $A = LL^T$，其中 L 为下三角阵.

由于 $\begin{bmatrix} 3 & 2 & 3 \\ 2 & 2 & 0 \\ 3 & 0 & 12 \end{bmatrix} = \begin{bmatrix} \sqrt{3} & & \\ \frac{2\sqrt{3}}{3} & \frac{\sqrt{6}}{3} & \\ \sqrt{3} & -\sqrt{6} & \sqrt{3} \end{bmatrix} \begin{bmatrix} \sqrt{3} & \frac{2\sqrt{3}}{3} & \sqrt{3} \\ & \frac{\sqrt{6}}{3} & -\sqrt{6} \\ & & \sqrt{3} \end{bmatrix}$，求解

$$\begin{bmatrix} \sqrt{3} & & \\ \frac{2\sqrt{3}}{3} & \frac{\sqrt{6}}{3} & \\ \sqrt{3} & -\sqrt{6} & \sqrt{3} \end{bmatrix} \begin{bmatrix} y_1 \\ y_2 \\ y_3 \end{bmatrix} = \begin{bmatrix} 5 \\ 3 \\ 7 \end{bmatrix}$$

可得 $\begin{cases} y_1 = \dfrac{5}{\sqrt{3}}, \\ y_2 = -\dfrac{1}{\sqrt{6}}, \\ y_3 = \dfrac{1}{\sqrt{3}}, \end{cases}$

求解 $\begin{bmatrix} \sqrt{3} & \frac{2\sqrt{3}}{3} & \sqrt{3} \\ & \frac{\sqrt{6}}{3} & -\sqrt{6} \\ & & \sqrt{3} \end{bmatrix} \begin{bmatrix} x_1 \\ x_2 \\ x_3 \end{bmatrix} = \begin{bmatrix} y_1 \\ y_2 \\ y_3 \end{bmatrix}$

可得 $\begin{cases} x_1 = 1, \\ x_2 = \dfrac{1}{2}, \\ x_3 = \dfrac{1}{3}. \end{cases}$

由此例可以看出,平方根法解正定方程组的缺点是需要进行开方运算.为了避免开方运算,我们改用单位三角阵作为分解阵,即把对称正定矩阵 A 分解成 $A = LDL^T$ 的形式,其中对角矩阵 D 为

$$D = \begin{bmatrix} d_1 & & & \\ & d_2 & & \\ & & \ddots & \\ & & & d_n \end{bmatrix}.$$

而 L 是单位下三角矩阵：

$$L = \begin{bmatrix} 1 & & & & \\ l_{21} & 1 & & & \\ l_{31} & l_{32} & 1 & & \\ \vdots & \vdots & \vdots & \ddots & \\ l_{n1} & l_{n2} & l_{n3} & \cdots & 1 \end{bmatrix},$$

分解的公式为

$$\begin{cases} l_{ij} = (a_{ij} - \sum_{k=1}^{i-1} d_k l_{ik} l_{jk})/d_j, & j = 1, 2, \cdots, i-1, \\ d_i = a_{ii} - \sum_{k=1}^{i-1} d_k l_{ik}^2, & i = 1, 2, \cdots, n. \end{cases}$$

据此可逐行计算 $d_1 \to l_{21} \to d_2 \to l_{31} \to l_{32} \to d_3 \to \cdots$ 运用这种矩阵分解方法,方程组 $L(DL^T x) = b$ 可归结为求解两个上三角方程组 $Ly = b$ 和 $L^T x = D^{-1} b$,其计算公式分别为

$$y_i = b_i - \sum_{k=1}^{i-1} l_{ik} y_k, \quad i = 1, 2, \cdots, n,$$

$$x_i = y_i/d_i - \sum_{k=i+1}^{n} l_{ki} x_k, \quad i = n, n-1, \cdots, 1,$$

求解方程组的上述算法称为改进的平方根法. 这种方法总的计算量约为 $n^3/6$,即仅为高斯消去法计算量的一半.

例8 用改进的平方根法(LDL^T 分解)求解方程组

$$\begin{bmatrix} 4 & 2 & 2 \\ 2 & 10 & 1 \\ 2 & 1 & 2 \end{bmatrix} \begin{bmatrix} x_1 \\ x_2 \\ x_3 \end{bmatrix} = \begin{bmatrix} 3 \\ 6 \\ 2 \end{bmatrix}.$$

解 由系数矩阵的对称正定性,可令 $A = LDL^T$,其中 L 为下三角阵,D 为对角阵.

由于

$$\begin{bmatrix} 4 & 2 & 2 \\ 2 & 10 & 1 \\ 2 & 1 & 2 \end{bmatrix} = \begin{bmatrix} 1 & & \\ \frac{1}{2} & 1 & \\ \frac{1}{2} & 0 & 1 \end{bmatrix} \begin{bmatrix} 4 & & \\ & 9 & \\ & & 1 \end{bmatrix} \begin{bmatrix} 1 & \frac{1}{2} & \frac{1}{2} \\ & 1 & 0 \\ & & 1 \end{bmatrix},$$

求解

$$\begin{bmatrix} 1 & & \\ \frac{1}{2} & 1 & \\ \frac{1}{2} & 0 & 1 \end{bmatrix} \begin{bmatrix} y_1 \\ y_2 \\ y_3 \end{bmatrix} = \begin{bmatrix} 3 \\ 6 \\ 2 \end{bmatrix}$$

可得

$$\begin{cases} y_1 = 3, \\ y_2 = \dfrac{9}{2}, \\ y_3 = \dfrac{1}{2}, \end{cases}$$

求解

$$\begin{bmatrix} 1 & \frac{1}{2} & \frac{1}{2} \\ & 1 & 0 \\ & & 1 \end{bmatrix} \begin{bmatrix} x_1 \\ x_2 \\ x_3 \end{bmatrix} = \begin{bmatrix} 4 & & \\ & 9 & \\ & & 1 \end{bmatrix}^{-1} \begin{bmatrix} y_1 \\ y_2 \\ y_3 \end{bmatrix} = \begin{bmatrix} \dfrac{3}{4} \\ \dfrac{1}{2} \\ \dfrac{1}{2} \end{bmatrix}$$

可得

$$\begin{cases} x_1 = \dfrac{1}{4}, \\ x_2 = \dfrac{1}{2}, \\ x_3 = \dfrac{1}{2}. \end{cases}$$

4.2.5 追赶法

在一些实际问题的求解中,如解二阶常微分方程的边值问题、热传导方程及船体数学中所建立的三次样条插值函数的求解问题等,常常会遇到下边严格对角占优的三对角线形方程组的求解问题.

$$\begin{bmatrix} b_1 & c_1 & & & & \\ a_2 & b_2 & c_2 & & & \\ & a_3 & b_3 & c_3 & & \\ & & \ddots & \ddots & \ddots & \\ & & & a_{n-1} & b_{n-1} & c_{n-1} \\ & & & & a_n & b_n \end{bmatrix} \begin{bmatrix} x_1 \\ x_2 \\ x_3 \\ \vdots \\ x_{n-1} \\ x_n \end{bmatrix} = \begin{bmatrix} d_1 \\ d_2 \\ d_3 \\ \vdots \\ d_{n-1} \\ d_n \end{bmatrix}$$

简记为 $Ax = d$,系数矩阵 A 是一种带状的稀疏矩阵,非零元素集中分布在主对角线及相邻两条次对角线上.

定义 4.2 若矩阵 $A = (a_{ij})_{n \times n}$ 满足 $|a_{ii}| > \sum_{\substack{j=1 \\ j \neq i}}^{n} |a_{ij}|, i = 1, 2, 3, \cdots, n$,则称矩阵 A 是严格行对角占优阵,也称为强对角占优.

类似地可定义严格列对角占优阵,严格行(列)对角占优矩阵简称严格对角占优阵. 上述系数矩阵 A 是严格对角占优阵,即有如下的关系式成立:

(1) $|b_1| > |c_1| > 0$;

(2) $|b_i| \geq |a_i| + |c_i|, a_i, c_i \neq 0, i = 2, 3, \cdots, n - 1$;

(3) $|b_n| > |a_n| > 0$.

用归纳法可以证明,满足上述条件的三对角线性方程组的系数矩阵 A 非奇异,所以可以利用矩阵的直接三角分解法来推导解三对角线性方程组的计算公式,用克洛特(Crout)分解法将 A 分解成两个三角阵的乘积. 设 $A = LU$,即

$$A = LU = \begin{bmatrix} b_1 & c_1 & & & \\ a_2 & b_2 & c_2 & & \\ & \ddots & \ddots & & \\ & & a_{n-1} & b_{n-1} & c_{n-1} \\ & & & a_n & b_n \end{bmatrix} = \begin{bmatrix} l_1 & & & & \\ a_2 & l_2 & & & \\ & \ddots & \ddots & & \\ & & & & \\ & & & a_n & l_n \end{bmatrix} \begin{bmatrix} 1 & u_1 & & & \\ & 1 & u_2 & & \\ & & \ddots & u_{n-1} & \\ & & & & 1 \end{bmatrix},$$

按照矩阵乘法展开,有

$$\begin{cases} b_1 = l_1, \\ c_i = l_i u_i, \\ b_{i+1} = a_{i+1} u_i + l_{i+1}, i = 1, 2, \cdots, n - 1, \end{cases}$$

则可计算

$$\begin{cases} l_1 = b_1, \\ u_i = c_i / l_i, \\ l_{i+1} = b_{i+1} - a_{i+1} u_i, i = 1, 2, \cdots, n - 1. \end{cases}$$

依此计算 $l_1 \to u_1 \to l_2 \to u_2 \to \cdots \to u_{n-1} \to l_n$,矩阵 L 和 U 的元素就可完全确定. 然后解方程组 $Ax = LUx = b$,方法与杜利特尔(Doolittle)分解法类似.

对这种三对角线性方程组的求解,还可以利用 Gauss 消去法对方程组作 $n - 1$ 次消元,得到同解方程组

$$\begin{cases} x_1 + q_1 x_2 = p_1, \\ \quad x_2 + q_2 x_3 = p_2, \\ \cdots \cdots \\ \quad\quad x_{n-1} + q_{n-1} x_n = p_{n-1}, \\ \quad\quad\quad x_n = p_n, \end{cases}$$

其中

$$\begin{cases} p_1 = d_1 / b_1, q_1 = c_1 / b_1, \\ p_k = (d_k - a_k p_{k-1}) / (b_k - a_k q_{k-1}), k = 2, 3, \cdots, n, \\ q_k = c_k / (b_k - a_k q_{k-1}), k = 2, 3, \cdots, n - 1, \end{cases} \quad (4-2)$$

再利用回代过程依此求出同解方程组各变量:

$$\begin{cases} x_n = p_n, \\ x_k = p_k - q_k x_{k+1}, \end{cases} k = n - 1, n - 2, \cdots, 1. \quad (4-3)$$

上述方法就是求解三对角方程组的追赶法,这里所谓的"追"(消元过程)指的是按照公式(4-2)顺序计算出 $q_1, q_2, \cdots, q_n$ 和 $p_1, p_2, \cdots, p_n$,所谓"赶"(回代过程)指的是按公式(4-3)逆序求出变量 $x_n, x_{n-1}, \cdots, x_1$. 由于系数矩阵中含有大量的零元素,在实际计算时可将这些零元素抛开,从而大大节省了计算量. 两个过程共需要乘除法次数为 $4n-2$ 和 $n-1$,所以追赶法的乘除法总次数仅为 $5n-3$. 另外,追赶法计算过程中不会出现小主元,因此不会引起舍入误差的严重扩散. 有下面的定理成立:

定理 4.5 若三对角矩阵的元素满足:

(1) $|b_1| > |c_1| > 0$;

(2) $|b_n| > |c_n| > 0$;

(3) $|b_i| \geq |a_i| + |c_i|$, $a_i c_i \neq 0$, $i = 2, 3, \cdots, n-1$,

则方程组 $Ax = b$ 的解存在且唯一,且追赶法是数值稳定的.

例 9 用追赶法求解三对角方程组

$$\begin{cases} 2x_1 - x_2 = 0, \\ -x_1 + 2x_2 - x_3 = 0, \\ -x_2 + 2x_3 - x_4 = 0, \\ -x_3 + 2x_4 = 5. \end{cases}$$

解 将系数矩阵进行 $A = LU$ 分解,得

$$\begin{pmatrix} 2 & -1 & & \\ -1 & 2 & -1 & \\ & -1 & 2 & -1 \\ & & -1 & 2 \end{pmatrix} = \begin{pmatrix} 2 & & & \\ -1 & \frac{3}{2} & & \\ & -1 & \frac{4}{3} & \\ & & -1 & \frac{5}{4} \end{pmatrix} \begin{pmatrix} 1 & -\frac{1}{2} & & \\ & 1 & -\frac{2}{3} & \\ & & 1 & -\frac{3}{4} \\ & & & 1 \end{pmatrix},$$

令 $UX = Y$,即

$$\begin{pmatrix} 2 & & & \\ -1 & \frac{3}{2} & & \\ & -1 & \frac{4}{3} & \\ & & -1 & \frac{5}{4} \end{pmatrix} \begin{pmatrix} y_1 \\ y_2 \\ y_3 \\ y_4 \end{pmatrix} = \begin{pmatrix} 0 \\ 0 \\ 0 \\ 5 \end{pmatrix},$$

"追"得 $y_1 = y_2 = y_3 = 0, y_4 = 4$ 代入 $UX = Y$,即

$$\begin{pmatrix} 1 & -\frac{1}{2} & & \\ & 1 & -\frac{2}{3} & \\ & & 1 & -\frac{3}{4} \\ & & & 1 \end{pmatrix} X = Y,$$

"赶"得 $x_4 = 4, x_3 = 3, x_2 = 2, x_1 = 1$.

4.3 向量范数与矩阵范数

向量、矩阵与线性方程组有着密切的关系,向量、矩阵范数是解方程组以及研究与探讨方程组本身性质的一个重要工具. 为了研究线性方程组近似解的误差估计和迭代法的收敛性,本节对向量及矩阵的"大小"引进某种度量——范数的概念,并分析了各种范数的相互关系与性质.

4.3.1 向量范数

定义 4.3 若对任意向量 $x \in \mathbf{R}^n$ 或 $\mathbf{C}^n$,都存在一个非负实数 $\|x\|$ 与之对应,且这种对应关系满足下面的条件:

(1) 非负性　　$\|x\| \geq 0$,当且仅当 $x = \mathbf{0}$ 时,$\|x\| = 0$;

(2) 齐次性　　$\|\lambda x\| = |\lambda| \cdot \|x\|$,$\forall \lambda \in \mathbf{R}$ 或 $\mathbf{C}$;

(3) 三角不等式　　$\|x + y\| \leq \|x\| + \|y\|$,$\forall x, y \in \mathbf{R}^n$ 或 $\mathbf{C}^n$,

则称 $\|x\|$ 是 $\mathbf{R}^n$ 或 $\mathbf{C}^n$ 上向量 x 的范数.

由向量范数的定义,很容易得到如下性质:

(1) 当 $\|x\| \neq 0$ 时,$\left\|\dfrac{x}{\|x\|}\right\| = 1$;

(2) $\|-x\| = \|x\|$(前两个性质利用定义中的齐次性可证明);

(3) $\forall x \in \mathbf{R}^n$ 或 $\mathbf{C}^n$,$\big|\|x\| - \|y\|\big| \leq \|x - y\|$.

(根据三角不等式,有 $\|x\| = \|x - y + y\| \leq \|x - y\| + \|y\|$,所以 $\big|\|x\| - \|y\|\big| \leq \|x - y\|$)

设 x, y 是 n 维向量空间中的两个点,由向量范数还可以导出两个向量之间的距离:

$$d(x, y) = \|x - y\|.$$

在向量空间 $\mathbf{C}^n$ 中,定义 $l_p = \|x\|_p = \left(\sum_{i=1}^{n} |x_i|^p\right)^{1/p}$,称为 p-范数或 Holder 范数,其中 $1 \leq p \leq \infty$. 这是一个经常用到的向量范数,p-范数的证明需要用到以下的两个引理.

引理 4.1 设任意的两个向量 $\forall x = (x_1, x_2, \cdots, x_n)^\mathrm{T}, y = (y_1, y_2, \cdots, y_n)^\mathrm{T} \in \mathbf{C}^n$,则有不等式

$$\sum_{i=1}^{n}|x_iy_i| \leqslant \Big(\sum_{i=1}^{n}|x_i|^p\Big)^{1/p}\Big(\sum_{i=1}^{n}|y_i|^q\Big)^{1/q} \qquad (4-4)$$

成立,其中 $p>1, q>1$,且 $\dfrac{1}{p}+\dfrac{1}{q}=1$. 该不等式也称为 Holder 不等式.

引理 4.2 设任意的两个向量 $\forall \boldsymbol{x}=(x_1,x_2,\cdots,x_n)^T, \boldsymbol{y}=(y_1,y_2,\cdots,y_n)^T \in \mathbf{C}^n$,则对任意的 $p \geqslant 1$,都有不等式

$$\Big(\sum_{i=1}^{n}|x_i+y_i|^p\Big)^{1/p} \leqslant \Big(\sum_{i=1}^{n}|x_i|^p\Big)^{1/p}+\Big(\sum_{i=1}^{n}|y_i|^p\Big)^{1/p} \qquad (4-5)$$

成立. 该不等式也称为 Minkowski 不等式.

定理 4.6 $\|\boldsymbol{x}\|_p = \Big(\sum_{i=1}^{n}|x_i|^p\Big)^{1/p}$ 是向量范数,其中 $1 \leqslant p \leqslant \infty$.

证明 只需按照向量范数定义中的三个条件验证即可.

(1) 由 $\|\boldsymbol{x}\|_p$ 的定义非负性显然成立;

(2) $\forall \lambda \in \mathbf{R}$ 或 $\mathbf{C}$,由 $\|\lambda\boldsymbol{x}\|_p = \Big(\sum_{i=1}^{n}|\lambda x_i|^p\Big)^{\frac{1}{p}} = \Big(|\lambda|^p\sum_{i=1}^{n}|x_i|^p\Big)^{\frac{1}{p}} = |\lambda|\|\boldsymbol{x}\|_p$;

(3) 由于 $\dfrac{1}{p}+\dfrac{1}{q}=1$,可得 $p-1=\dfrac{p}{q}$,则

$$\sum_{i=1}^{n}|x_i+y_i|^p = \sum_{i=1}^{n}|x_i+y_i||x_i+y_i|^{p-1}$$

$$= \sum_{i=1}^{n}|x_i+y_i||x_i+y_i|^{\frac{p}{q}}$$

$$\leqslant \sum_{i=1}^{n}|x_i||x_i+y_i|^{\frac{p}{q}} + \sum_{i=1}^{n}|y_i||x_i+y_i|^{\frac{p}{q}}$$

$$\leqslant \Big(\sum_{i=1}^{n}|x_i|^p\Big)^{\frac{1}{p}}\Big(\sum_{i=1}^{n}|x_i+y_i|^p\Big)^{\frac{1}{q}} + \Big(\sum_{i=1}^{n}|y_i|^p\Big)^{\frac{1}{p}}\Big(\sum_{i=1}^{n}|x_i+y_i|^p\Big)^{\frac{1}{q}}$$

(Holder 不等式)

$$= \Big[\Big(\sum_{i=1}^{n}|x_i|^p\Big)^{\frac{1}{p}} + \Big(\sum_{i=1}^{n}|y_i|^p\Big)^{\frac{1}{p}}\Big]\Big(\sum_{i=1}^{n}|x_i+y_i|^p\Big)^{\frac{1}{q}},$$

将上述不等式两端同除以 $\Big(\sum_{i=1}^{n}|x_i+y_i|^p\Big)^{\frac{1}{q}}$,根据 $\dfrac{1}{p}+\dfrac{1}{q}=1$,可得

$$\Big(\sum_{i=1}^{n}|x_i+y_i|^p\Big)^{1/p} \leqslant \Big(\sum_{i=1}^{n}|x_i|^p\Big)^{1/p} + \Big(\sum_{i=1}^{n}|y_i|^p\Big)^{1/p}, \qquad (4-6)$$

即 $\|\boldsymbol{x}+\boldsymbol{y}\|_p \leqslant \|\boldsymbol{x}\|_p + \|\boldsymbol{y}\|_p$. 证毕.

验证上式成立,也可用第二种方法,利用 Minkowski 不等式直接得到

$$\|\boldsymbol{x}+\boldsymbol{y}\|_p = \Big(\sum_{i=1}^{n}|x_i+y_i|^p\Big)^{1/p} \leqslant \Big(\sum_{i=1}^{n}|x_i|^p\Big)^{1/p} + \Big(\sum_{i=1}^{n}|y_i|^p\Big)^{1/p} = \|\boldsymbol{x}\|_p + \|\boldsymbol{y}\|_p.$$

在 p-范数的定义中,当 $p=1$ 时,称为 1-范数(l_1 范数):$\|\boldsymbol{x}\|_1 = \sum_{i=1}^{n}|x_i| = |x_1| + |x_2| + \cdots + |x_n|$,它表示向量的分量模之和;当 $p=2$ 时,称为 2-范数(l_2 范数):$\|\boldsymbol{x}\|_2 =$

$(\sum_{i=1}^{n}|x_i|^2)^{\frac{1}{2}}=\sqrt{|x_1|^2+|x_2|^2+\cdots+|x_n|^2}$,它表示向量的长度,向量的 2 - 范数也称为 Euclid 范数;当 $p\to\infty$ 时,称为 ∞ - 范数或一致范数(l_∞ 范数):$\|x\|_\infty=\max\limits_{1\leqslant i\leqslant n}|x_i|$,它表示向量的分量最大模. 在 Matlab 中用函数 norm(x,p) 来计算向量 x 的 p - 范数. 在同一个向量空间,可以定义多种向量范数,而对于同一个向量,不同定义下的范数其大小可能不同.

需要注意的是,当 $0<p<1$ 时,p - 范数并不是向量范数.

比如当取二维向量 $x=(2,0)$,$y=(0,2)$,$p=\dfrac{1}{2}$ 时,$\|x\|_{\frac{1}{2}}=(\sum_{i=1}^{2}|x_i|^{\frac{1}{2}})^2=(\sqrt{2})^2=2$,$\|y\|_{\frac{1}{2}}=(\sum_{i=1}^{2}|y_i|^{\frac{1}{2}})^2=(\sqrt{2})^2=2$,$\|x+y\|_{\frac{1}{2}}=(\sum_{i=1}^{2}|x_i+y_i|^{\frac{1}{2}})^2=(\sqrt{2}+\sqrt{2})^2=8$,显然 $\|x+y\|_{\frac{1}{2}}>\|x\|_{\frac{1}{2}}+\|y\|_{\frac{1}{2}}$ 不满足向量范数定义中的三角不等式.

1 - 范数相对简单,很容易证明是一种向量范数,下面证明 2 - 范数、∞ - 范数也是向量范数.

例 1 证明:向量长度 $\|x\|_2$ 是一种向量范数.

证明 按照向量范数的定义,只需要验证定义中的三个条件即可.

(1) 因为 $\|x\|_2=(\sum_{i=1}^{n}x_i^2)^{\frac{1}{2}}=\sqrt{|x_1|^2+|x_2|^2+\cdots+|x_n|^2}\geqslant 0$,只有在各分量 x_1 均为零时等号成立,所以非负性满足;

(2) 对任一 $\lambda\in\mathbf{R}$ 或 $\mathbf{C}$,有 $\|\lambda x\|_2=\sqrt{\sum_{i=1}^{n}(\lambda x_i)^2}=\sqrt{\lambda^2\sum_{i=1}^{n}(x_i^2)}=|\lambda|\sqrt{\sum_{i=1}^{n}(x_i^2)}=\lambda\|x\|_2$,齐次性满足;

(3) 任取 $x,y\in\mathbf{R}^n$ 或 $\mathbf{C}^n$,可用内积表示 $\|x+y\|_2^2=(x+y)^{\mathrm{T}}(x+y)=\|x\|_2^2+2x^{\mathrm{T}}y+\|y\|_2^2$,根据 Cauchy-Schwarz(柯西 — 施瓦兹)不等式 $(x^{\mathrm{T}}y)^2\leqslant(x^{\mathrm{T}}x)(y^{\mathrm{T}}y)$,有下式成立

$$\|x+y\|_2^2\leqslant\|x\|_2^2+2\|x\|_2\|y\|_2+\|y\|_2^2=(\|x\|_2+\|y\|_2)^2, \quad(4-7)$$

由 2 - 范数的非负性可得 $\|x+y\|_2\leqslant\|x\|_2+\|y\|_2$. 证毕.

例 2 证明:∞ - 范数也是向量范数.

证明 向量定义中的第一个条件显然成立,现验证后两个条件.

对任一 $\lambda\in\mathbf{R}$ 或 $\mathbf{C}$,$x,y\in\mathbf{R}^n$ 或 $\mathbf{C}^n$,有 $\|\lambda x\|_\infty=\max\limits_{1\leqslant i\leqslant n}|\lambda x_i|=|\lambda|\max\limits_{1\leqslant i\leqslant n}|x_i|=|\lambda|\|x\|_\infty$,$\|x+y\|_\infty=\max\limits_{1\leqslant i\leqslant n}|x_i+y_i|\leqslant\max\limits_{1\leqslant i\leqslant n}(|x_i|+|y_i|)=\max\limits_{1\leqslant i\leqslant n}|x_i|+\max\limits_{1\leqslant i\leqslant n}|y_i|=\|x\|_\infty+\|y\|_\infty$. 证毕.

对于向量空间中的特殊向量,存在一些反例. 如 $x\in\mathbf{R}^1$,若令 $\|x\|=x^2$,虽然它满足范数定义中的非负性,但是不满足齐次性,因此它不是 $\mathbf{R}^1$ 中的范数.

各向量范数之间都存在着一定的相互联系,比如 p - 范数与 ∞ - 范数存在下面的一种关系.

例 3 证明 $\lim\limits_{p\to\infty}\|x\|_p=\|x\|_\infty$,即 $\lim\limits_{p\to\infty}(\sum_{i=1}^{n}|x_i|^p)^{\frac{1}{p}}=\max\limits_{1\leqslant i\leqslant n}|x_i|$.

证明 与例 1 的方法类似,验证 $\|x\|_\infty = \max\limits_{1 \leq i \leq n} |x_i|$ 是向量范数是很容易的,下面证明

$$\lim_{p \to \infty} \|x\|_p = \|x\|_\infty = \max_{1 \leq i \leq n} |x_i|. \quad (4-8)$$

因为

$$\max_{1 \leq i \leq n} |x_i|^p \leq \sum_{i=1}^n |x_i|^p \leq n \max_{1 \leq i \leq n} |x_i|^p, \quad 1 \leq p \leq \infty,$$

所以

$$(\max_{1 \leq i \leq n} |x_i|^p)^{\frac{1}{p}} \leq (\sum_{i=1}^n |x_i|^p)^{\frac{1}{p}} \leq (n \max_{1 \leq i \leq n} |x_i|^p)^{\frac{1}{p}},$$

所以

$$\|x\|_\infty \leq \|x\|_p \leq n^{\frac{1}{p}} \|x\|_\infty,$$

由极限的两边夹法则及 $n^{\frac{1}{p}} \to 1 (p \to \infty)$,所以

$$\|x\|_p \to \|x\|_\infty (p \to \infty).$$

证毕.

例 4 设向量 $x = (-3, 2, -5)$,求 $\|x\|_1, \|x\|_2, \|x\|_p, \|x\|_\infty$.

解 由向量范数的定义,可得

$$\|x\|_1 = \sum_{i=1}^3 |x_i| = |x_1| + |x_2| + |x_3| = |-3| + |2| + |-5| = 10,$$

$$\|x\|_2 = (\sum_{i=1}^3 x_i^2)^{\frac{1}{2}} = \sqrt{|x_1|^2 + |x_2|^2 + |x_3|^2}$$

$$= \sqrt{|-3|^2 + |2|^2 + |-5|^2} = \sqrt{38},$$

$$\|x\|_p = (\sum_{i=1}^3 |x_i|^p)^{\frac{1}{p}} = (3^p + 2^p + 5^p)^{\frac{1}{p}},$$

$$\|x\|_\infty = \max\{|-3|, |2|, |-5|\} = 5.$$

由上例可以看出,同一个向量的不同范数一般情况下是互不相同的.

在本书中由于向量范数的等价性,当不需要指明使用哪一种向量范数时,就用记号 $\|\cdot\|$ 泛指任何一种向量范数. 有了向量的范数就可以用它来衡量向量的大小和表示向量的误差.

通过已知的向量范数,也可以根据需要及已知向量范数的性质,构造出新的向量范数.

例 5 设 $A \in \mathbf{C}^{m \times n}$ 是一个列满秩矩阵,即 $\mathrm{rank}(A) = n (m \geq n)$,$\|\cdot\|_m$ 是 $\mathbf{C}^m$ 上的范数,则对 $\forall x \in \mathbf{C}^n$,$\|x\|_n = \|Ax\|_m$ 是 $\mathbf{C}^n$ 上的向量范数.

证明 由 $\|\cdot\|_m$ 是 $\mathbf{C}^m$ 上的范数,向量范数定义中的前两个条件很容易验证,下面验证第三个条件. 对 $\forall x, y \in \mathbf{C}^n$,有

$$\|x + y\|_n = \|A(x + y)\|_m = \|Ax + Ay\|_m \leq \|Ax\|_m + \|Ay\|_m$$
$$= \|x\|_n + \|y\|_n.$$

证毕.

例 6 设 n 阶矩阵 A 是正定实对称阵,在向量空间 $\mathbf{R}^n$ 中,$\forall x = (x_1, x_2, \cdots, x_n)^\mathrm{T}$,定义

向量函数为

$$\|x\|_A = \sqrt{(x^T A x)}. \tag{4-9}$$

证明：函数 $\|x\|_A$ 是一个向量范数. 该范数也称为向量的加权范数或椭圆范数.

证明 分别验证向量定义中的三个条件：

(1) 因为只有当 $x = 0$ 时，$\|x\|_A = 0$；当 $x \neq 0$ 时，由矩阵 A 的对称正定性可知 $x^T A x > 0$，即 $\|x\|_A > 0$；

(2) $\forall \lambda \in C$，有 $\|\lambda x\|_A = \sqrt{(\lambda x)^T A (\lambda x)} = |\lambda|\sqrt{x^T A x} = |\lambda| \cdot \|x\|_A$；

(3) 因为 n 阶矩阵 A 是正定实对称阵，故一定存在 n 阶可逆矩阵 P，使得 $P^T A P = I$，则矩阵 A 就可表示成 $A = (P^T)^{-1} P^{-1} = (P^{-1})^T P^{-1} = B^T B$，其中 $B = P^{-1}$，将其代入向量函数中得到

$$\|x\|_A = \sqrt{x^T A x} = \sqrt{x^T B^T B x} = \sqrt{(Bx)^T (Bx)} = \|Bx\|_2,$$

可见向量函数转化为一种 2 -范数，因此 $\forall y \in R^n$，

$$\|x + y\|_A = \|B(x+y)\|_2 \leq \|Bx\|_2 + \|By\|_2 = \|x\|_A + \|y\|_A.$$

所以 $\|x\|_A = \sqrt{(x^T A x)}$ 也是向量范数. 证毕.

上例的一个变型在现代控制理论中，称二次型函数 $V(x) \equiv \|x\|_A^2 = x^T A x$ 为李雅普诺夫(Lyapunov)函数，这里矩阵 A 是正定实对称阵. 此函数是讨论线性和非线性系统稳定性的一个重要工具.

例 7 设 $C[a,b]$ 是由 $[a,b]$ 上的所有连续函数 $f(x)$ 所构成的集合，由

$$\|f(x)\|_p \equiv \left(\int_a^b |f(t)|^p dt\right)^{1/p}, \quad p \geq 1 \tag{4-10}$$

定义的 $\|\cdot\|_p$ 是 $C[a,b]$ 上的向量范数，称为 L_p 范数. 特别地，L_1 范数、L_2 范数和 L_∞ 范数分别为

$$\|f(x)\|_1 \equiv \int_a^b |f(t)| dt, \quad \forall f(t) \in C[a,b];$$

$$\|f(x)\|_2 \equiv \sqrt{\int_a^b |f(t)|^2 dt}, \quad \forall f(t) \in C[a,b];$$

$$\|f(x)\|_\infty \equiv \max_{a \leq t \leq b} |f(t)|, \quad \forall f(t) \in C[a,b].$$

这三种映射都是 $C[a,b]$ 上的向量范数，证明从略.

4.3.2 向量范数的有关定理

4.3.2.1 向量序列的敛散性

定义 4.4 设 $\{x^{(k)}\}$ 为 R^n 中一个向量序列，其中 $x^{(k)} = (x_1^{(k)}, x_2^{(k)}, \cdots, x_n^{(k)})^T$，$k = 1, 2, 3, \cdots$. 设 $x^* = (x_1^*, x_2^*, \cdots, x_n^*)^T \in R^n$ 是一个固定向量，如果当 $k \to \infty$ 时，有

$$\lim_{k \to \infty} x_i^{(k)} = x_i^* \quad (i = 1, 2, \cdots, n),$$

则称向量序列 $\{x^{(k)}\}$ 收敛于向量 x^*，记为 $\lim_{k \to \infty} x^{(k)} = x^*$.

即当 $\boldsymbol{x}^{(k)} = \begin{bmatrix} x_1^{(k)} \\ x_2^{(k)} \\ \vdots \\ x_n^{(k)} \end{bmatrix} \to \begin{matrix} x_1^* \\ x_2^* \\ \vdots \\ x_n^* \end{matrix}$ 时，$\boldsymbol{x}^{(k)} = \begin{bmatrix} x_1^{(k)} \\ x_2^{(k)} \\ \vdots \\ x_n^{(k)} \end{bmatrix} \to \begin{bmatrix} x_1^* \\ x_2^* \\ \vdots \\ x_n^* \end{bmatrix} = \boldsymbol{x}^*.$

例 8 设 $\boldsymbol{x}^{(k)} = \left(\dfrac{1}{k^2}, \dfrac{2k}{k+1}\right)^{\mathrm{T}} = (x_1^{(k)}, x_2^{(k)})^{\mathrm{T}}$，求 $\lim\limits_{k \to \infty} \boldsymbol{x}^{(k)}.$

解 当 $k \to \infty$ 时，有 $x_1^{(k)} \to 0$，$x_2^{(k)} = \dfrac{2k}{k+1} = \dfrac{2}{1+\dfrac{1}{k}} \to 2$，所以 $\lim\limits_{k \to \infty} \boldsymbol{x}^{(k)} = (0, 2)^{\mathrm{T}}.$

在下一节的线性方程组的迭代解法中，很多时候都需要将方程组的解向量通过迭代，使之收敛于一个解，而把这个解称为准确解。向量范数在评价方程组近似解的效果中有以下的应用。

设 $\boldsymbol{x}, \boldsymbol{x}^*$ 分别表示方程组的近似解与准确解，则

$$\|\boldsymbol{x} - \boldsymbol{x}^*\|_p \quad \text{或} \quad \dfrac{\|\boldsymbol{x} - \boldsymbol{x}^*\|_p}{\|\boldsymbol{x}\|_p} \qquad (4-11)$$

分别表示近似解与准确解之间的绝对误差与相对误差。

4.3.2.2 向量范数的连续性

定理 4.7 设非负函数 $N(\boldsymbol{x}) = \|\boldsymbol{x}\|$ 为 $\mathbf{R}^n$ 或 $\mathbf{C}^n$ 上任意一个向量范数，则 $N(\boldsymbol{x}) = \|\boldsymbol{x}\|$ 是各分量 $x_1, x_2, \cdots, x_n$ 的连续函数。

证明 因为 $\|\boldsymbol{x}\|$ 是关于各分量 $x_1, x_2, \cdots, x_n$ 的实值函数，不妨设 $\|\boldsymbol{x}\| = \varphi(x_1, x_2, \cdots, x_n)$，单位向量组记为 $\boldsymbol{\varepsilon}_1 = (1, 0, \cdots, 0)^{\mathrm{T}}, \boldsymbol{\varepsilon}_2 = (0, 1, \cdots, 0)^{\mathrm{T}}, \cdots, \boldsymbol{\varepsilon}_n = (0, 0, \cdots, 1)^{\mathrm{T}}$，则对于任意的向量 $\boldsymbol{x}, \boldsymbol{y} \in \mathbf{C}^n$，都可以表示成

$$\boldsymbol{x} = x_1 \boldsymbol{\varepsilon}_1 + x_2 \boldsymbol{\varepsilon}_2 + \cdots + x_n \boldsymbol{\varepsilon}_n,$$
$$\boldsymbol{y} = y_1 \boldsymbol{\varepsilon}_1 + y_2 \boldsymbol{\varepsilon}_2 + \cdots + y_n \boldsymbol{\varepsilon}_n,$$

于是有

$$|\varphi(y_1, y_2, \cdots, y_n) - \varphi(x_1, x_2, \cdots, x_n)| = |\|\boldsymbol{y}\| - \|\boldsymbol{x}\|| \leqslant \|\boldsymbol{y} - \boldsymbol{x}\|$$
$$= \|(y_1 - x_1)\boldsymbol{\varepsilon}_1 + (y_2 - x_2)\boldsymbol{\varepsilon}_2 + \cdots + (y_n - x_n)\boldsymbol{\varepsilon}_n\|$$
$$\leqslant |y_1 - x_1|\|\boldsymbol{\varepsilon}_1\| + |y_2 - x_2|\|\boldsymbol{\varepsilon}_2\| + \cdots + |y_n - x_n|\|\boldsymbol{\varepsilon}_n\|.$$

又因为固定向量 $\boldsymbol{\varepsilon}_i$ 的范数是 $\|\boldsymbol{\varepsilon}_i\|$，所以它与向量 $\boldsymbol{x}, \boldsymbol{y}$ 的各分量 x_i, y_j 是无关的，则当 $y_i \to x_i$ 时，对应于函数有

$$\varphi(y_1, y_2, \cdots, y_n) \to \varphi(x_1, x_2, \cdots, x_n),$$

所以 $N(\boldsymbol{x}) = \|\boldsymbol{x}\|$ 必为 $x_1, x_2, \cdots, x_n$ 的连续函数。证毕。

4.3.2.3 向量范数的等价性（相容性）

定理 4.8 设 $\|\boldsymbol{x}\|_s$ 与 $\|\boldsymbol{x}\|_t$ 是 $\mathbf{R}^n$ 上任意两个向量范数，则一定存在与 $\boldsymbol{x}$ 无关的两个常数 $C_1, C_2 > 0$，使得 $C_1 \|\boldsymbol{x}\|_s \leqslant \|\boldsymbol{x}\|_t \leqslant C_2 \|\boldsymbol{x}\|_s$，对一切 $\boldsymbol{x}$ 均成立，则称这两个范数等价。

这一性质称为向量范数的等价性或是相容性，也就是说 $\mathbf{R}^n$ 上任意两种范数都是等价

的,注意这个结论对无限维未必成立. 容易证明,向量范数的等价具有自反性、对称性和传递性.

当 s,t 取 $1,2,\infty$ 时,可以得到以下结果:

(1) $\|x\|_\infty \leq \|x\|_1 \leq n\|x\|_\infty$;

(2) $\|x\|_\infty \leq \|x\|_2 \leq \sqrt{n}\|x\|_\infty$;

(3) $\|x\|_2 \leq \|x\|_1 \leq \sqrt{n}\|x\|_2$.

它表明这三种范数是等价的,本节选取其中的式(2)来验证,其余两式的验证方法类似.

例 9 证明 $\|x\|_\infty \leq \|x\|_2 \leq \sqrt{n}\|x\|_\infty$.

证明 设向量 $x = (x_1,x_2,\cdots,x_n)^T$,由向量范数的定义有

$$\|x\|_\infty^2 = [\max\{|x_1|,|x_2|,\cdots,|x_n|\}]^2$$

$$= \max\{|x_1|^2,|x_2|^2,\cdots,|x_n|^2\} \leq \sum_{i=1}^n |x_i|^2 \leq \|x\|_2^2.$$

由向量范数的非负性得 $\|x\|_\infty \leq \|x\|_2$,又因为

$$\|x\|_2^2 = \sum_{i=1}^n |x_i|^2 \leq n\max\{|x_1|^2,|x_1|^2,\cdots,|x_n|^2\} = n\|x\|_\infty^2,$$

即有 $\|x\|_2 \leq \sqrt{n}\|x\|_\infty$,综上可得 $\|x\|_\infty \leq \|x\|_2 \leq \sqrt{n}\|x\|_\infty$. 证毕.

定理 4.9 向量空间 $\mathbf{C}^n(\mathbf{R}^n)$ 中的任意两个向量范数等价.

证明 首先设任一向量范数为 $\|\cdot\|_i$,由定理 4.7 可知 $\|\cdot\|_i$ 是 $\mathbf{C}^n$ 上的一个连续函数,定义 D_n 是 $\mathbf{C}^n$ 上的单位球面(有界闭集)

$$D_n = \{x = (x_1,x_2,\cdots,x_n)^T \in \mathbf{C}^n \mid \|x\|_2 = 1\},$$

$\forall x \neq 0, \dfrac{x}{\|x\|_2} \in D_n$,因为 $\|\cdot\|_i$ 是连续函数,故它在 D_n 上取到最小值 m 和最大值 M,

$$m \leq \left\|\frac{x}{\|x\|_2}\right\|_i = \frac{\|x\|_i}{\|x\|_2} \leq M,$$

$$m\|x\|_2 \leq \|x\|_i \leq M\|x\|_2,$$

所以任一范数都与 2 - 范数等价,再利用向量范数等价的传递性可知:$\mathbf{C}^n(\mathbf{R}^n)$ 上的任意两个范数都等价. 证毕.

向量范数等价性的意义在于:讨论向量序列的收敛性时要用到向量范数的等价性;各向量范数不影响向量序列的收敛性,处理向量问题时,可以基于一种范数来建立理论,而使用另一种范数来进行计算,也不会破坏空间的完备性.

利用定理 4.7,不难证明如下向量序列 $\{x^{(k)}\}$ 收敛于向量 x^* 的充分必要条件.

定理 4.10 $\lim\limits_{k\to\infty} x^{(k)} = x^* \Leftrightarrow \lim\limits_{k\to\infty}\|x^{(k)} - x^*\| = 0$,其中 $k \to \infty$,$\|\cdot\|$ 为 $\mathbf{R}^n$ 或 $\mathbf{C}^n$ 上任意向量范数.

证明 必要性. 因为 $\lim\limits_{k\to\infty} x^{(k)} = x^*$,所以 $\lim\limits_{k\to\infty}(x^{(k)} - x^*) = 0$,故 $\lim\limits_{k\to\infty}\|x^{(k)} - x^*\| = 0$.

充分性. 对于任意一种向量范数 $\|x\|$,根据定理 4.8,存在两个常数 $C_2 \geq C_1 > 0$,使得

$$C_1\|x^{(k)} - x^*\| \leq \|x^{(k)} - x^*\|_\infty \leq C_2\|x^{(k)} - x^*\|. \tag{4-12}$$

因为 $\lim_{k\to\infty} \|x^{(k)} - x^*\| = 0$,故有 $\lim_{k\to\infty} \|x^{(k)} - x^*\|_\infty = 0$,所以 $\lim_{k\to\infty}(x^{(k)} - x^*) = 0$,即 $\lim_{k\to\infty} x^{(k)} = x^*$. 证毕.

4.3.3 矩阵范数

向量是特殊的矩阵,$m \times n$ 阶矩阵可以看成一个 mn 维向量,因此自然可以在向量范数的基础上,进一步将向量范数推广到矩阵范数.

定义 4.5 对于任意一个矩阵 $A \in \mathbf{R}^{m\times n}$,用 $N(A) = \|A\|$ 表示按照某一确定法则与矩阵 A 相对应的一个非负实数,并且满足

(1) 正定性 $\|A\| \geq 0$,$\|A\| = 0$ 当且仅当 $A = 0$;

(2) 齐次性 $\|\lambda A\| = |\lambda| \|A\|$ ($\lambda \in \mathbf{R}$);

(3) 三角不等式 对于任意两个矩阵 $A, B \in \mathbf{R}^{m\times n}$,都有 $\|A + B\| \leq \|A\| + \|B\|$;

(4) 矩阵乘法不等式 对于任意两个可以相乘的矩阵 $A, B \in \mathbf{R}^{m\times n}$,都有 $\|AB\| \leq \|A\| \|B\|$,

则称 $N(A) = \|A\|$ 为 $\mathbf{R}^{m\times n}$ 上矩阵 A 的范数(或模).

与向量范数类似,矩阵范数具有如下的性质:

(1) $\|-A\| = \|A\|$;

(2) $|\|A\| - \|B\|| \leq \|A - B\|$.

矩阵 A 在 $\mathbf{C}^{m\times n}$ 上常用的矩阵范数有如下几种.

例 10 设矩阵 $A \in \mathbf{C}^{m\times n}$,证明: $\|A\| = n\max_{i,j} |a_{ij}|$ 是矩阵范数.

证明 只需要验证此定义满足矩阵范数的四个条件即可,非负性、齐次性和三角不等式很容易得证,现在考虑矩阵乘法不等式. 设 $A \in \mathbf{C}^{m\times n}$,$B \in \mathbf{C}^{n\times n}$,则有

$$\|AB\| = n\max_{i,j}\left|\sum_{k=1}^n a_{ik}b_{kj}\right| \leq n\max_{i,j}\sum_{k=1}^n |a_{ik}||b_{kj}|$$
$$\leq n \cdot n\max_{i,k}|a_{ik}|\max_{k,j}|b_{kj}|$$
$$= n\max_{i,k}|a_{ik}| \cdot n\max_{k,j}|b_{kj}|$$
$$= \|A\| \|B\|,$$

因此 $\|A\|$ 为矩阵 A 的范数. 证毕.

例 11 对任意 $A \in \mathbf{C}^{m\times n}$,定义 $\|A\| = \sum_{i=1}^m \sum_{j=1}^m |a_{ij}|$. 证明: $\|A\|$ 为矩阵 A 的范数.

证明 矩阵范数的四个条件中,非负性、齐次性与三角不等式容易证明. 现在验证矩阵乘法不等式,设可以相乘的两个矩阵 $A \in \mathbf{C}^{m\times p}$,$B \in \mathbf{C}^{p\times n}$,则

$$\|AB\| = \sum_{i=1}^m \sum_{j=1}^n \left|\sum_{k=1}^p a_{ik}b_{kj}\right| \leq \sum_{i=1}^m \sum_{j=1}^n \sum_{k=1}^p |a_{ik}||b_{kj}| \leq \sum_{i=1}^m \sum_{j=1}^n \left(\sum_{k=1}^p |a_{ik}|\sum_{k=1}^p |b_{kj}|\right)$$
$$\leq \left(\sum_{i=1}^m \sum_{k=1}^p |a_{ik}|\right)\left(\sum_{j=1}^n \sum_{k=1}^p |b_{ik}|\right) = \|A\| \|B\|,$$

即 $\|AB\| \leq \|A\| \|B\|$,则这种定义下的 $\|A\|$ 是矩阵 A 的范数. 证毕.

例 12 对于任意 $A \in \mathbf{C}^{m\times n}$,定义

$$\|A\|_F = \left(\sum_{i=1}^{m}\sum_{j=1}^{n}|a_{ij}|^2\right)^{1/2}. \qquad (4-13)$$

证明：$\|A\|$ 也是矩阵 A 的范数，称此范数为矩阵的 Frobenious 范数.

证明 此定义的非负性、齐次性是显然的，利用 Minkowski 不等式容易证明三角不等式. 现在来验证矩阵乘法不等式，设 $A \in \mathbf{C}^{m \times p}$，$B \in \mathbf{C}^{l \times n}$，则

$$\|AB\|_F^2 = \sum_{i=1}^{m}\sum_{j=1}^{n}\left|\sum_{k=1}^{p}a_{ik}b_{kj}\right|^2 \leq \sum_{i=1}^{m}\sum_{j=1}^{n}\left(\sum_{k=1}^{p}|a_{ik}||b_{kj}|\right)^2$$

$$\leq \sum_{i=1}^{m}\sum_{j=1}^{n}\left(\left(\sum_{k=1}^{p}|a_{ik}|\right)^2\left(\sum_{k=1}^{p}|b_{kj}|\right)^2\right)$$

$$\leq \left(\sum_{i=1}^{m}\sum_{k=1}^{p}|a_{ik}|\right)^2\left(\sum_{j=1}^{n}\sum_{k=1}^{p}|b_{kj}|\right)^2 = \|A\|^2\|B\|^2,$$

于是有 $\|AB\|_F \leq \|A\|_F\|B\|_F$. 证毕.

矩阵的 Frobenious 范数有以下一些很有用的性质.

(1) 如果矩阵写成 $A = (\alpha_1 \alpha_2 \cdots \alpha_n)$ 的形式，则有 $\|A\|_F^2 = \sum_{i=1}^{n}\|\alpha_i\|_2^2$ 成立.

(2) $\|A\|_F^2 = \mathrm{tr}(A^H A) = \sum_{i=1}^{n}\lambda_i(A^H A)$，其中 A^H 表示 A 的共轭转置矩阵.

(3) 矩阵 Frobenious 范数是酉不变的，即对于任何 m 阶酉矩阵 U 与 n 阶酉矩阵 V 都有

$$\|A\|_F = \|UA\|_F = \|A^H\|_F = \|AV\|_F = \|UAV\|_F.$$

这是因为 $\|UAV\|_F^2 = \mathrm{tr}((UAV)^H(UAV)) = \mathrm{tr}(V^H A^H A V)$
$$= \mathrm{tr}((AV)^H(AV)) = \mathrm{tr}((AV)(AV)^H) = \mathrm{tr}(AA^H) = \|A\|_F^2.$$

对于任意 $A \in \mathbf{C}^{n \times n}$，因为 $\|A\|_F = [\mathrm{tr}(A^H A)]^{1/2} = \left(\sum_{i=1}^{m}\sum_{j=1}^{n}|a_{ij}|^2\right)^{1/2}$，所以 $\|A\|_F = [\mathrm{tr}(A^H A)]^{1/2}$ 也是矩阵 A 的范数.

矩阵范数同向量范数具有类似的性质，比如等价性. 各种矩阵范数之间的等价性可以这样描述：

定理 4.11 设 $\|A\|_\alpha$，$\|A\|_\beta$ 是矩阵 A 的任意两种范数，则总存在两个正数 d_1, d_2，使得 $\forall A \in \mathbf{C}^{n \times n}, d_1\|A\|_\beta \leq \|A\|_\alpha \leq d_2\|A\|_\beta$ 成立，则称这两个矩阵范数等价.

在实际应用问题中，矩阵和向量之间常常具有一定关系，即满足矩阵、向量乘法的相容性.

定义 4.6 若向量的范数 $\|x\|$ 与矩阵 A 的范数满足 $\|Ax\| \leq \|A\|\|x\|$，则称向量范数 $\|x\|$ 与矩阵 A 的范数是相容的.

定理 4.12 设 $\|\cdot\|$ 是 $\mathbf{C}^{n \times n}$ 上的矩阵范数，则在 $\mathbf{C}^n$ 上存在与矩阵范数 $\|\cdot\|$ 相容的向量范数.

证明 任取一非零向量 $\alpha \in \mathbf{C}^n$，定义向量 x 的范数为
$$\|x\|_\alpha = \|x\alpha^T\|, \quad \forall x \in \mathbf{C}^n,$$
容易验证 $\|\cdot\|_\alpha$ 是 $\mathbf{C}^n$ 上的向量范数，并且

$$\|Ax\|_\alpha = \|Ax\alpha^T\| \le \|A\| \|x\alpha^T\| = \|A\| \|x\|_\alpha,$$

即矩阵范数 $\|\cdot\|$ 与向量范数 $\|\cdot\|_\alpha$ 相容. 证毕.

例 13 矩阵的 Frobenius 范数与向量的 2 - 范数是相容的.

证明 对于任意的 $m \times n$ 矩阵 A,任意向量 $x = (x_1, x_2, \cdots, x_n)^T$,由矩阵的 Frobenious 范数及向量的 2 - 范数定义得

$$\|A\|_F = \left(\sum_{i=1}^m \sum_{j=1}^n |a_{ij}|^2\right)^{\frac{1}{2}},$$

$$\|x\|_2 = \left(\sum_{i=1}^n |x_i|^2\right)^{1/2} = (x^T x)^{1/2},$$

先求出 $\|Ax\|_2$ 的平方,再根据 Holder 不等式可以得证,过程如下:

$$\|Ax\|_2^2 = \sum_{i=1}^m \left|\sum_{j=1}^n a_{ij} x_j\right|^2 \le \sum_{i=1}^m \left(\sum_{j=1}^n |a_{ij} x_j|\right)^2$$

$$\le \sum_{i=1}^m \left[\left(\sum_{j=1}^n |a_{ij}|^2\right)\left(\sum_{j=1}^n |x_j|^2\right)\right]$$

$$= \left(\sum_{i=1}^m \sum_{j=1}^n |a_{ij}|^2\right)\left(\sum_{j=1}^n |x_j|^2\right)$$

$$= \|A\|_F^2 \|x\|_2^2,$$

于是有 $\|Ax\|_2 \le \|A\|_F \|x\|_2$. 证毕.

定理 4.13 设向量 $x \in \mathbf{R}^n$,对于任意的矩阵 $A \in \mathbf{R}^{n \times n}$,给定一种向量范数 $\|x\|$,若非负实值函数

$$\|A\| = \max_{x \ne 0} \frac{\|Ax\|}{\|x\|} (\max \|Ax\|, \|x\| = 1), \tag{4-14}$$

则 $\|A\|$ 是矩阵范数,且它与所给定的向量范数相容. 该范数也称为矩阵 A 的算子范数或诱导范数.

证明 首先验证 $\|A\|$ 满足矩阵范数的定义中四个条件:

(1) 当 $A = 0$ 时,显然 $\|A\| = 0$;当 $A \ne 0$ 时,则存在非零向量 $x_0 \ne 0 \in \mathbf{C}^n$ 使得 $Ax_0 \ne 0$,必有 $\|A\| \ge \dfrac{\|Ax_0\|}{\|x_0\|} > 0$;

(2) 对任一数 $\lambda \in \mathbf{R}$,$\|\lambda A\| = \max\limits_{x \ne 0} \dfrac{\|\lambda Ax\|}{\|x\|} = |\lambda| \max\limits_{x \ne 0} \dfrac{\|Ax\|}{\|x\|} = |\lambda| \|A\|$;

(3) 对任意的矩阵 $A, B \in \mathbf{R}^{n \times n}$,有

$$\|A + B\| = \max_{x \ne 0} \frac{\|(A+B)x\|}{\|x\|} = \max_{x \ne 0} \frac{\|Ax + Bx\|}{\|x\|} \le \max_{x \ne 0}\left(\frac{\|Ax\|}{\|x\|} + \frac{\|Bx\|}{\|x\|}\right)$$

$$\le \max_{x \ne 0} \frac{\|Ax\|}{\|x\|} + \max_{x \ne 0} \frac{\|Bx\|}{\|x\|} = \|A\| + \|B\|;$$

(4) $\|AB\| = \max\limits_{x \ne 0} \dfrac{\|ABx\|}{\|x\|} \le \max\limits_{x \ne 0} \|A\| \dfrac{\|Bx\|}{\|x\|} = \|A\| \max\limits_{x \ne 0} \dfrac{\|Bx\|}{\|x\|} = \|A\| \|B\|$.

然后证明向量范数与矩阵范数的相容性.

对任意矩阵 $A \in \mathbf{R}^{n \times n}$ 和任意的非零向量 $y \in \mathbf{R}^n$,由

$$\max_{x \neq 0} \frac{\|Ax\|}{\|x\|} = \max_{x \neq 0} \|A \frac{x}{\|x\|}\| \geq \|A \frac{y}{\|y\|}\| = \frac{1}{\|y\|}\|Ay\|,$$

所以有

$$\|Ay\| \leq \|y\| \max_{x \neq 0} \frac{\|Ax\|}{\|x\|} = \|A\| \|y\|,$$

此结果显然在 $y = 0$ 时仍是成立的,相容性得证. 证毕.

向量 p-范数 $\|x\|_p$ 所诱导的矩阵范数称为矩阵 p-范数,即 $\|A\|_p = \max\limits_{x \neq 0} \frac{\|Ax\|_p}{\|x\|_p}$,常用的矩阵 p-范数为 $\|A\|_1, \|A\|_2$ 和 $\|A\|_\infty$.

相应的算子范数的定义与算式有:

(1) 若向量范数取为 1-范数,则定义出的矩阵范数称为列和范数

$$\|A\|_1 = \max_{x \neq 0} \frac{\|Ax\|_1}{\|x\|_1} = \max_{1 \leq j \leq n} \sum_{i=1}^{n} |a_{ij}|,$$

此矩阵范数表示矩阵 A 的列元素绝对值之和的最大值. Matlab 中计算列和范数的命令(函数):n = norm (A,1).

(2) 若向量范数取为 2-范数,则定义出的矩阵范数称为谱范数

$$\|A\|_2 = \max_{x \neq 0} \frac{\|Ax\|_2}{\|x\|_2} = \sqrt{\lambda_{\max}(A^T A)},$$

其中 $\lambda_{\max}(A^T A) = \max\limits_{1 \leq i \leq n} |\lambda_i|$,$\lambda_i$ 为矩阵 $A^T A$ 的特征值. 此矩阵范数表示矩阵 $A^T A$ 最大特征值的算数根. Matlab 中计算谱范数的命令(函数):n = norm (A).

(3) 若向量范数取为无穷范数,则定义出的矩阵范数称为行和范数

$$\|A\|_\infty = \max_{1 \leq i \leq n} \sum_{j=1}^{n} |a_{ij}|,$$

此矩阵范数表示矩阵 A 的行元素绝对值之和的最大值. Matlab 中计算行和范数的命令(函数):n = norm (A, inf).

(4) 矩阵的 Frobenious 范数: $\|A\|_F = (\sum_{i=1}^{m} \sum_{j=1}^{n} |a_{ij}|^2)^{1/2}$. Matlab 中计算矩阵的 Frobenious 范数命令(函数):n = norm (A, 'fro').

由谱范数的定义可以看出,谱范数使用起来很不方便,但它却有一些特殊的性质,在理论推导中非常重要. 矩阵 $A \in \mathbf{C}^{m \times n}$ 的谱范数有下面的性质:

(1) $\|A\|_2 = \max\limits_{\|x\|_2 = \|y\|_2 = 1} |y^H A x|$,$x \in \mathbf{C}^n, y \in \mathbf{C}^m$;

(2) $\|A^H\|_2 = \|A\|_2$,$\|A^T A\|_2 = \|A\|_2^2$;

(3) 2-范数是酉不变的;

(4) 若矩阵是正规矩阵,其特征值为 $\lambda_1, \lambda_2, \cdots, \lambda_n$,则 $\|A\|_2 = \max\limits_{j} |\lambda_j|$.

例 14 设矩阵 $A = \begin{bmatrix} 2 & -1 & 0 \\ 0 & 2 & 3 \\ 1 & 2 & 0 \end{bmatrix}$,计算 $\|A\|_1, \|A\|_2, \|A\|_\infty$ 和 $\|A\|_F$.

解 $\|A\|_1 = \max\limits_{1 \leq j \leq n} \sum\limits_{i=1}^{n} |a_{ij}| = 5$, $\|A\|_\infty = \max\limits_{1 \leq i \leq n} \sum\limits_{j=1}^{n} |a_{ij}| = 5$, $\|A\|_F = \left(\sum\limits_{i,j}^{n} |a_{ij}|^2\right)^{\frac{1}{2}} = \sqrt{23}$,因为 $A^T A = \begin{bmatrix} 5 & 0 & 0 \\ 0 & 9 & 6 \\ 0 & 6 & 9 \end{bmatrix}$,$\|A\|_2 = \sqrt{\lambda_{\max}(A^T A)} = \sqrt{15}$.

事实上,对于任何矩阵 $A \in \mathbf{C}^{m \times n}$,各矩阵范数之间还有下列等式成立:
$$\|A^H\|_1 = \|A^T\|_1 = \|A\|_\infty,$$
$$\|A\|_2^2 \leq \|A\|_1 \|A\|_\infty.$$

矩阵序列和向量序列一样,都有收敛性,定义如下.

定义 4.7 设 $\mathbf{R}^{n \times n}$ 中有矩阵序列 $\{A^{(k)} \mid A^{(k)} = (a_{ij}^{(k)})\}$,若等式 $\lim\limits_{k \to \infty} a_{ij}^{(k)} = a_{ij}$ 成立,其中 $i = 1, 2, \cdots, n, j = 1, 2, \cdots, n$,则称矩阵序列 $\{A^{(k)}\}$ 收敛于矩阵 $A = (a_{ij})$,记为
$$\lim\limits_{k \to \infty} A^{(k)} = A,$$
则等式 $\lim\limits_{k \to \infty} (A^{(k)} - A) = 0$ 也成立.

定义 4.8 设同阶矩阵 $A, B \in \mathbf{R}^{n \times n}$,称 $\|A - B\|$ 为矩阵 A 与 B 之间的距离,其中 $\|A\|$ 为 $\mathbf{R}^{n \times n}$ 上的某种范数.

关于矩阵序列的收敛所满足的性质,可通过以下的定理描述.

定理 4.14 设 $A^{(0)}, A^{(1)}, \cdots, A^{(k)}, \cdots$ 为 $\mathbf{R}^{n \times n}$ 上的一个矩阵序列,则矩阵序列 $\{A^{(k)}\}$ 收敛于矩阵 A 的充要条件是存在 A 的某种范数 $\|A\|$,使得 $\lim\limits_{k \to \infty} \|A^{(k)} - A\| = 0$ 成立,即
$$\lim\limits_{k \to \infty} A^{(k)} = A \Leftrightarrow \lim\limits_{k \to \infty} \|A^{(k)} - A\| = 0.$$

定理 4.15 对于任意的矩阵 $A \in \mathbf{R}^{n \times n}$,一定有 $\lim\limits_{m \to \infty} A^m = 0 \Leftrightarrow \rho(A) < 1$ 成立.

4.3.4 范数的应用

长度和距离在实分析和复分析中的应用非常广泛,而范数是长度和距离的推广,因此范数作为一种推广的度量,由于其抽象性和概括性,其应用范围自然也随之扩展. 在矩阵分析和数值线性代数领域,如特征值估计及扰动分析方面,范数都有着深刻的应用. 本节从以下几个方面来说明范数的一些应用.

4.3.4.1 范数在特征值估计方面的应用(矩阵谱半径与矩阵范数间的关系)

矩阵 A 的谱半径等于最大的 A 的特征值的绝对值,它与矩阵的谱范数之间的关系为:

定理 4.16 对于任意 n 阶矩阵 A,有 $\|A\|_2 = [\rho(A^H A)]^{1/2} = [\rho(AA^H)]^{1/2}$ 成立;当矩阵 A 是正规矩阵时,$\|A\|_2 = \rho(A)$.

证明 设 λ 属于矩阵 A 的特征值,则 $\|A\|_2 = \sqrt{\lambda_{\max}(A^H A)} = \sqrt{\rho(A^H A)} = [\rho(A^H A)]^{1/2}$,而矩阵 $A^H A$ 与 AA^H 的特征值相同,第一个式子得证.

当矩阵 A 是正规矩阵时,存在 n 阶酉矩阵 U,使得
$$U^H A U = \text{diag}(\lambda_1, \lambda_2, \cdots, \lambda_n).$$
对于矩阵 $A^H A$,有如下等式成立:
$$U^H A^H A U = (U^H A U)^H (U^H A U) = \text{diag}(|\lambda_1|^2, |\lambda_2|^2, \cdots, |\lambda_n|^2),$$

则得到 $\|A\|_2 = \sqrt{\lambda_{\max}(A^H A)} = \sqrt{\max_j |\lambda_j|^2} = \max_j |\lambda_j| = \rho(A)$. 证毕.

例 15 求矩阵 A 的谱半径及矩阵的范数

$$A = \begin{bmatrix} 1-i & 3 \\ 2 & 1+i \end{bmatrix} (i^2 = -1).$$

解 因为 $\det(\lambda I - A) = (\lambda - 1 - \sqrt{5})(\lambda - 1 + \sqrt{5})$, 可求得矩阵的特征值为

$$\lambda_1 = 1 + \sqrt{5}, \lambda_2 = 1 - \sqrt{5},$$

所以矩阵谱半径为 $\rho(A) = 1 + \sqrt{5}$.

矩阵 A 的常用范数：

$$\|A\|_1 = \max_j \sum_{i=1}^{2} |a_{ij}| = 3 + \sqrt{2},$$

$$\|A\|_\infty = \max_i \sum_{j=1}^{2} |a_{ij}| = 3 + \sqrt{2}.$$

因为 $A^H A = \begin{bmatrix} 6 & 5+5i \\ 5-5i & 11 \end{bmatrix}$, 则可得

$$\det(\lambda I - A^H A) = (\lambda - 16)(\lambda - 1),$$

求得矩阵的特征值为 $\lambda_1' = 1, \lambda_2' = 16$, 所以谱范数 $\|A\|_2 = \sqrt{\lambda_2'} = 4$.

对比本例的运算结果，得到的结论具有一般性：

$$\rho(A) \leq \|A\|_1,$$
$$\rho(A) \leq \|A\|_2,$$
$$\rho(A) \leq \|A\|_\infty.$$

定理 4.17 对于矩阵 A 的任一矩阵范数总有 $\rho(A) \leq \|A\|$ 成立.

证明 设 λ 是 A 的特征值，X 是矩阵 A 的属于 λ 的一个特征向量，$\|\cdot\|$ 是与矩阵范数相容的向量范数，则有 $AX = \lambda X$. 在等式的两端同时取向量范数得

$$|\lambda| \|X\| = \|AX\| \leq \|A\| \|X\|,$$

由于特征向量 $X \neq 0$, 故由向量范数的非负性得 $\|X\| > 0$, 所以 $|\lambda| \leq \|A\|$, 从而 $\forall A \in \mathbb{C}^{n \times n}, \rho(A) \leq \|A\|$. 证毕.

定理 4.18 取任意矩阵 $A \in \mathbb{C}^{n \times n}$, 则对 $\forall \varepsilon > 0$, 必存在一个矩阵范数 $\|\cdot\|$, 使不等式 $\|A\| \leq \rho(A) + \varepsilon$ 成立.

证明 由 Jordan 分解定理，存在可逆矩阵 P, 使得

$$P^{-1} A P = \begin{bmatrix} \lambda_1 & \delta_1 & & & \\ & \lambda_2 & \delta_2 & & \\ & & \ddots & \ddots & \\ & & & \lambda_{n-1} & \delta_{n-1} \\ & & & & \lambda_n \end{bmatrix}, \delta_i = 0 \text{ 或 } 1.$$

令 $D = \mathrm{diag}(1, \varepsilon, \varepsilon^2, \cdots, \varepsilon^{n-1})$, 则容易验证

$$D^{-1}P^{-1}APD = D^{-1}JD = \begin{bmatrix} \lambda_1 & \varepsilon\delta_1 & & & \\ & \lambda_2 & \varepsilon\delta_2 & & \\ & & \ddots & \ddots & \\ & & & \lambda_{n-1} & \varepsilon\delta_{n-1} \\ & & & & \lambda_n \end{bmatrix},$$

于是有

$$\|D^{-1}P^{-1}APD\|_\infty \le \max_j(|\lambda_j| + \varepsilon) = \rho(A) + \varepsilon,$$

对给定的矩阵 $B \in \mathbf{C}^{n \times n}$,令 $\|B\| = \|D^{-1}P^{-1}BPD\|_\infty$,容易验证 $\|B\|$ 是 $\mathbf{C}^{n \times n}$ 上的矩阵范数,且有 $\|B\| \le \rho(B) + \varepsilon$. 证毕.

4.3.4.2 范数在判断矩阵非奇异性上的应用

定理 4.19 设矩阵 $A \in \mathbf{C}^{n \times n}$ 且满足 $\rho(A) \le \|A\| < 1$,则 $I \pm A$ 可逆,且有

(1) $\|(I \pm A)^{-1}\| \le \dfrac{\|I\|}{1 - \|A\|}$; (4-15)

(2) $\|I - (I \pm A)^{-1}\| \le \dfrac{\|A\|}{1 - \|A\|}$. (4-16)

证明 先证明矩阵 $I - A$ 的结果,用反证法证矩阵 $I - A$ 可逆.

假设矩阵 $I - A$ 不可逆,则线性方程组 $(I - A)X = 0$ 有非零解 X_0,即 $(I - A)X_0 = 0$,得到 $X_0 = AX_0$,两端取范数,$\|X_0\| = \|AX_0\| \le \|A\|\|X_0\| < \|X_0\|$ 矛盾,所以 $I - A$ 可逆,得到 $(I - A)^{-1}(I - A) = I$,整理化为

$$(I - A)^{-1} = I + (I - A)^{-1}A,$$

在上式两端取范数得

$$\|(I - A)^{-1}\| \le \|I\| + \|(I - A)^{-1}\|\|A\|,$$

所以

$$\|(I - A)^{-1}\| \le \frac{\|I\|}{1 - \|A\|}.$$

对于矩阵 $I + A$,同理可证

$$\|(I + A)^{-1}\| \le \frac{\|I\|}{1 - \|A\|}.$$

(1) 式得证.

矩阵 A 还可以表示为

$$A = A(I - A)(I - A)^{-1} = A(I - A)^{-1} - AA(I - A)^{-1},$$

整理、两端取范数得

$$\|A(I - A)^{-1}\| = \|A + AA(I - A)^{-1}\|$$
$$\le \|A\| + \|A\|\|A(I - A)^{-1}\|,$$

即

$$\|A(I - A)^{-1}\| \le \frac{\|A\|}{1 - \|A\|}.$$

再由
$$I = (I-A)(I-A)^{-1} = (I-A)^{-1} - A(I-A)^{-1},$$
整理、两端取范数
$$\|I - (I-A)^{-1}\| = \|-A(I-A)^{-1}\| = \|A(I-A)^{-1}\| \leq \frac{\|A\|}{1-\|A\|},$$
同样的证法可得出上式对于矩阵 $I+A$ 也成立,即
$$\|I - (I+A)^{-1}\| \leq \frac{\|A\|}{1-\|A\|}.$$

(2) 式得证. 证毕.

由定理 4.19 可知,根据不等式(1),范数 $\|A\|$ 的大小可以用来判断矩阵 $I \pm A$ 是否为非奇异矩阵,而当矩阵 A 的范数 $\|A\|$ 很小时,由于 $\|A\|$ 是它元素的连续函数,所以矩阵 A 接近于零矩阵,而 $I-0$ 的逆矩阵为单位阵 I,则 $(I-A)^{-1}$ 与 I 的逼近程度可用不等式(2)给出.

4.3.4.3 范数在判断近似逆矩阵的误差上的应用

定理 4.20 设任意可逆矩阵 $A, \delta A \in \mathbf{C}^{n \times n}$,且可逆矩阵 A 对范数 $\|\cdot\|$ 满足 $\|A^{-1}\delta A\| < 1$,则以下结论成立:

(1) 矩阵 $A + \delta A$ 可逆;

(2) $\|I - (I + A^{-1}\delta A)^{-1}\| \leq \dfrac{\|A^{-1}\delta A\|}{1 - \|A^{-1}\delta A\|}$; (4-17)

(3) $\dfrac{\|A^{-1} - (A + \delta A)^{-1}\|}{\|A^{-1}\|} \leq \dfrac{\|A^{-1}\delta A\|}{1 - \|A^{-1}\delta A\|}$. (4-18)

证明 (1) 因为 $\|A^{-1}\delta A\| < 1$,由定理 4.19 知 $I + A^{-1}\delta A$ 可逆. 又因为矩阵 A 可逆,所以 $A + \delta A = A(I + A^{-1}\delta A)$ 一定也是可逆矩阵.

(2) 由定理 4.19 式(2)知,
$$\|I - (I + A^{-1}\delta A)^{-1}\| \leq \frac{\|A^{-1}\delta A\|}{1 - \|A^{-1}\delta A\|}.$$

(3) 因为
$$\begin{aligned}
A^{-1} - (A + \delta A)^{-1} &= [I - (A + \delta A)^{-1}(A^{-1})^{-1}]A^{-1} \\
&= \{I - [A^{-1}(A + \delta A)]^{-1}\}A^{-1} \\
&= [I - (I + A^{-1}\delta A)^{-1}]A^{-1},
\end{aligned}$$

所以
$$\begin{aligned}
\|A^{-1} - (A + \delta A)^{-1}\| &\leq \|I - (I + A^{-1}\delta A)^{-1}\| \|A^{-1}\| \\
&\leq \frac{\|A^{-1}\delta A\|}{1 - \|A^{-1}\delta A\|} \|A^{-1}\|,
\end{aligned}$$

得
$$\frac{\|A^{-1} - (A + \delta A)^{-1}\|}{\|A^{-1}\|} \leq \frac{\|A^{-1}\delta A\|}{1 - \|A^{-1}\delta A\|}.$$

证毕.

此定理反映 A^{-1} 与 $(A + \delta A)^{-1}$ 的近似(摄动)程度.

4.3.5 矩阵的条件数与误差分析

对于线性方程组 $Ax = b$ 来说，A 为非奇异矩阵，x 为方程的准确解，由于观测或计算等原因，线性方程组两端的系数 A 和 b 都带有误差 δA 和 δb，这样实际建立的方程组是近似方程组 $(A + \delta A)(x + \delta x) = b + \delta b$，所要求解的运算是有扰动的方程组，对近似方程组求出的解是原问题的真解 x 加上误差 δx，即 $x + \delta x$。而 x 是由 δA 及 δb 引起的，它的大小将直接影响所求解的可靠性，因此需要研究扰动对解的影响。

定义 4.9 解依赖于方程组 $Ax = b$ 系数的误差 δA 及 δb 的问题，称为线性方程组解对系数的敏感性。

例 16 考查两个方程组 $\begin{cases} x_1 + 2x_2 = 2, \\ x_1 + 2.0001x_2 = 2 \end{cases}$ 与 $\begin{cases} x_1 + 2x_2 = 2, \\ x_1 + 2.0001x_2 = 2.0001 \end{cases}$ 的解。

解 第一个方程组的准确解为 $x_1 = 2, x_2 = 0$，第二个方程组是将第一个的右端加以微小的扰动 $\delta b = \begin{bmatrix} 0 \\ 0.0001 \end{bmatrix}$，但其准确解变为 $x_1 = 0, x_2 = 1$。这两个方程组的解相差很大，说明方程组的解对常数项 b 的扰动很敏感。这类方程组称为病态的（敏感的）或不稳定的。

定义 4.10 方程组中 A 或 b 的微小变化（又称扰动或摄动）引起方程组 $Ax = b$ 解的巨大变化，则称方程组为病态方程组，矩阵 A 称为病态矩阵。否则，方程组是良态方程组，矩阵 A 也是良态矩阵。

病态是问题本身固有的，对于病态方程组，无论用多么稳定的算法求解，一旦计算中产生了误差就将使解面目全非，这种方程组的性态是很坏的。于是，在求解方程组之前，就有必要考虑这样的问题：如何衡量方程组的病态程度？

为了定量地刻画方程组"病态"的程度，要对方程组 $Ax = b$ 进行讨论，考察 A 或 b 微小误差对解的影响。

设 $Ax = b \neq 0$，下面分三种情况来考察相对误差。

(1) 设矩阵 A 精确，仅常数项有误差的情形：

设常数项 b 有扰动 δb，相应的解为 $x + \delta x$，即有
$$A(x + \delta x) = b + \delta b$$
可得 $A(\delta x) = \delta b$，即 $\delta x = A^{-1}\delta b$，两端取范数得
$$\|\delta x\| \leq \|A^{-1}\| \|\delta b\|. \tag{4-19}$$
又因为 $Ax = b \neq 0$，两端也取范数得
$$\|b\| = \|Ax\| \leq \|A\| \|x\| \quad \text{或} \quad \frac{1}{\|x\|} \leq \frac{\|A\|}{\|b\|}. \tag{4-20}$$
由式 (4-19)、(4-20) 及范数的定义，两端相乘即得
$$\frac{\|\delta x\|}{\|x\|} \leq \|A\| \|A^{-1}\| \frac{\|\delta b\|}{\|b\|}.$$
于是，可得到如下定理。

定理 4.21 (b 的扰动对解的影响) 设矩阵 A 非奇异，$Ax = b \neq 0$，且有 $A(x + \delta x) = b + \delta b$，则有

$$\frac{\|\delta x\|}{\|x\|} \leq \|A\| \|A^{-1}\| \frac{\|\delta b\|}{\|b\|}. \qquad (4-21)$$

式中，$\dfrac{\|\delta x\|}{\|x\|}$ 称为解的相对误差，$\dfrac{\|\delta b\|}{\|b\|}$ 称为常数项的相对误差。

式(4-21)说明常数项的相对误差在解中放大了 $\|A\| \|A^{-1}\|$ 倍，由此可见 $\|A\| \|A^{-1}\|$ 是决定解的好坏的主要因素之一，能够刻画解对原始数据扰动的灵敏程度。

为此先引入矩阵条件数的概念：

定义 4.11 矩阵 A 为非奇异矩阵，称 $\mathrm{cond}(A)_p = \|A\|_p \|A^{-1}\|_p (p=1,2,\infty)$ 为矩阵 A 条件数。

矩阵的条件数与所用的范数有关，常用的条件数主要有

$$\mathrm{cond}(A)_\infty = \|A\|_\infty \cdot \|A^{-1}\|_\infty, \qquad (4-22)$$

$$\mathrm{cond}(A)_2 = \|A\|_2 \cdot \|A^{-1}\|_2 = \sqrt{\frac{\lambda_{\max}(A^{\mathrm{T}}A)}{\lambda_{\min}(A^{\mathrm{T}}A)}}. \qquad (4-23)$$

特别地，当 A 为对称矩阵时，条件数为 $\mathrm{cond}(A)_2 = \left|\dfrac{\lambda_{\max}}{\lambda_{\min}}\right|$；当 A 为正定矩阵时，条件数为 $\mathrm{cond}(A)_2 = \dfrac{\lambda_{\max}}{\lambda_{\min}}$，其中 $\lambda_{\max}, \lambda_{\min}$ 分别是矩阵 A 的最大特征值与最小特征值。

当 $\mathrm{cond}(A) \gg 1$ 时，方程组是病态的；当 $\mathrm{cond}(A)$ 较小时，方程组是良态的。在 Matlab 中可以用 cond(A) 来计算条件数或者用 rcond(A) 来估计其量级的倒数。

求解线性方程时了解它的条件数大小是必要的，它可以帮助判断所得数值解的可信性及模型的合理性。矩阵的条件数也是反映近似逆矩阵误差的一个量：条件数越大，近似逆矩阵相对误差越大。

矩阵条件数的性质有：

① 对任何非奇异矩阵 A，都有 $\mathrm{cond}(A)_p \geq 1$；
② 设 A 为非奇异矩阵且常数 $C \neq 0$，则有 $\mathrm{cond}(CA)_p = \mathrm{cond}(A)_p$；
③ 设 A 为正交矩阵，则 $\mathrm{cond}(A)_p = 1$；
④ 若 A 为非奇异矩阵，B 为正交矩阵，则有 $\mathrm{cond}(BA)_2 = \mathrm{cond}(AB)_2 = \mathrm{cond}(A)_2$。

(2) 设 b 精确，仅系数矩阵 A 有误差的情形：

设系数矩阵 A 有扰动 δA，则相应的解为 $x + \delta x$，即有扰动方程

$$(A + \delta A)(x + \delta x) = b,$$

可整理为

$$(A + \delta A)x + (A + \delta A)\delta x = b,$$
$$(A + \delta A)\delta x = -\delta A x,$$
$$A(I + A^{-1}\delta A)\delta x = -\delta A x,$$
$$\delta x = -(I + A^{-1}\delta A)^{-1} A^{-1}\delta A x,$$

得

$$\frac{\|\delta x\|}{\|x\|} \leq \|(I + A^{-1}\delta A)^{-1}\| \|A^{-1}\| \|\delta A\|.$$

由于 $A + \delta A$ 可逆的充要条件是 $\|A^{-1}\delta A\| < 1$,所以

$$\|(I + A^{-1}\delta A)^{-1}\| \leq \frac{1}{1 - \|A^{-1}\delta A\|},$$

而

$$\|A^{-1}\delta A\| < \|A^{-1}\| \|\delta A\| = \|A\| \|A^{-1}\| \frac{\|\delta A\|}{\|A\|} = \text{cond}(A) \frac{\|\delta A\|}{\|A\|},$$

所以

$$\frac{\|\delta x\|}{\|x\|} \leq \|(I + A^{-1}\delta A)^{-1}\| \|A^{-1}\| \|\delta A\| \leq \frac{\|A^{-1}\| \|\delta A\|}{1 - \|A^{-1}\delta A\|}$$

$$\leq \frac{\|A^{-1}\| \|\delta A\|}{1 - \|A^{-1}\| \|\delta A\|} = \frac{\|A^{-1}\| \cdot \|A\| \frac{\|\delta A\|}{\|A\|}}{1 - \|A^{-1}\| \cdot \|A\| \frac{\|\delta A\|}{\|A\|}},$$

即

$$\frac{\|\delta x\|}{\|x\|} \leq \frac{\text{cond}(A) \frac{\|\delta A\|}{\|A\|}}{1 - \text{cond}(A) \frac{\|\delta A\|}{\|A\|}}.$$

由推导过程可得如下的定理.

定理 4.22 (A 的扰动对解的影响) 设矩阵 A 非奇异,方程组 $Ax = b \neq 0$,且有 $(A + \delta A)(x + \delta x) = b$,若 $\|A^{-1}\| \|\delta A\| < 1$,则有

$$\frac{\|\delta x\|}{\|x\|} \leq \frac{\|A\| \|A^{-1}\| \frac{\|\delta A\|}{\|A\|}}{1 - \|A\| \|A^{-1}\| \frac{\|\delta A\|}{\|A\|}} = \frac{\text{cond}(A) \frac{\|\delta A\|}{\|A\|}}{1 - \text{cond}(A) \frac{\|\delta A\|}{\|A\|}}.$$

从上面的分析中也可以得出

$$\frac{\|\delta x\|}{\|x + \delta x\|} \leq \|A^{-1}\| \|\delta A\| = \|A^{-1}\| \|A\| \frac{\|\delta A\|}{\|A\|},$$

这说明系数的相对误差 $\frac{\|\delta A\|}{\|A\|}$ 在解中也放大了 $\|A\| \|A^{-1}\|$ 倍.

定理 4.23 若 $\|A^{-1}\| \|\delta A\| < 1$,则有 $\frac{\|A^{-1} - (A + \delta A)^{-1}\|}{\|A^{-1}\|} \leq \frac{\text{cond}(A)}{1 - \text{cond}(A)} \frac{\|\delta A\|}{\|A\|}$.

证明 由定理 4.20 中的结果,

$$\frac{\|A^{-1} - (A + \delta A)^{-1}\|}{\|A^{-1}\|} \leq \frac{\|A^{-1}\delta A\|}{1 - \|A^{-1}\delta A\|} \leq \frac{\|A^{-1}\| \|\delta A\|}{1 - \|A^{-1}\| \|\delta A\|}$$

$$= \frac{\|A^{-1}\| \|A\| \dfrac{\|\delta A\|}{\|A\|}}{1 - \|A^{-1}\| \|A\| \dfrac{\|\delta A\|}{\|A\|}}$$

$$= \frac{\text{cond}(A) \dfrac{\|\delta A\|}{\|A\|}}{1 - \text{cond}(A) \dfrac{\|\delta A\|}{\|A\|}}.$$

证毕.

(3) 常数项和系数矩阵都有误差的情形:

设方程组的系数 A 有扰动 δA, 常数项 b 有扰动 δb, 则相应的解为 $x + \delta x$, 即
$$(A + \delta A)(x + \delta x) = b + \delta b,$$
可推得
$$\frac{\|\delta x\|}{\|x\|} \leq \frac{\|A^{-1}\| \|A\|}{1 - \|A^{-1}\| \|A\| \dfrac{\|\delta A\|}{\|A\|}} \left(\frac{\|\delta A\|}{\|A\|} + \frac{\|\delta b\|}{\|b\|} \right).$$

由以上三种扰动的关系式可看到, 扰动的大小直接影响解的相对误差, 而解的相对误差都与条件有关, 故条件数 $\text{cond}(A)$ 是判断一个矩阵是否为病态的重要参量. 当 $\text{cond}(A) = 1$ 时, 方程组的状态最好.

例 17 设 A 为正交矩阵, 证明: $\text{cond}(A)_2 = 1$.

证明 因为 A 是正交矩阵, 故 $AA^T = A^TA = I$, $A^T = A^{-1}$, 由条件数的定义
$$\|A\|_2 = \sqrt{\lambda_{\max}(A^TA)} = \sqrt{\rho(A^TA)} = \sqrt{\rho(I)} = 1,$$
$$\|A^{-1}\|_2 = \|A^T\|_2 = \sqrt{\rho(A^TA)} = \sqrt{\rho(I)} = 1,$$
故
$$\text{cond}(A)_2 = \|A\|_2 \cdot \|A^{-1}\|_2 = 1.$$

证毕.

例 18 设 A, B 为 n 阶矩阵, 证明: $\text{cond}(AB) \leq \text{cond}(A) \cdot \text{cond}(B)$.

证明 $\text{cond}(AB) = \|AB\| \cdot \|(AB)^{-1}\| \leq \|A\| \|B\| \|A^{-1}\| \|B^{-1}\|$
$$= \|A\| \|A^{-1}\| \|B\| \|B^{-1}\|$$
$$= \text{cond}(A) \cdot \text{cond}(B).$$

证毕.

例 19 设 A, B 为 n 阶矩阵, $\|\cdot\|$ 表示矩阵的任一种范数. 证明:
$$\|A^{-1} - B^{-1}\| \leq \|A^{-1}\| \|B^{-1}\| \|A - B\|.$$

证明 $A^{-1} - B^{-1} = A^{-1}(B - A)B^{-1}$, 两端取范数得
$$\|A^{-1} - B^{-1}\| = \|A^{-1}(\|B - A\|)B^{-1}\| \leq \|A^{-1}\| \|B - A\| \|B^{-1}\|$$
$$= \|A^{-1}\| \|B^{-1}\| \|A - B\|.$$

证毕.

一般来说, 方程组的条件数越小, 求得的解就越可靠; 反之, 解的可靠性就越差.

设方程组 $Ax=b$ 的系数矩阵 A 非奇异,计算 A 的条件数,是判断病态方程组的可靠方法. 但在实际问题中,当方程组的规模较大时,计算条件数的工作量很大,甚至超过了求解方程组的计算量. 一般采用下列方式,由经验初步进行直观的判断.

① 当行列式很大或很小,或矩阵某些行、列近似线性相关,则 $Ax=b$ 可能病态;
② 当系数矩阵 A 中元素的绝对值相差很大的数量级且无规则,则 $Ax=b$ 可能病态;
③ 如果采用 Gauss 选主元消去法求解,在消元过程中出现小主元,则 $Ax=b$ 可能病态;
④ 求解方程组时出现一个很大的解,则 $Ax=b$ 可能病态;
⑤ 系数矩阵 A 的特征值相差大数量级,则 $Ax=b$ 可能病态.

如果确定待解的方程组 $Ax=b$ 是一个病态方程组,则数值求解必须小心,求解时选择合适的方法,否则难以达到要求的精确度. 一般方法有:

① 采用尽可能高精度的运算,如双精度或多精度,以改善和减轻矩阵病态的影响,但此时的计算量将大大增大.
② 采用预处理,降低矩阵 A 的条件数,以改善方程组的病态程度.
③ 采用近似解的迭代改善方式,逼近方程组的精确解.

考虑下面的问题:设 $\tilde{x}$ 是方程组 $Ax=b$ 的近似解,自然想到将 $\tilde{x}$ 代入到原方程组中,考察方程组左右两边误差大小,据此评价近似效果. 一般来说,代入后两边差距越小,近似效果越好.

定义 4.12 设方程组 $Ax=b$ 的近似解为 $\tilde{x}$,$r(\tilde{x})=A\tilde{x}-b$ 称为近似解的残向量.

残向量可以用来判断近似解的精度,如果 r 很小,就认为解是相当精确的.

定理 4.24 设 A 非奇异,x^* 是方程组 $Ax=b$ 的准确解,$\tilde{x}$ 是其近似解,残向量 $r=A\tilde{x}-b$,则

$$\frac{\|x^*-\tilde{x}\|}{\|x^*\|} \leq \operatorname{cond}(A) \cdot \frac{\|r\|}{\|b\|}.$$

证明 由 $Ax^*=b$,因为

$$\|b\|=\|Ax^*\| \leq \|A\| \cdot \|x^*\|,$$

所以

$$\frac{1}{\|x^*\|} \leq \frac{\|A\|}{\|b\|}.$$

因为

$$r=A\tilde{x}-b=A(\tilde{x}-x^*),$$

所以

$$\tilde{x}-x^*=A^{-1}r,$$

两端取范数得

$$\|x^*-\tilde{x}\| \leq \|A^{-1}\| \cdot \|r\|.$$

所以结合以上两式,得

$$\frac{\|x^*-\tilde{x}\|}{\|x^*\|} \leq \|A\| \cdot \|A^{-1}\| \cdot \frac{\|r\|}{\|b\|}$$

$$= \text{cond}(A) \cdot \frac{\|r\|}{\|b\|}.$$

证毕.

4.4 线性方程组的迭代解法

线性方程组的直接解法适用于中小规模问题的求解,它受限于舍入误差和病态解.迭代法是一种间接求解的方法,它适用于大规模及超大规模问题的求解,方法是将给定的方程组转化为迭代形式的方程组,由任意给定的一组初始值进行试探运算,将所得结果作为新的初始值再进行试探运算,这样反复运算多次,不断迭代,最后获得满足精度要求的解.

两种解法各有优势. 消元法对计算机的内存要求较高,因为需要存储系数矩阵的全部元素 a_{ij};而迭代法的优点是只要存储系数矩阵的非零元素就可以运算,大大节省了内存容量. 但是迭代法收敛速度较慢(越到最后越慢),如果求解的精度要求很高,那么计算的时间会很长,并且将给定的方程组转化为迭代形式的方程组时,一定要按照收敛条件去转化.

迭代法的具体过程是,对给定的方程组 $Ax = b$,写成等价的形式 $x = bx + f$,迭代解法的基本思想是首先构造一个迭代公式 $x^{(k+1)} = Bx^{(k)} + f$,给定初始向量 $x^{(0)}$ 进行迭代,生成向量序列 $x^{(1)}, x^{(2)}, \cdots, x^{(k)}, \cdots$ 当向量序列收敛到某个极限向量 x^*,即 $\lim\limits_{k \to \infty} x^{(k)} = x^*$,则 x^* 是方程组 $Ax = b$ 的精确解,即满足 $Ax^* = b$.

4.4.1 Jacobi 迭代法

首先通过一个具体线性方程组的例子来了解 Jacobi(雅克比)迭代法的基本思想.

例 1 求解方程组
$$\begin{cases} 4x_1 + x_2 = 5, \\ x_1 + 4x_2 + x_3 = 6, \\ x_2 + 4x_3 = 5. \end{cases}$$

解 显然,该线性方程组用直接法解得的结果为 $x_1 = 1, x_2 = 1, x_3 = 1$. 如果对该方程组进行变形,将变量 x_1, x_2, x_3 分别从三个方程中分离出来:

$$\begin{cases} 4x_1 + x_2 = 5, \\ x_1 + 4x_2 + x_3 = 6, \\ x_2 + 4x_3 = 5, \end{cases} \Rightarrow \begin{cases} x_1 = -\frac{1}{4}x_2 + \frac{5}{4}, \\ x_2 = -\frac{1}{4}x_1 - \frac{1}{4}x_3 + \frac{6}{4}, \\ x_3 = -\frac{1}{4}x_2 + \frac{5}{4}. \end{cases} \quad (4-24)$$

令初值 $\boldsymbol{x}^{(0)} = \begin{bmatrix} 0 \\ 0 \\ 0 \end{bmatrix}$,将其代入式(4-24)右端,得到第一次迭代的结果 $\boldsymbol{x}^{(1)} = \begin{bmatrix} 1.25 \\ 1.5 \\ 1.25 \end{bmatrix}$;

继续将 $\boldsymbol{x}^{(1)}$ 代入式(4-24)右端,得到 $\boldsymbol{x}^{(2)} = \begin{bmatrix} 0.875 \\ 0.875 \\ 0.875 \end{bmatrix}$;如此往复下去,得到 $\boldsymbol{x}^{(3)} = \begin{bmatrix} 1.0313 \\ 1.0313 \\ 1.0313 \end{bmatrix}, \cdots, \boldsymbol{x}^{(10)} = \begin{bmatrix} 1.0000 \\ 1.0000 \\ 1.0000 \end{bmatrix}, \cdots$

所以式(4-24)可以表示为迭代形式:

$$\begin{cases} x_1^{(k+1)} = -\frac{1}{4}x_2^{(k)} + \frac{5}{4}, \\ x_2^{(k+1)} = -\frac{1}{4}x_1^{(k)} - \frac{1}{4}x_3^{(k)} + \frac{6}{4}, \\ x_3^{(k+1)} = -\frac{1}{4}x_2^{(k)} + \frac{5}{4}, \end{cases}$$

其中 $k = 0, 1, 2, \cdots$ 可以得到一个向量的序列 $\{\boldsymbol{x}^{(k)}\}$,只要该序列在 $k \to \infty$ 时有极限,那么这个极限就是该线性方程组的解.

上面这种迭代求解线性方程组的方法称为 Jacobi 迭代法.

Jacobi 迭代法的一般格式为:方程组记为 $\sum_{j=1}^{n} a_{ij}x_j = b_i$,其中系数矩阵非奇异,且主对角元 $a_{ii} \neq 0, i = 1, 2, \cdots, n$,由第 i 个方程解出 x_i,改写成

$$\begin{cases} x_1 = \frac{1}{a_{11}}(b_1 - a_{12}x_2 - a_{13}x_3 - \cdots - a_{1n}x_n), \\ x_2 = \frac{1}{a_{22}}(b_2 - a_{21}x_1 - a_{23}x_3 - \cdots - a_{2n}x_n), \\ \quad\quad\quad \cdots\cdots \\ x_n = \frac{1}{a_{nn}}(b_n - a_{n1}x_1 - a_{n2}x_2 - \cdots - a_{n(n-1)}x_{n-1}), \end{cases}$$

然后建立如下的迭代格式:

$$\begin{cases} x_1^{(k+1)} = \frac{1}{a_{11}}(b_1 - a_{12}x_2^{(k)} - a_{13}x_3^{(k)} - \cdots - a_{1n}x_n^{(k)}), \\ x_2^{(k+1)} = \frac{1}{a_{22}}(b_2 - a_{21}x_1^{(k)} - a_{23}x_3^{(k)} - \cdots - a_{2n}x_n^{(k)}), \\ \quad\quad\quad \cdots\cdots \\ x_n^{(k+1)} = \frac{1}{a_{nn}}(b_n - a_{n1}x_1^{(k)} - a_{n2}x_2^{(k)} - \cdots - a_{n(n-1)}x_{n-1}^{(k)}), \end{cases}$$

也可以记作

$$x_i^{(k+1)} = \frac{1}{a_{ii}}(b_i - \sum_{j=1}^{i-1} a_{ij}x_j^{(k)} - \sum_{j=i+1}^{n} a_{ij}x_j^{(k)}), i=1,2,\cdots,n, k=0,1,2,\cdots$$

上述公式是 Jacobi 迭代公式的分量表达形式.

当相邻两次解的每一个分量之差的绝对值中最大的 $\max|\Delta x_i| \leqslant \varepsilon$ 时,即当 $\max\limits_{1\leqslant i\leqslant n}|x_i^{(k+1)} - x_i^{(k)}| \leqslant \varepsilon$ 时,迭代求解终止.

例2 用 Jacobi 迭代法求解方程组

$$\begin{cases} 10x_1 - 2x_2 - x_3 = 3, \\ -2x_1 + 10x_2 - x_3 = 15, \\ -x_1 - 2x_2 + 5x_3 = 10. \end{cases}$$

解 分别从上式三个方程中解出变量 x_1, x_2, x_3:

$$\begin{cases} x_1 = 0.2x_2 + 0.1x_3 + 0.3, \\ x_2 = 0.2x_1 + 0.1x_3 + 1.5, \\ x_3 = 0.2x_1 + 0.4x_2 + 2, \end{cases}$$

据此可建立迭代公式

$$\begin{cases} x_1^{(k+1)} = 0.2x_2^{(k)} + 0.1x_3^{(k)} + 0.3, \\ x_2^{(k+1)} = 0.2x_1^{(k)} + 0.1x_3^{(k)} + 1.5, \quad k=0,1,2,\cdots \\ x_3^{(k+1)} = 0.2x_1^{(k)} + 0.4x_2^{(k)} + 2, \end{cases}$$

取迭代初值为 $\boldsymbol{x}^{(0)} = (0,0,0)^T$,迭代结果见表 4-1 所示. 显然,方程组的准确解为 $x_1^* = 1, x_2^* = 2, x_3^* = 3$. 从表 4-1 可以看到,当迭代次数增加时,迭代结果越来越逼近准确解. 这种迭代过程是收敛的,其迭代序列 $(x_1^{(k)}, x_2^{(k)}, x_3^{(k)})$ 以 (x_1^*, x_2^*, x_3^*) 为极限.

表 4-1 迭代结果

k	$x_1^{(k)}$	$x_2^{(k)}$	$x_3^{(k)}$
0	0.0000	0.0000	0.0000
1	0.3000	1.5000	2.0000
2	0.8000	1.7600	2.6600
3	0.9180	1.9260	2.8640
4	0.9716	1.9700	2.9540
5	0.9894	1.9897	2.9823
6	0.9963	1.9961	2.9938
7	0.9986	1.9986	2.9977
8	0.9995	1.9995	2.9992
9	0.9998	1.9998	2.9998

也可以用如下的矩阵形式来表示 Jacobi 迭代公式.

设有方程组 $\boldsymbol{Ax} = \boldsymbol{b}$,其中 $\boldsymbol{A} = (a_{ij})_n$ 为非奇异矩阵,$\boldsymbol{x} = (x_1, x_2, \cdots, x_n)^T$, $\boldsymbol{b} = (b_1, b_2, \cdots, b_n)^T$,将系数矩阵作如下分解

$$\boldsymbol{A} = \boldsymbol{L} + \boldsymbol{D} + \boldsymbol{U},$$

其中矩阵 $\boldsymbol{L}$ 是系数矩阵 $\boldsymbol{A}$ 的对角线下方元素构成的矩阵,矩阵 $\boldsymbol{D}$ 是系数矩阵 $\boldsymbol{A}$ 的对角线

元素构成的矩阵,矩阵 U 是系数矩阵 A 的对角线上方元素构成的矩阵,即

$$L = \begin{bmatrix} 0 & & & \\ a_{21} & 0 & & \\ \vdots & \vdots & \ddots & \\ a_{n1} & a_{n2} & \cdots & 0 \end{bmatrix},$$

$$D = \begin{bmatrix} a_{11} & & & \\ & a_{22} & & \\ & & \ddots & \\ & & & a_{nn} \end{bmatrix},$$

$$U = \begin{bmatrix} 0 & a_{12} & \cdots & a_{1n} \\ & 0 & \cdots & a_{2n} \\ & & \ddots & \vdots \\ & & & 0 \end{bmatrix}.$$

于是,原方程组可改写为

$$(L + D + U)x = b,$$

由此得到

$$x = D^{-1}b - D^{-1}(L + U)x,$$

据此得矩阵形式的 Jacobi 迭代公式

$$x^{(k+1)} = -D^{-1}(L + U)x^{(k)} + D^{-1}b,$$

或记为 $x^{(k+1)} = Bx^{(k)} + f(k = 0,1,2,\cdots)$.

Jacobi 迭代法中的迭代矩阵记为 B:

$$B = -D^{-1}(L + U) = I - D^{-1}A = \begin{bmatrix} 0 & \dfrac{a_{12}}{-a_{11}} & \cdots & \dfrac{a_{1n}}{-a_{11}} \\ \dfrac{a_{21}}{-a_{22}} & 0 & \cdots & \dfrac{a_{2n}}{-a_{22}} \\ \vdots & \vdots & & \vdots \\ \dfrac{a_{n1}}{-a_{nn}} & \dfrac{a_{n2}}{-a_{nn}} & \cdots & 0 \end{bmatrix},$$

$$f = D^{-1}b = \begin{bmatrix} \dfrac{b_1}{a_{11}} \\ \dfrac{b_2}{a_{22}} \\ \vdots \\ \dfrac{b_n}{a_{nn}} \end{bmatrix}.$$

Jacobi 迭代法保留了上一步所有点的值,需要花费大量的存储空间,适合并行运算,

能够节省计算的时间.

4.4.2 Gauss-Seidel 迭代法

在 Jacobi 迭代法中,注意到计算 $x_i^{(k+1)}$ 时,从 $x_1^{(k+1)}$ 一直到 $x_{i-1}^{(k+1)}$ 都已经计算好,然而 Jacobi 迭代法并没有利用这些最新的近似值进行下一步的计算,仍用第 k 步的各个 x 进行迭代,而迭代收敛时,新值 $x_i^{(k+1)}$ 比老值 $x_i^{(k)}$ 更准确.

为此,对 Jacobi 迭代格式进行如下修改:一旦有未知量最新的近似值 $x_i^{(k+1)}$,下面就用最新结果进行迭代,即新值 $x_i^{(k+1)}$ 代替用于后面计算的老值 $x_i^{(k)}$,使每次迭代计算都是利用"最新求解信息",这样可能使收敛速度加快,同时节省存储空间.

所以,在 Jacobi 迭代法中充分利用新值,可得到下面迭代:

$$\begin{cases} x_1^{(k+1)} = -\dfrac{a_{12}}{a_{11}}x_2^{(k)} - \dfrac{a_{13}}{a_{11}}x_3^{(k)} - \cdots - \dfrac{a_{1n}}{a_{11}}x_n^{(k)} + \dfrac{b_1}{a_{11}}, \\ x_2^{(k+1)} = -\dfrac{a_{21}}{a_{22}}x_1^{(k)} - \dfrac{a_{23}}{a_{22}}x_3^{(k)} - \cdots - \dfrac{a_{2n}}{a_{22}}x_n^{(k)} + \dfrac{b_2}{a_{22}}, \\ \quad\cdots\cdots \\ x_n^{(k+1)} = -\dfrac{a_{n1}}{a_{nn}}x_1^{(k+1)} - \dfrac{a_{n2}}{a_{nn}}x_2^{(k+1)} - \cdots - \dfrac{a_{n(n-1)}}{a_{nn}}x_{n-1}^{(k+1)} + \dfrac{b_n}{a_{nn}}, k=1,2,3,\cdots \end{cases}$$

上面这种迭代方法也叫做 Gauss-Seidel 迭代,也可以记为

$$x_i^{(k+1)} = \frac{1}{a_{ii}}\Big(b_i - \sum_{j=1}^{i-1}a_{ij}x_j^{(k+1)} - \sum_{j=i+1}^{n}a_{ij}x_j^{(k)}\Big), i=1,2,\cdots,n, k=0,1,2,\cdots$$

例 3 利用 Gauss-Seidel 法求解线性方程组

$$\begin{cases} 10x_1 + 3x_2 + x_3 = 14, \\ 2x_1 - 10x_2 + 3x_3 = -5, \\ x_1 + 3x_2 + 10x_3 = 14. \end{cases}$$

解 显然,方程组的准确解为 $x_1^* = 1, x_2^* = 1, x_3^* = 1$. Gauss-Seidel 迭代法的计算公式为

$$\begin{cases} x_1^{(k+1)} = -\dfrac{3}{10}x_2^{(k)} - \dfrac{1}{10}x_3^{(k)} + \dfrac{7}{5}, \\ x_2^{(k+1)} = \dfrac{1}{5}x_1^{(k)} + \dfrac{3}{10}x_3^{(k)} + \dfrac{1}{2}, \\ x_3^{(k+1)} = -\dfrac{1}{10}x_1^{(k+1)} - \dfrac{3}{10}x_2^{(k+1)} + \dfrac{7}{5}. \end{cases}$$

同样取初始向量 $\boldsymbol{x}^{(0)} = (0,0,0)^{\mathrm{T}}$,计算结果如表 4-2 所示.

表 4 – 2　计算结果

k	$x_1^{(k)}$	$x_2^{(k)}$	$x_3^{(k)}$	$\|x^{(k)} - x^*\|_\infty$
0	0	0	0	1
1	1.4	0.78	1.026	0.4
2	1.0634	1.02048	0.987516	0.0634
3	0.9951044	0.99527568	1.00190686	0.0048956

由计算结果可见，Gauss-Seidel 迭代法收敛较快．取精确到小数点后两位的近似解，Gauss-Seidel 迭代法只需迭代 3 次，而 Jacobi 迭代法需要迭代 7 次．

类似于 Jacobi 迭代法的矩阵形式，Gauss-Seidel 迭代法也可以写成为矩阵形式：

$$Ax = b \Rightarrow (L + D + U)x = b$$
$$\Rightarrow Dx = b - Lx - Ux$$
$$\Rightarrow Dx^{(k+1)} = b - Lx^{(k+1)} - Ux^{(k)}$$
$$\Rightarrow x^{(k+1)} = -(D+L)^{-1}Ux^{(k)} + (D+L)^{-1}b,$$

所以

$$x^{(k+1)} = Bx^{(k)} + f, \quad k = 0,1,2,\cdots$$

其中，Gauss-Seidel 迭代法的迭代矩阵为 $B = -(D+L)^{-1}U, f = (D+L)^{-1}b$．

Gauss-Seidel 迭代法每计算出一个新点都用于下一步的计算中，不须保留上一步所有点的值，节省了存储空间，但这种方法只能串行计算．Jacobi 迭代收敛时，Gauss-Seidel 迭代未必收敛；反之，后者收敛时，前者也未必收敛．一般来讲，用 Jacobi 迭代和 Gauss-Seidel 迭代都收敛的问题，用 Gauss-Seidel 迭代收敛速度会更快．两种迭代法的收敛性将在本章的最后一节讨论．

4.4.3　超松弛迭代法(SOR) 及分块迭代法

对于给定的迭代法，处理工程中每步迭代所需的工作量是确定的．如果迭代法收敛速度缓慢，则需要比较多的迭代次数来逼近准确值，由此导致算法计算量太大而失去了使用价值，因此研究各种迭代法的加速技术具有重要意义．

超松弛法是迭代方法的一种加速方法，为了使迭代计算速度更快，提出一种线性加速的方法．其计算公式简单，但需要选择合适的松弛因子，以保证迭代过程有较快的收敛速度．方法是将前一步的计算结果 $x_i^{(k)}$ 与 Gauss-Seidel 迭代法的迭代值 $\tilde{x}_i^{(k+1)}$ 适当加权平均，期望获得更好的近似值 $x_i^{(k+1)}$．设 $x_i^{(k)}$ 是已经得到的迭代值，以 $x_i^{(k)}$ 为初值进行一步 Gauss-Seidel 迭代得

$$\tilde{x}_i^{(k+1)} = \frac{1}{a_{ii}}\left(b_i - \sum_{j=1}^{i-1} a_{ij}x_j^{(k+1)} - \sum_{j=i+1}^{n} a_{ij}x_j^{(k)}\right),$$

将这一迭代值与 $x_i^{(k)}$ 的值组合作为新一步的迭代值，即做如下的加速处理

$$x_i^{(k+1)} = \omega \tilde{x}_i^{(k+1)} + (1-\omega)x_i^{(k)}$$
$$= \frac{1}{a_{ii}}\left(-\sum_{j=1}^{i-1}\omega a_{ij}x_j^{(k+1)} - \sum_{j=i+1}^{n}\omega a_{ij}x_j^{(k)} + (1-\omega)a_{ii}x_i^{(k)} + \omega b_i\right),$$

其中 $i = 1,2,\cdots,n, \omega$ 为待定的参数．写成矩阵的形式为

$$x^{(k+1)} = (D - \omega L)^{-1}(\omega U + (1-\omega)D)x^{(k)} + \omega(D - \omega L)^{-1}b,$$

此时的迭代矩阵为

$$B_\omega = (D - \omega L)^{-1}(\omega U + (1-\omega)D).$$

以上两式即松弛法的计算公式,可合并表示为

$$x_i^{(k+1)} = (1-\omega)x_i^{(k)} + \frac{\omega}{a_{ii}}\left(b_i - \sum_{j=1}^{i-1}a_{ij}x_j^{(k+1)} - \sum_{j=i}^{n}a_{ij}x_j^{(k)}\right),$$

参数 ω 称为松弛因子,当 $0 < \omega < 1$ 时叫低松弛因子,当 $1 < \omega < 2$ 叫超松弛因子.

可见,松弛方法可以视为 Gauss-Seidel 方法的加速. 显然,当 $\omega = 1$ 时,这个方法就是 Gauss-Seidel 方法;当 $\omega > 1$ 时,称为逐次超松弛法;当 $\omega < 1$ 时,称为逐次低松弛法.

适当选取松弛因子,可望得到收敛速度更快的迭代格式. 为了保证迭代过程收敛,必须要求 $0 < \omega < 2$. 由于迭代值 $\tilde{x}_i^{(k+1)}$ 通常比 $x_i^{(k)}$ 精确,在加速公式中加大 $\tilde{x}_i^{(k+1)}$ 的比重,以尽可能扩大它的效果,为此取松弛因子 $1 < \omega < 2$,即采用所谓超松弛法,超松弛法简称为 SOR(Successive Over Relaxation)方法.

4.4.4 分块迭代法

根据矩阵理论,在许多实际应用中用到的大型矩阵,可以写成如下分块的形式:

$$A = \begin{bmatrix} A_{11} & A_{12} & \cdots & A_{1m} \\ A_{21} & A_{22} & \cdots & A_{2m} \\ \vdots & \vdots & \ddots & \vdots \\ A_{m1} & A_{m2} & \cdots & A_{mm} \end{bmatrix},$$

其中 $A_{kk}(k=1,2,\cdots,m)$ 是 n_k 阶的方阵,而且 $n_1 + n_2 + \cdots + n_m = n$,据此可以构造分块形式的迭代法,考虑

$$A = D_B - L_B - U_B,$$

其中

$$D_B = \begin{bmatrix} A_{11} & & & \\ & A_{22} & & \\ & & \ddots & \\ & & & A_{mm} \end{bmatrix},$$

$$-L_B = \begin{bmatrix} 0 & & & \\ A_{21} & 0 & & \\ \vdots & \ddots & \ddots & \\ A_{m1} & \cdots & A_{m(m-1)} & 0 \end{bmatrix},$$

$$-U_B = \begin{bmatrix} 0 & A_{12} & \cdots & A_{1m} \\ & 0 & \ddots & \vdots \\ & & \ddots & A_{(m-1)m} \\ & & & 0 \end{bmatrix},$$

求解方程组 $Ax = b$,分块的 Jacobi 迭代法为

$$A_{ii}x_i^{(k+1)} = -\sum_{j=1,j\neq i}^{n} A_{ij}x_j^{(k)} + b_i,$$

分块的 Gauss-Seidel 迭代法为

$$A_{ii}x_i^{(k+1)} = -\sum_{j=1}^{i-1} A_{ij}x_j^{(k+1)} - \sum_{j=i+1}^{n} A_{ij}x_j^{(k)} + b_i,$$

分块的超松弛迭代法(BSOR)为

$$A_{ii}x_i^{(k+1)} = -\sum_{j=1}^{i-1} \omega A_{ij}x_j^{(k)} - \sum_{j=i+1}^{n} \omega A_{ij}x_i^{(k)} + (1-\omega)A_{ii}x_i^{(k)} + \omega b_i.$$

4.4.5 迭代法的收敛性

定理 4.25 对任意的 $f \in \mathbf{R}^n$ 和任意的初始向量 $x^{(0)} \in \mathbf{R}^n$,设矩阵 B 为迭代矩阵,则迭代法收敛的充分必要条件是 $\rho(B) < 1$.

证明 必要性. 设迭代法产生的序列 $\{x^{(k)}\}_{k=1}^{\infty}$ 收敛,记 x^* 是该序列的极限点,所以 x^* 满足

$$x^* = Bx^* + f.$$

又由迭代关系 $x^{(k)} = Bx^{(k-1)} + f$,可以得到

$$x^{(k)} - x^* = B(x^{(k-1)} - x^*) = B^2(x^{(k-2)} - x^*) = \cdots = B^k(x^{(0)} - x^*),$$

由 $x^{(0)} \in \mathbf{R}^n$ 的任意性知

$$\lim_{k\to\infty} B^k = 0,$$

由定理 4.15 可知, $\rho(B) < 1$.

充分性. 由 $\rho(B) < 1$ 及定理 4.19 可知 $x = Bx + f$,即 $(I - B)x = f$ 有唯一解,记为

$$x^* = Bx^* + f.$$

类似于必要性的证明,得到

$$x^{(k)} - x^* = B^k(x^{(0)} - x^*),$$

由定理 4.15 可知 $\lim_{k\to\infty} B^k = 0$,故 $x^{(k)} \to x^* (k \to \infty)$. 证毕.

定理 4.26 给出了迭代收敛的充要条件,但 $\rho(B) < 1$ 不方便计算,所以在实际使用中通常并不好用. 但由于 $\rho(B) \leq \|B\|$ 成立,只要对某种相容的矩阵范数有 $\|B\| \leq 1$,则 $\rho(B) \leq \|B\| < 1$,所以这常常是实际中很有效的收敛判别准则.

定理 4.27 如果矩阵 A 是严格对角占优的矩阵,则它一定非奇异.

证明 由于 A 是对角占优矩阵,所以 $|a_{ii}| > 0, i = 1, 2, \cdots, n$,故矩阵

$$D = \text{diag}\{a_{11}, a_{22}, \cdots, a_{nn}\}$$

是可逆的. 考虑矩阵

$$I - D^{-1}A = \begin{bmatrix} 0 & -\dfrac{a_{12}}{a_{11}} & \cdots & -\dfrac{a_{1n}}{a_{11}} \\ -\dfrac{a_{21}}{a_{22}} & 0 & \cdots & -\dfrac{a_{2n}}{a_{22}} \\ \vdots & \vdots & \ddots & \vdots \\ -\dfrac{a_{n1}}{a_{nn}} & -\dfrac{a_{n2}}{a_{nn}} & \cdots & 0 \end{bmatrix},$$

则矩阵 $I - D^{-1}A$ 的 ∞ - 范数为

$$\|I - D^{-1}A\|_\infty = \max_i \sum_{\substack{j=1 \\ j \neq i}} \frac{|a_{ij}|}{|a_{ii}|}.$$

由 A 是对角占优矩阵, 得

$$\rho(I - D^{-1}A) \leqslant \|I - D^{-1}A\|_\infty < 1,$$

由定理 4.19 可知矩阵 $D^{-1}A$ 是非奇异的, 又由于矩阵 D 是非奇异的, 所以 A 是非奇异的. 证毕.

定理 4.28 严格对角占优阵 A 是系数矩阵的线性代数方程组, Jacobi 迭代法和 Gauss-Seidel 迭代都是收敛的.

证明 Jacobi 迭代法的收敛性:

Jacobi 方法的迭代矩阵为

$$B = I - D^{-1}A,$$

由定理 4.27 中的证明过程可知, 严格对角占优矩阵满足

$$\rho(I - D^{-1}A) \leqslant 1,$$

再由定理 4.26, 所以 Jacobi 迭代法收敛.

Gauss-Seidel 迭代法的收敛性:

Gauss-Seidel 方法的迭代矩阵为

$$B = -(L + D)^{-1}U,$$

用反证法, 假设 Gauss-Seidel 迭代不收敛, 则由定理 4.26 知

$$\rho(B) = \rho(-(L + D)^{-1}U) \geqslant 1,$$

所以矩阵 B 存在模大于 1 的特征值. 设有 $|\lambda| \geqslant 1$, 使得行列式

$$|\lambda I - B| = 0 \Rightarrow |\lambda I + (L + D)^{-1}U| = 0$$
$$\Rightarrow |\lambda(L + D)^{-1}(L + D) + (L + D)^{-1}U| = 0$$
$$\Rightarrow |(L + D)^{-1} \cdot (\lambda(L + D) + U)| = 0$$
$$\Rightarrow |\lambda(L + D) + U| = 0.$$

由于系数矩阵 A 为严格对角占优矩阵, 所以矩阵 $\lambda(L + D) + U$ 也是严格对角占优矩阵, 那么该矩阵一定非奇异, 这与上面该矩阵的行列式等于 0 矛盾. 假设不成立, Gauss-Seidel 迭代收敛. 证毕.

定理 4.29 若 A 为对称正定矩阵, 则 Gauss-Seidel 迭代法收敛.

定理 4.30 若迭代矩阵 B 满足 $\|B\| < 1$, 则迭代生成的序列 $\{x^{(k)}\}_{k=1}^\infty$ 满足

(1) $\|x^{(k)} - x^*\| \leq \dfrac{\|B\|^k}{1-\|B\|} \|x^{(1)} - x^{(0)}\|$;

(2) $\|x^{(k)} - x^*\| \leq \dfrac{\|B\|}{1-\|B\|} \|x^{(k)} - x^{(k-1)}\|$.

其中 x^* 表示精确解.

证明 先证明(2)再证明(1). 由于
$$\|x^{(k+1)} - x^{(k)}\| = \|x^{(k)} - x^* - (x^{(k+1)} - x^*)\|$$
$$\geq \|x^{(k)} - x^*\| - \|x^{(k+1)} - x^*\|,$$

又因为
$$x^{(k+1)} - x^* = B(x^{(k)} - x^*),$$

所以
$$\|x^{(k+1)} - x^*\| \leq \|B\| \|x^{(k)} - x^*\|,$$

故整理可得
$$\|x^{(k+1)} - x^{(k)}\| = \|x^{(k)} - x^* - (x^{(k+1)} - x^*)\|$$
$$\geq (1 - \|B\|) \|x^{(k)} - x^*\|.$$

由于 $\|B\| < 1$,所以得到
$$\|x^{(k)} - x^*\| \leq \dfrac{1}{(1-\|B\|)}, \|x^{(k+1)} - x^{(k)}\|$$
$$\leq \dfrac{\|B\|}{(1-\|B\|)} \|x^{(k)} - x^{(k-1)}\|,$$

(2)式得证.

上式成立的原因是,显然对于任意的正整数 p,都有
$$\|x^{(p+1)} - x^{(p)}\| \leq \|B\| \|x^{(p)} - x^{(p-1)}\|,$$
反复利用此式和(2)式的结果,(1)式便可以得到. 证毕.

定理 4.30 中(1)式给出的是迭代收敛速度的一个估计,显然当 $\|B\| < 1$ 越接近 0,生成序列 $\{x^{(k)}\}_{k=1}^{\infty}$ 就收敛得越快. (2)式给出的关系可以作为计算终止的判别准则,即只要 $x^{(k)}$ 和 $x^{(k-1)}$ 已足够接近,表明 $x^{(k)}$ 与 x^* 便已足够靠近.

定理 4.31 若解方程组 $Ax = b (a_{ii} \neq 0, i = 1, 2, \cdots, n)$ 的 SOR 法收敛,则 $0 < \omega < 2$.

定理 4.32 若解方程组 $Ax = b$ 的系数矩阵 A 为对称正定矩阵,且有 $0 < \omega < 2$,则解此方程组的 SOR 法收敛.

例 4 讨论用 Jacobi 迭代法和 Gauss-Seidel 迭代法解方程组 $Ax = b$ 的收敛性,其中
$$A = \begin{bmatrix} 1 & 2 & -2 \\ 1 & 1 & 1 \\ 2 & 2 & 1 \end{bmatrix}, b = \begin{bmatrix} 1 \\ 3 \\ 5 \end{bmatrix}.$$

解 因为 $\det A = 1 \neq 0$,所以方程组有唯一解. Jacobi 迭代法的迭代矩阵为
$$B = -D^{-1}(L+U) = I - A = \begin{bmatrix} 0 & -2 & 2 \\ -1 & 0 & -1 \\ -2 & -2 & 0 \end{bmatrix},$$

计算得到其三个特征值都为 0,因此 $\rho(B) = 0 < 1$,所以 Jacobi 迭代法收敛.

Gauss-Seidel 迭代法的矩阵为

$$B = -(D+L)^{-1}U = -\begin{bmatrix} 1 & 0 & 0 \\ 1 & 1 & 0 \\ 2 & 2 & 1 \end{bmatrix}^{-1}\begin{bmatrix} 0 & 2 & -2 \\ 0 & 0 & 1 \\ 0 & 0 & 0 \end{bmatrix}$$

$$= -\begin{bmatrix} 1 & 0 & 0 \\ -1 & 1 & 0 \\ 0 & -2 & 1 \end{bmatrix}\begin{bmatrix} 0 & 2 & -2 \\ 0 & 0 & 1 \\ 0 & 0 & 0 \end{bmatrix}$$

$$= \begin{bmatrix} 0 & -2 & 2 \\ 0 & 2 & -3 \\ 0 & 0 & 2 \end{bmatrix},$$

计算得到其三个特征值为 0,2,2,因此 Gauss-Seidel 迭代法不收敛.

习题 4

1. 用 Gauss 列主元消去法求解方程组：
$$\begin{cases} x_1 + 2x_2 + 3x_3 = 16, \\ -2x_1 + 2x_2 + 3x_3 = 12, \\ -4x_1 + 2x_2 + x_3 = 12. \end{cases}$$

2. 用矩阵的三角分解法求解方程组：
$$\begin{bmatrix} -2 & 4 & 8 \\ -4 & 18 & -16 \\ -6 & 2 & -20 \end{bmatrix} \begin{bmatrix} x_1 \\ x_2 \\ x_3 \end{bmatrix} = \begin{bmatrix} 5 \\ 6 \\ 7 \end{bmatrix}.$$

3. 用平方根法求解方程组：

（1）$\begin{bmatrix} 4 & 2 & 2 \\ 2 & 10 & 1 \\ 2 & 1 & 2 \end{bmatrix} \begin{bmatrix} x_1 \\ x_2 \\ x_3 \end{bmatrix} = \begin{bmatrix} 3 \\ 6 \\ 2 \end{bmatrix}$； （2）$\begin{bmatrix} 4 & 1 & -1 & 0 \\ 1 & 3 & -1 & 0 \\ -1 & -1 & 5 & 2 \\ 0 & 0 & 2 & 4 \end{bmatrix} \begin{bmatrix} x_1 \\ x_2 \\ x_3 \\ x_4 \end{bmatrix} = \begin{bmatrix} 7 \\ 8 \\ -4 \\ 6 \end{bmatrix}.$

4. 用改进的平方根法求解方程组：

（1）$\begin{bmatrix} 3 & 3 & 5 \\ 3 & 5 & 9 \\ 5 & 9 & 17 \end{bmatrix} \begin{bmatrix} x_1 \\ x_2 \\ x_3 \end{bmatrix} = \begin{bmatrix} 10 \\ 16 \\ 30 \end{bmatrix}$； （2）$\begin{bmatrix} 2 & -1 & 1 \\ -1 & -2 & 3 \\ 1 & 3 & 1 \end{bmatrix} \begin{bmatrix} x_1 \\ x_2 \\ x_3 \end{bmatrix} = \begin{bmatrix} 4 \\ 5 \\ 6 \end{bmatrix}.$

5. 用追赶法求解三对角方程组：

（1）$\begin{cases} 2x_1 + x_2 = 1, \\ x_1 + 3x_2 + x_3 = 2, \\ x_2 + x_3 + x_4 = 2, \\ 2x_3 + x_4 = 0; \end{cases}$ （2）$\begin{cases} 2x_1 + x_2 = 3, \\ x_1 + 2x_2 - 3x_3 = -3, \\ 3x_2 - 7x_3 + 4x_4 = -10, \\ 2x_3 + 5x_4 = 2. \end{cases}$

6. 设 $A = \begin{bmatrix} 0.6 & 0.5 \\ 0.1 & 0.3 \end{bmatrix}$，计算矩阵 A 的行范数、列范数、2-范数及 F-范数.

7. 设矩阵 P 为 n 阶可逆矩阵，$\|x\|$ 为 $\mathbf{R}^n$ 上的一个向量范数，定义为 $\|x\|_P = \|Px\|$. 证明：$\|x\|_P$ 是 $\mathbf{R}^n$ 上的一种范数.

8. 设矩阵 A 在 $\mathbf{R}^{n \times n}$ 上的两个范数分别为 $\|A\|_s$ 和 $\|A\|_t$，证明存在常数 $c_1, c_2 > 0$ 使得对任意矩阵 $A \in \mathbf{R}^{n \times n}$，都有 $c_1\|A\|_s \leq \|A\|_t \leq c_2\|A\|_s$ 成立.

9. 设矩阵 $A, B \in \mathbf{R}^{n \times n}$ 且 $\|\cdot\|$ 为 $\mathbf{R}^{n \times n}$ 上矩阵的算子范数. 证明：$\mathrm{cond}(AB) \leq \mathrm{cond}(A)\mathrm{cond}(B)$.

10. 设线性方程组 $Ax = b$ 的系数矩阵为 $A = \begin{bmatrix} a & 1 & 3 \\ 1 & a & 2 \\ -3 & 2 & a \end{bmatrix}$，试求能使雅可比迭代法收

敛的 a 的取值范围.

11. 设方程组

(1) $\begin{cases} x_1 + 0.4x_2 + 0.4x_3 = 1, \\ 0.4x_1 + x_2 + 0.8x_3 = 2, \\ 0.4x_1 + 0.8x_2 + x_3 = 3; \end{cases}$ (2) $\begin{cases} x_1 + 2x_2 - 2x_3 = 1, \\ x_1 + x_2 + x_3 = 1, \\ 2x_1 + 2x_2 + x_3 = 1, \end{cases}$

试考察解此方程组的 Jacobi 迭代法及 Gauss-Seidel 迭代法的收敛性.

12. 用 SOR 方法解方程组 $\begin{cases} 5x_1 + 2x_2 + x_3 = -12, \\ -x_1 + 4x_2 + 2x_3 = 20, \\ 2x_1 - 3x_2 + 10x_3 = 3, \end{cases}$ (取 $\omega = 0.9$) 要求当 $\|x^{(k+1)} - x^{(k)}\|_\infty < 10^{-4}$ 时迭代终止.

13. 设有方程组 $Ax = b$,其中 A 为对称正定阵. 迭代公式

$$x^{(k+1)} = x^{(k)} + \omega(b - Ax^{(k)}) \quad (k = 0,1,2,\cdots),$$

试证明:当 $0 < \omega < \dfrac{2}{\beta}$ 时上述迭代法收敛(其中 $0 < \alpha \leq \lambda(A) \leq \beta$).

第 5 章 矩阵特征值与特征向量的计算

求特征值问题是科学与工程中提出的一类重要数学问题,如动力学系统和结构系统中的振动问题需要求系统的频率与振幅,又如物理学中的某些临界值的确定,等等.本章主要介绍计算机上常用的两类方法,一类是幂法,另一类是正交变换法.

5.1 幂法

5.1.1 特征值问题

设 A 为 n 阶方阵,$A = (a_{ij}) \in \mathbf{R}^{n \times n}$,若 $x \in \mathbf{R}^n (x \neq 0)$,存在 λ 使

$$Ax = \lambda x, \qquad (5-1)$$

则称 λ 为 A 的特征值,x 为相应于 λ 的特征向量.

求解特征问题一般涉及下面的两个方面.

(1) 求特征值 λ,满足

$$\varphi(\lambda) = \det(A - \lambda I) = 0, \qquad (5-2)$$

称 $\varphi(\lambda)$ 为 A 的特征多项式,它是关于 λ 的 n 次代数多项式.

(2) 求特征向量 x,满足

$$(A - \lambda I)x = 0. \qquad (5-3)$$

根据具体问题的需要,有时需要计算特征值最大或最小的特征值,如大型结构的振动问题中,往往要计算振动系统的最低频率(或前几个最低频率)及其振幅,相应的数学问题便为求解矩阵的按模最大或前几个按模最大特征值及相应的特征向量.下面介绍几类常见的方法之一——幂法.

5.1.2 幂法

幂法是用于求大型稀疏矩阵的主特征值的迭代方法,用该方法来求模最大的特征值和相应的特征向量,其优点是算法简单,易于上机实现;缺点为收敛速度较慢,而且有效性依赖于矩阵特征值的分布情况.

幂法的基本的思路为:

设 $A \in \mathbf{R}^{n \times n}$,取初始向量 $X^{(0)} \in \mathbf{R}^n$,构造序列 $\{X^{(k)}\}$:

$$X^{(1)} = AX^{(0)}, X^{(2)} = AX^{(1)}, \cdots, X^{(k)} = AX^{(k-1)}, \cdots \quad (5-4)$$

由递推关系可得到

$$X^{(k)} = A(AX^{(k-2)}) = A^2 X^{(k-2)} = \cdots = A^k X^{(0)}. \quad (5-5)$$

可见,$X^{(k)}$ 是用 A 的 k 次幂左乘 $X^{(0)}$ 得到的,故此方法称为**幂法**,$\{X^{(k)}\}$ 称为**幂序列**.

下面分析当 $k \to \infty$ 时,$\{X^{(k)}\}$ 收敛的情况与矩阵 A 的绝对值较大特征值以及相应特征向量的关系.

设 $A = (a_{ij})_{n \times n}$ 有完全的特征向量系,A 的 n 个特征值 $\lambda_1, \lambda_2, \cdots, \lambda_n$ 按模的大小排列如下

$$|\lambda_1| \geqslant |\lambda_2| \geqslant \cdots \geqslant |\lambda_n|,$$

且相应的特征向量 $V_1, V_2, \cdots, V_n$ 为线性无关,从而构成 $\mathbf{R}^n$ 上的一组基底.

因此对任取初始向量 $X^{(0)} \in \mathbf{R}^n$,都可以表示为上述基底的线性组合

$$X^{(0)} = \alpha_1 V_1 + \alpha_2 V_2 + \cdots + \alpha_n V_n = \sum_{i=1}^{n} \alpha_i V_i, \quad (5-6)$$

其中 $\alpha_1, \alpha_2, \cdots, \alpha_n$ 为展开系数. 将 $X^{(0)}$ 的展开式(5-6)代入幂公式(5-5)中,得

$$X^{(k)} = A^k \sum_{i=1}^{n} \alpha_i V_i = \sum_{i=1}^{n} \alpha_i (A^k V_i) = \sum_{i=1}^{n} \alpha_i \lambda_i^k V_i. \quad (5-7)$$

下面按需要的不同情况分别进行讨论:

(1) 若 A 有唯一的主特征值,即 $|\lambda_1| > |\lambda_2| \geqslant \cdots \geqslant |\lambda_n|$,其中 $\lambda_1 \neq 0$,则由(5-7)式有

$$X^{(k)} = \lambda_1^k \left[\alpha_1 V_1 + \sum_{i=2}^{n} \alpha_i \left(\frac{\lambda_i}{\lambda_1} \right)^k V_i \right] = \lambda_1^k (\alpha_1 V_1 + \varepsilon_k^{(0)}),$$

其中 $\varepsilon_k^{(0)} = \sum_{i=2}^{n} \alpha_i \left(\frac{\lambda_i}{\lambda_1} \right)^k V_i$. 由于 $\left| \frac{\lambda_i}{\lambda_1} \right| < 1, i = 2, 3, \cdots, n$,故当 k 充分大时 $\varepsilon_k \approx 0$,可以忽略,此时有

$$X^{(k)} = \lambda_1^k \alpha_1 V_1, \quad (5-8)$$

说明 $X^{(k)}$ 与 V_1 只相差一个常数因子. 当 k 充分大时,若 $(\alpha_1 V_1)_i \neq 0$,对 $i = 1, 2, 3, \cdots, n$,计算相邻迭代向量的对应分量比值

$$\lambda_1 = \frac{\lambda_1^{(k+1)} (\alpha_1 V_1)_i}{\lambda_1^k (\alpha_1 V_1)_i} \approx \frac{X_i^{(k+1)}}{X_i^{(k)}},$$

从上面分析可见,可取 $X^{(k)}$ 作为相应于主特征值 λ_1 的特征向量的近似. 此时,迭代序列 $X^{(k)}$ 的收敛速度取决于 $\left| \frac{\lambda_2}{\lambda_1} \right|$ 的大小,比值愈小收敛速度愈快.

(2) 若 A 的主特征值不唯一,不失一般性,设 $|\lambda_1| = |\lambda_2| > |\lambda_3| \geqslant \cdots \geqslant |\lambda_n|$. 此时可分以下三种情况讨论:

① $\lambda_1 = \lambda_2$;② $\lambda_1 = -\lambda_2$;③ $\lambda_1 = \bar{\lambda}_2$.

情况 ①:当 $\lambda_1 = \lambda_2$ 时,A 的主特征值为二重根,根据(5-7)式有

$$X^{(k)} = \lambda_1^k \left[\alpha_1 V_1 + \alpha_2 V_2 + \sum_{i=3}^{n} \alpha_i \left(\frac{\lambda_i}{\lambda_1} \right)^k V_i \right]$$

$$= \lambda_1^k(\alpha_1 V_1 + \alpha_2 V_2 + \varepsilon_k^{(1)}).$$

由于 $\left|\dfrac{\lambda_2}{\lambda_1}\right| < 1, j = 3, \cdots, n$,故当 k 充分大时,$\varepsilon_k^{(1)}$ 可被忽略,从而

$$X^{(k)} = \lambda_1^k(\alpha_1 V_1 + \alpha_2 V_2).$$

如果 $(\alpha_1 V_1 + \alpha_2 V_2)_i \neq 0$,对 $i = 1, 2, 3, \cdots, n$,有 $\lim\limits_{k \to \infty} \dfrac{X_i^{(k+1)}}{X_i^{(k)}} = \lambda_1$,且 $X^{(k)}$ 收敛到相应于 λ_1 的特征向量.

情况①的结果可推广到 A 有 r 重主特征值的情况,即当 $\lambda_1 = \lambda_2 = \cdots = \lambda_r$ 且 $|\lambda_1| > |\lambda_{r+1}|$ 时,上述讨论的结论仍然成立.

情况②:当 $\lambda_1 = -\lambda_2$ 时,则(5-7)式为

$$X^{(k)} = \lambda_1^k\left[\alpha_1 V_1 + (-1)^k \alpha_2 V_2 + \sum_{j=3}^n \alpha_j\left(\dfrac{\lambda_j}{\lambda_1}\right)^k V_j\right] \quad (5-9)$$

$$= \lambda_1^k(\alpha_1 V_1 + (-1)^k \alpha_2 V_2 + \varepsilon_k^{(2)}).$$

由于 $\left|\dfrac{\lambda_j}{\lambda_1}\right| < 1, j = 3, \cdots, n$,故当 k 充分大时,$\varepsilon_k^{(2)} \approx 0$,从而

$$X^{(k)} = \lambda_1^k(\alpha_1 V_1 + (-1)^k \alpha_2 V_2).$$

式中出现因子 $(-1)^k$,则当 k 变化时,$X^{(k)}$ 将发生有规律性的摆动,当 k 充分大时,根据 $(-1)^k$ 的变化规律,可考虑两步迭代,则有

$$X^{(k+2)} = \lambda_1^{k+2}(\alpha_1 V_1 + (-1)^{k+2}\alpha_2 V_2) = \lambda_1^{k+2}(\alpha_1 V_1 + (-1)^k \alpha_2 V_2).$$

若 $(\alpha_1 V_1 + (-1)^k \alpha_2 V_2)_i \neq 0$,则对 $i = 1, 2, 3, \cdots, n$ 有

$$\lambda_1 = -\lambda_2 \approx \sqrt{\dfrac{X_i^{(k+2)}}{X_i^{(k)}}}.$$

由(5-9)容易推出

$$\begin{cases} X^{(k+1)} + \lambda_1 X^{(k)} \approx 2\lambda_1^{k+1}\alpha_1 V_1 = C_k^1 V_1, \\ X^{(k+1)} - \lambda_1 X^{(k)} \approx (-1)^{(k+1)}2\lambda_1^{k+1}\alpha_2 V_2 = C_k^2 V_2, \end{cases}$$

即知当 k 充分大时,从而可以把 $X^{(k+1)} + \lambda_1 X^{(k)}$ 和 $X^{(k+1)} - \lambda_1 X^{(k)}$ 分别看做 λ_1 与 λ_2 的近似特征向量.

情况③:当 $\lambda_1 = \bar{\lambda}_2$ 时,因 A 为实矩阵,$\bar{A} = A$ 必有 $\bar{V}_1 = V_2$,而且若 $\lambda_1 = \rho e^{i\theta}$,也必有 $\lambda_2 = \rho e^{-i\theta}$,因此对任初始 $X^{(0)} \in \mathbf{R}^n$,总可以表示为

$$X^{(0)} = \alpha_1 V_1 + \bar{\alpha}_1 \bar{V}_1 + \sum_{j=3}^n \alpha_j V_j.$$

从而

$$X^{(k)} = \alpha_1 \lambda_1^k V_1 + \bar{\alpha}_1 \lambda_2^k \bar{V}_1 + \sum_{j=3}^n \alpha_j \lambda_j^k V_j$$

$$= \alpha_1 \rho^k e^{ik\theta} V_1 + \bar{\alpha}_1 \rho^k e^{-ik\theta} \bar{V}_1 + \rho^k \sum_{j=3}^n \alpha_j \left(\dfrac{\lambda_j}{\rho}\right)^k V_j.$$

同理,当 k 充分大时,上等式的第三项是可以被忽略的,所以

$$X^{(k)} \approx \rho^k(\alpha_1 V_1 e^{ik\theta} + \bar{\alpha}_1 \bar{V}_1 e^{-ik\theta}). \tag{5-10}$$

假设对 $\alpha_1 V_1$ 的第 j 个分量,有

$$(\alpha_1 V_1)_j = r_j e^{i\varphi}, \quad (\bar{\alpha}_1 \bar{V}_1)_j = r_j e^{-i\varphi}, \quad j = 1, 2, \cdots, n,$$

则(5-10)式的第 j 个分量表示为

$$X_j^{(k)} \approx \rho^k(r_j e^{i(\varphi+k\theta)} + r_j e^{-i(\varphi+k\theta)}) \approx 2\rho^k r_j \cos(\varphi + k\theta).$$

类似地,有

$$\begin{cases} X_j^{(k+1)} \approx 2\rho^{k+1} r_j \cos(\varphi + (k+1)\theta), \\ X_j^{(k+2)} \approx 2\rho^{k+2} r_j \cos(\varphi + (k+2)\theta). \end{cases}$$

同时注意到

$$X_j^{(k+2)} - (\lambda_1 + \lambda_2) X_j^{(k+1)} + \lambda_1 \lambda_2 X_j^{(k)} \approx 0, \tag{5-11}$$

令 $p = -(\lambda_1 + \lambda_2), q = \lambda_1 \lambda_2$,由线性方程组

$$x_j^{(k+2)} + p x_j^{(k+1)} + q x_j^{(k)} = 0, \quad j = 1, 2, \cdots, n,$$

通常采用最小二乘法近似确定 p, q,然后解主特征值 λ_1, λ_2:

$$\begin{cases} \lambda_1 = -\dfrac{p}{2} + i\sqrt{q - \left(\dfrac{p}{2}\right)}, \\ \lambda_2 = -\dfrac{p}{2} - i\sqrt{q - \left(\dfrac{p}{2}\right)}, \end{cases}$$

容易验证

$$\begin{cases} X^{(k+1)} - \lambda_2 X^{(k)} \approx \lambda_1^k(\lambda_1 - \lambda_2) \alpha_1 V_1, \\ X^{(k+1)} - \lambda_1 X^{(k)} \approx \lambda_2^k(\lambda_2 - \lambda_1) \alpha_2 V_2, \end{cases} \tag{5-12}$$

故把 $X^{(k+1)} + \lambda_1 X^{(k)}$ 和 $X^{(k+1)} - \lambda_1 X^{(k)}$ 分别看做 λ_1 与 λ_2 的近似特征向量.

实际计算时,为避免迭代向量的分量 $x_i^{(k)}$ 可能出现绝对值非常大的情况,以致造成计算机上的溢出.为避免出现这种情况,可通常在每一步迭代进行时,将迭代向量进行规范化的修正.

设向量 $V \neq 0$,将其规范化为 $\dfrac{V}{\max\{V\}}$,其中 $\max\{V\}$ 表示向量 V 绝对值最大的分量,即如果有某 i_0,使 $|x_{i_0}| = \max\limits_{1 \leq i \leq n} |x_i|$,则令 $\max(x) = x_{i_0}$.

对任取初始向量 $X^{(0)}$,记

$$Y^{(0)} = \frac{X^{(0)}}{\max\{X^{(0)}\}},$$

并定义

$$\begin{cases} Y^{(k)} = \dfrac{X^{(k)}}{\max\{X^{(k)}\}}, \\ X^{(k+1)} = AY^{(k)}, k = 0, 1, \cdots \end{cases} \tag{5-13}$$

称此为**规范化的幂法公式**或**改进幂法公式**,这里 $\max\{X^{(k)}\}$ 为 λ_1 的近似值,$Y^{(k)}$ 为相应的特征向量.

例1 用幂法计算矩阵 A 的主特征值及相应特征向量

$$A = \begin{bmatrix} 1 & -3 & 2 \\ 4 & 4 & -1 \\ 6 & 3 & 5 \end{bmatrix}.$$

解 取初始值 $y^{(0)} = (1,1,1)$，用规范化幂法公式计算得表 5 - 1.

表 5 - 1 计算结果

k	$y^{(k)}$			$x^{(k+1)}$		
0	1	1	1	0	7	14
1	0.0000	0.5000	1	0.3000	1	6.5000
2	0.0769	0.1538	1	1.6154	0.0770	5.9230
3	0.2727	-0.0130	1	2.3118	0.0388	6.5972
4	0.3504	0.0059	1	2.3327	0.4252	6.4193
5	0.3664	0.0662	1	2.1647	0.7185	7.3791
6	0.2937	0.0975	1	2.0012	0.5646	7.0515
7	0.2837	0.0800	1	2.0436	0.4568	6.9422
8	0.2944	0.0655	1	2.0978	0.4395	6.9628
9	0.3013	0.0631	1	2.1119	0.4576	6.9971
10	0.3018	0.0654	1	2.1056	0.4689	7.0071
11	0.3005	0.0669	1	2.0998	0.4696	7.0037
12	0.2998	0.0671	1	2.0987	0.4674	7.0000
13	0.2998	0.0668	1	2.0995	0.4662	6.9991

从结果可以看出主特征值为 $\lambda_1 \approx 6.9991$，相应的特征向量为 $(0.2998, 0.0668, 1)^T$，与主特征值的精确值 $\lambda_1 = 7$ 以及相应的特征向量的精确值 $(\frac{3}{10}, \frac{2}{3}, 1)^T$ 相比，精度较高.

5.1.3 反幂法

反幂法是来求 A 的按模最小的特征值和特征向量的.

设 $A \in \mathbf{R}^{n \times n}$ 可逆，则 A^{-1} 存在. 若 $\lambda \neq 0$ 为矩阵 A 的特征值，V 为相应的特征值，则 $\frac{1}{\lambda}$ 必为矩阵 A^{-1} 的特征值，且特征向量仍为 V. 由此可知，若 λ_i 是 A 的按模最小的特征值，则 $\frac{1}{\lambda_i}$ 就是 A^{-1} 的按模最大的特征值，因此计算 A 的按模最小的特征值问题就是计算 A^{-1} 的按模最大的特征值的问题.

对任何初始向量 $X^{(0)} \in \mathbf{R}^n$，构造序列迭代公式

$$X^{(k+1)} = A^{-1} X^{(k)}. \tag{5-14}$$

在应用公式(5-14)计算时，计算逆矩阵 A^{-1} 复杂，计算量大；而且 A 稀疏时，A^{-1} 不一定稀疏，造成计算 A^{-1} 时出现困难，所以在实际计算时，通常用

$$AX^{(k+1)} = X^{(k)} \quad (k = 0,1,\cdots).$$

为了防止溢出，计算公式为

$$\begin{cases} Y^{(k)} = X^{(k)}/\max\{X^{(k)}\}, \\ AX^{(k+1)} = Y^{(k)}. \end{cases} (k = 0,1,\cdots) \tag{5-15}$$

为了节约计算量,可将矩阵用列主元法进行 $A = LU$ 分解,此时每次迭代只需解两个三角形方程组.

5.1.4 幂法的加速

设 $\lambda_i(i = 1, 2, \cdots, n)$ 为矩阵 $A \in \mathbf{R}^{n \times n}$ 的 n 个特征值,且 $|\lambda_1| > |\lambda_2| \geq \cdots \geq |\lambda_n|$. 已知幂法的收敛速度由 $r = \left|\dfrac{\lambda_2}{\lambda_1}\right|$ 决定,当比值 r 很小时,只需进行较少次的迭代就可以求出最大特征值的一个很好的近似值. 这启发我们考虑将矩阵进行变换,使得矩阵具有一个很大的特征值,这就是原点移位法,以改变原矩阵 A 的状态.

引进参数 λ_0,用矩阵 $A - \lambda_0 I$ 来代替矩阵 A 进行幂迭代. 设 $\mu_i(i = 1, 2, \cdots, n)$ 为矩阵 $A - \lambda_0 I$ 的特征值,则 $A - \lambda_0 I$ 与 A 的特征值之间有关系

$$\mu_i = \lambda_i - \lambda_0 (i = 1, 2, \cdots, n),$$

且若 v_i 是 A 相应于 λ_i 的特征向量,则 v_i 亦是 μ_i 的特征向量. 因此,对任取 $X^{(0)} \in \mathbf{R}^n$,有

$$X^{(k)} = (A - \lambda_0 I)^k X^{(0)}$$

$$= (\lambda_1 - \lambda_0)^k \left[\alpha_1 v_1 + \sum_{j=2}^{n} \alpha_j \left(\dfrac{\lambda_j - \lambda_0}{\lambda_1 - \lambda_0} \right)^k v_j \right],$$

为加快收敛速度,应适当选取参数 λ_0,使 $\max\limits_{2 \leq j \leq n} \left|\dfrac{\lambda_j - \lambda_0}{\lambda_1 - \lambda_0}\right|^k$ 达到最小值. 例如,设 $\lambda_i(i = 1, 2, \cdots, n)$ 为实数,且 $\lambda_1 > \lambda_2 \geq \cdots \geq \lambda_n$ 时,应当取

$$\lambda_0^* = \dfrac{1}{2}(\lambda_2 + \lambda_n),$$

此时

$$\left|\dfrac{\lambda_2 - \lambda_0^*}{\lambda_1 - \lambda_0^*}\right| = \left|\dfrac{\lambda_2 - \lambda_n}{2\lambda_1 - \lambda_2 - \lambda_n}\right| < \left|\dfrac{\lambda_2}{\lambda_1}\right|.$$

原点移位法是一个矩阵变换过程,变换简单且不破坏原矩阵的稀疏性. 由于预先不知道特征值的分布,所以用此方法有一定困难,通常是对特征值的分布有个大致的估计,设定一个参数值 $\lambda_0 \in (\lambda_n, \lambda_2)$ 在计算机上进行试算,当所取 λ_0 对迭代有明显加速效应以后再进行确定计算.

例 2 计算矩阵 A 的主特征值

$$A = \begin{bmatrix} 1 & 1 & 0.5 \\ 1 & 1 & 0.25 \\ 0.5 & 0.25 & 2 \end{bmatrix}.$$

解 为了便于比较,先用规范法幂法计算(表 5 - 2).

表 5-2 计算结果

k	$y^{(0)}$			$\max(v_k)$	$\max(v_k) - \max(v_{k-1})$
0	1	1	1		
1	0.9091	0.8182	1	2.75000	0.1818
2	0.8376	0.7346	1	2.65909	0.00746
14	0.7484	0.6498	1	2.53670	0.000009
15	0.7483	0.6497	1	2.53662	0.000007
16	0.7483	0.6487	1	2.53658	0.000004

A 的主特征值及特征向量的精确值为
$$\lambda_1 = 2.53652586,$$
$$v_1 = (0.74822116, 0.64966116, 1)^T,$$
而用规范化幂法计算的相应近似值为
$$\lambda_1 \approx 2.53658,$$
$$v_1 \approx (0.7483, 0.6487, 1)^T.$$
若采用原点位移的加速求解,对 A 做变换 $B = A - \lambda_0 I$,取 $\lambda_0 = 0.75$,则
$$B = \begin{bmatrix} 0.25 & 1 & 0.5 \\ 1 & 0.25 & 0.25 \\ 0.5 & 0.25 & 1.25 \end{bmatrix}.$$
对 B 应用幂法,得到下表的结果(表 5-3).

表 5-3 计算结果

k	$y^{(0)}$			$\max(v_k)$	$\max(v_k) - \max(v_{k-1})$
0	1	1	1		
1	0.8750	0.7500	1	2.00000	0.2500
2	0.7833	0.7000	1	1.87500	0.00917
9	07483	0.6498	1	1.78666	0.0000169
10	0.7482	0.6497	1	1.78659	0.00000735
11	0.7482	0.6487	1	1.78655	0.00000436

得到 B 的主特征值约为 1.78655,因此 A 的主特征值约为
$$1.78655 + 0.75 = 2.53655,$$
此结果与未加速的规范幂法计算的结果相比,可以看出原点位移法的加速效果是显著的.

5.2 子空间迭代法

子空间迭代法也称平行迭代法,是幂法的推广. 幂法每次只能求出矩阵的一个主特征值及特征向量,而子空间迭代法则可以将矩阵前几个较大的特征值和它们的特征向量同时求出来.

子空间迭代法对一般的矩阵的效果并不突出,但对对称稀疏矩阵,效果令人满意,处

理对称矩阵一般要进行 Schmidt 正交化过程.

设 $\boldsymbol{\alpha}_1, \boldsymbol{\alpha}_2, \cdots, \boldsymbol{\alpha}_n$ 为 $\mathbf{R}^n$ 上的 n 个无关的向量,且

$$\boldsymbol{\alpha}_1 = \boldsymbol{\alpha}_1, \qquad \boldsymbol{\beta}_1 = \boldsymbol{\alpha}_1 / \|\boldsymbol{\alpha}_1\|_2,$$
$$\boldsymbol{\beta}'_2 = \boldsymbol{\alpha}_2 - (\boldsymbol{\alpha}_2, \boldsymbol{\beta}_1)\boldsymbol{\beta}_1, \qquad \boldsymbol{\beta}_2 = \boldsymbol{\beta}'_2 / \|\boldsymbol{\beta}'_2\|_2,$$
$$\boldsymbol{\beta}'_3 = \boldsymbol{\alpha}_3 - (\boldsymbol{\alpha}_3, \boldsymbol{\beta}_1)\boldsymbol{\beta}_1 - (\boldsymbol{\alpha}_3, \boldsymbol{\beta}_2)\boldsymbol{\beta}_2, \qquad \boldsymbol{\beta}_3 = \boldsymbol{\beta}'_3 / \|\boldsymbol{\beta}'_2\|_2,$$
$$\vdots \qquad\qquad\qquad \vdots$$
$$\boldsymbol{\beta}'_n = \boldsymbol{\alpha}_n - \sum_{j=1}^{n-1} (\boldsymbol{\alpha}_n, \boldsymbol{\beta}_j)\boldsymbol{\beta}_j, \qquad \boldsymbol{\beta}_n = \boldsymbol{\beta}'_n / \|\boldsymbol{\beta}'_n\|_2,$$

即

$$[\boldsymbol{\alpha}_1, \cdots, \boldsymbol{\alpha}_n] = [\boldsymbol{\beta}_1, \cdots, \boldsymbol{\beta}_n] \begin{bmatrix} \|\boldsymbol{\alpha}_1\|_2 & (\boldsymbol{\alpha}_2, \boldsymbol{\beta}_1) & (\boldsymbol{\alpha}_3, \boldsymbol{\beta}_1) & \cdots & (\boldsymbol{\alpha}_n, \boldsymbol{\beta}_1) \\ & \|\boldsymbol{\beta}'_2\|_2 & (\boldsymbol{\alpha}_3, \boldsymbol{\beta}_2) & \cdots & (\boldsymbol{\alpha}_n, \boldsymbol{\beta}_2) \\ & & \|\boldsymbol{\beta}'_3\|_2 & \cdots & (\boldsymbol{\alpha}_n, \boldsymbol{\beta}_3) \\ & & & \ddots & \vdots \\ & & & & \|\boldsymbol{\beta}'_n\|_2 \end{bmatrix} = \boldsymbol{QR},$$

其中 $\boldsymbol{Q}$ 为正交阵,$\boldsymbol{R}$ 为上三角阵. 上述将 n 个线性无关向量变换为 n 个两两正交的单位向量的方法称为 Schmidt 正交化方法. 当向量组 $[\boldsymbol{\alpha}_1, \cdots, \boldsymbol{\alpha}_p]$ 中向量的个数 $p < n$ 时,上述过程仍然成立.

子空间迭代法的作法是,为求 $\boldsymbol{A}$ 的前 p 个特征值及相应的特征向量($p < n$),先取 p 个线性无关的向量 $\boldsymbol{X}_1, \boldsymbol{X}_2, \cdots, \boldsymbol{X}_p$ 构成一个 $n \times p$ 的初始矩阵

$$\boldsymbol{Y}_0 = [\boldsymbol{X}_1, \boldsymbol{X}_2, \cdots, \boldsymbol{X}_p],$$

再用可逆矩阵 $\boldsymbol{A}$ 左乘上式,得到

$$\boldsymbol{Z}_1 = \boldsymbol{AY}_0.$$

一般来说,$\boldsymbol{Z}_1$ 的各列仍线性无关,但不一定两两正交,进而用 Schmidt 正交化方法将 $\boldsymbol{Z}_1$ 分解为

$$\boldsymbol{Z}_1 = \boldsymbol{Y}_1 \boldsymbol{R}_1 \quad \text{或} \quad \boldsymbol{Y}_1 = \boldsymbol{Z}_1 \boldsymbol{R}_1^{-1},$$

其中 $\boldsymbol{Y}_1$ 的各列两两正交,且 $\boldsymbol{R}_1$ 为可逆上三角阵,从而有

$$\boldsymbol{AY}_0 = \boldsymbol{Y}_1 \boldsymbol{R}_1,$$

则子空间迭代法的公式为

$$\begin{cases} \boldsymbol{Z}_{k+1} = \boldsymbol{AY}_k, \\ \boldsymbol{Y}_{k+1} = \boldsymbol{Z}_{k+1} \boldsymbol{R}_{k+1}^{-1}, \end{cases}$$

或

$$\boldsymbol{AY}_k = \boldsymbol{Y}_{k+1} \boldsymbol{R}_{k+1}, \ k = 0, 1, 2, \cdots$$

当 $\boldsymbol{A} \in \mathbf{R}^{n \times n}$ 对称时,可按下述正交化步骤进行计算:

(1) 计算 $\boldsymbol{Z}_{k+1} = \boldsymbol{AY}_k$;

(2) 计算 p 阶对称阵 $\boldsymbol{G}_{k+1} = \boldsymbol{Z}_{k+1}^T \boldsymbol{Z}_{k+1}$;

(3) 求矩阵 $\boldsymbol{U}_{k+1} = [\boldsymbol{u}_1, \boldsymbol{u}_2, \cdots, \boldsymbol{u}_p]_{p \times p}$,使

$$U_{k+1}^T G_{k+1} U_{k+1} = D_{k+1}^2 = \begin{bmatrix} (d_1^{(k)})^2 & & \\ & \ddots & \\ & & (d_p^{(k)})^2 \end{bmatrix},$$

其中,对角阵 D_{k+1}^2 的元素 $(d_1^{(k)})^2, \cdots, (d_p^{(k)})^2$ 为 G_{k+1} 的全部特征值, U_{k+1} 的各列 $u_1, u_2, \cdots, u_p$ 为相应特征向量;

(4) 计算 $Y_{k+1} = Z_{k+1} U_{k+1} D_{k+1}^{-1}$,可以验证 Y_{k+1} 为各列规范正交,即
$$Y_{k+1}^T Y_{k+1} = (Z_{k+1} U_{k+1} D_{k+1}^{-1})^T (Z_{k+1} U_{k+1} D_{k+1}^{-1}) = I;$$

(5) 检验精度,即若满足条件
$$|d_j^{(k+1)} - d_j^{(k)}| \leq \varepsilon \quad (j = 1, 2, \cdots, p),$$

则将 $(d_1^{(k)})^2, \cdots, (d_p^{(k)})^2$ 作为 A 的前 p 个按模最大特征值的近似值,并将 Y_{k+1} 作为相应的近似特征向量阵. 若不满足精度要求,将指标加 1 后重复上面过程.

例 1 用子空间迭代法计算矩阵的最大的两个特征值和相应的特征向量
$$A = \begin{bmatrix} 2 & -1 & 0 \\ -1 & 2 & -1 \\ 0 & -1 & 2 \end{bmatrix}.$$

解 按子空间迭代法计算
$$Y_0 = \begin{bmatrix} \frac{2}{\sqrt{5}} & \frac{-1}{\sqrt{6}} \\ \frac{-1}{\sqrt{5}} & \frac{2}{\sqrt{6}} \\ 0 & \frac{-1}{\sqrt{6}} \end{bmatrix}.$$

$$Z_1 = AY_0 = \begin{bmatrix} 2.2361 & -1.6330 \\ -1.7889 & 2.4495 \\ 0.44721 & -1.6330 \end{bmatrix}, G_1 = Z_1^T Z_1 = \begin{bmatrix} 8.4000 & -8.7636 \\ -8.7636 & 1.3333 \end{bmatrix},$$

$$D_1 = \begin{bmatrix} 0.99057 & 0 \\ 0 & 4.3304 \end{bmatrix}, U_1 = \begin{bmatrix} -0.76324 & -0.64612 \\ -0.64612 & 0.76324 \end{bmatrix},$$

$$Y_1 = Z_1 U_1 D_1^{-1} = \begin{bmatrix} -0.65775 & -0.62145 \\ -0.21941 & 0.69864 \\ 0.72057 & -0.35455 \end{bmatrix},$$

迭代 4 次可得
$$D_4 = \begin{bmatrix} 1.9999 & 0 \\ 0 & 3.4142 \end{bmatrix}, Y_4 = \begin{bmatrix} 0.70862 & -0.49993 \\ 2.16068 \times 10^3 & 0.70721 \\ -0.70558 & -0.49992 \end{bmatrix},$$

此时特征值误差达 10^{-4},特征值误差只有 2.16068×10^{-8}. 若迭代 9 次可得
$$D_9 = \begin{bmatrix} 1.9999999 & 0 \\ 0 & 3.41421356 \end{bmatrix}, Y_9 = \begin{bmatrix} 0.70711 & -0.50000 \\ -4.6462 \times 10^6 & 0.70711 \\ -0.70710 & -0.50000 \end{bmatrix}.$$

实际上,矩阵 A 的精确值为 $2,2+\sqrt{2},2-\sqrt{2}$,对应特征向量为

$$\begin{bmatrix} \sqrt{2}/2 & -1/2 & 1/2 \\ 0 & \sqrt{2}/2 & \sqrt{2}/2 \\ -\sqrt{2}/2 & -1/2 & 1/2 \end{bmatrix}$$

的列向量. 迭代 9 次的结果和精确值相比,特征值误差达 10^{-8},特征向量误差也只有 10^{-5}. 若用反幂法来改善迭代 4 次时对应的特征向量,可得

$$\begin{bmatrix} 0.707107 & -0.500000 \\ 1.5\times 10^{-7} & 0.707107 \\ -0.707107 & -0.500000 \end{bmatrix},$$

其精度比迭代 9 次时的还高. 可见,平行迭代法特征值满足要求时不必迭代下去,可用反幂法来改善特征向量.

5.3　QR 算法

由于任何实的非奇异矩阵都可以分解为正交矩阵 Q 和上三角矩阵 R 的乘积,而且当 R 的对角线元素符号确定时,分解唯一. 基于此的算法为 QR 算法,该方法为幂法的推广和变形,可以用来求任何实的非奇异矩阵的全部特征值及特征向量.

QR 算法是一种通过逐次正交分解计算特征值的方法. 按 5.2 节中的 Schmidt 正交化过程,可将 $A_1 = A$ 正交分解为一个正交矩阵 Q_1 和另一个上三角矩阵 R_1 的乘积:

$$A_1 = Q_1 R_1,$$

然后交换因式矩阵 Q_1 和 R_1 的次序,得到新矩阵

$$A_2 = R_1 Q_1.$$

因 Q_1 为正交阵,故 $Q_1^T = Q_1^{-1}$,于是

$$A_2 = Q_1^T A_1 Q_1,$$

这表明矩阵 A_2 与 A_1 正交相似. 用 A_2 代替 A_1,重复上述步骤可得 A_3. 如此类推,QR 算法的计算公式为

$$\begin{cases} A_k = Q_k R_k, \\ A_{k+1} = R_k Q_k = Q_k^T A_k Q_k, \end{cases} k = 1,2,\cdots \tag{5-16}$$

其中 Q_k 为正交阵,R_k 为上三角阵.

定理 5.1　对任意 $A \in \mathbf{R}^{n\times n}$,由 QR 算法产生的矩阵序列 $\{A_k\}$ 具有以下基本特性:

(1) 矩阵序列 $\{A_k\}$ 的每一个矩阵 A_k 与 A 正交相似,从而具有相同的特征值;

(2) 若记 $\tilde{Q} = Q_1 Q_2 \cdots Q_k$,$\tilde{R} = R_k \cdots R_2 R_1$,则 A^k 有 QR 分解式 $A^k = \tilde{Q}\tilde{R}$.

事实上,由于

$$A_k = Q_{k-1}^T A_{k-1} Q_{k-1} = Q_{k-1}^T Q_{k-2}^T A_{k-2} Q_{k-2} Q_{k-1}$$
$$= Q_{k-1}^T \cdots Q_2^T Q_1^T A_1 Q_1 Q_2 \cdots Q_{k-1}$$

$$= (Q_1 Q_2 \cdots Q_{k-1})^T A_1 (Q_1 Q_2 \cdots Q_{k-1}) = \tilde{Q}_{k-1}^T A \tilde{Q}_{k-1},$$

其中 $\tilde{Q}_{k-1} = Q_1 Q_2 \cdots Q_{k-1}$, 则 $\tilde{Q}_{k-1}$ 为正交矩阵, 于是 A_k 与 A 正交相似, 从而具有相同的特征值.

为证(2) 我们采用归纳法, 当 $k=1$ 时, A 的正交分解为

$$A_1 = \tilde{Q}_1 \tilde{R}_1 = Q_1 R_1.$$

假设 A^{k-1} 的正交分解式为

$$A^{k-1} = \tilde{Q}_{k-1} \tilde{R}_{k-1},$$

由于

$$A \tilde{Q}_{k-1} \tilde{R}_{k-1} = \tilde{Q}_{k-1} A_k,$$

从而有

$$A^k = A(A^{k-1}) = A(\tilde{Q}_{k-1} \tilde{R}_{k-1}) = \tilde{Q}_{k-1} A_k \tilde{R}_{k-1}.$$

再利用分解式 $A_k = Q_k R_k$, 即得

$$A^k = \tilde{Q}_{k-1} Q_k R_k \tilde{R}_{k-1} = \tilde{Q}_k \tilde{R}_k.$$

用 QR 方法求矩阵全部特征值的依据, 除了由 QR 算法产生的矩阵序列 $\{A_k\}$ 的正交相似的特征外, 还在于序列 $\{A_k\}$ 所具有的一种收敛性质, 即在一定条件下, 当 $k \to \infty$ 时, $\{A_k\}$ 本质收敛到一个上三角矩阵. 所谓矩阵序列 $\{A_k\}$ 本质收敛于上三角矩阵 R:

$$A_k \xrightarrow{\text{本质收敛}} R = \begin{bmatrix} \lambda_1 & * & \cdots & * \\ & \lambda_2 & \ddots & \vdots \\ & & \ddots & * \\ & & & \lambda_n \end{bmatrix}, \quad k \to \infty,$$

只要 A_k 的对角元素 a_{ii}^k 具有确定的极限值 λ_i, 其余位置如图示中, * 号位置元素可以没有极限.

这里不加证明, 给出一定条件下 QR 算法的一个收敛定理.

定理 5.2 假设 $A \in \mathbf{R}^{n \times n}$, 并设 A 的特征值 $\lambda_1, \lambda_2, \cdots, \lambda_n$ 为实数且满足

$$|\lambda_1| > |\lambda_2| > \cdots > |\lambda_n| > 0,$$

则由 $A_1 = A$ 的 QR 算法所产生的矩阵序列 $\{A_k\}$ 本质收敛于一个上三角矩阵.

$$A_k \xrightarrow{\text{本质收敛}} \begin{bmatrix} \lambda_1 & * & \cdots & * \\ & \lambda_2 & \ddots & \vdots \\ & & \ddots & * \\ & & & \lambda_n \end{bmatrix}, \quad k \to \infty.$$

例 1 求矩阵

$$A = \begin{bmatrix} 5 & -2 & -5 & -1 \\ 1 & 0 & -3 & 2 \\ 0 & 2 & 2 & -3 \\ 0 & 0 & 1 & -2 \end{bmatrix}$$

的特征值.

解 用 QR 算法来解 A 的特征值.

令 $A = A_1$，进行 QR 分解，由 Schmidt 正交化，得
$$A_1 = Q_1 R_1,$$
其中
$$Q_1 = \begin{bmatrix} 0.9806 & -0.0377 & 0.1923 & -0.1038 \\ 0.1961 & 0.1887 & -0.8804 & -0.4192 \\ 0 & 0.9813 & 0.1761 & 0.0740 \\ 0 & 0 & 0.3962 & -0.8989 \end{bmatrix},$$

$$R_1 = \begin{bmatrix} 5.0992 & -1.9612 & -5.4912 & -0.3922 \\ 0 & 2.0381 & 1.5852 & -2.5288 \\ 0 & 0 & 2.5242 & -3.2736 \\ 0 & 0 & 0 & 0.7822 \end{bmatrix}.$$

将 Q_1, R_1 逆序相乘，可得
$$A_2 = R_1 Q_1 = \begin{bmatrix} 4.6154 & -5.9511 & 1.4287 & 1.2598 \\ 0.39970 & 1.9402 & -2.5246 & 1.6625 \\ 0 & 2.4696 & -0.85380 & 3.1906 \\ 0 & 0 & 0.30387 & -0.70175 \end{bmatrix},$$

把 A_2 代替 A_1，重复上面过程计算 11 次得
$$A_{12} = \begin{bmatrix} 4.000 & * & * & * \\ & 1.8789 & -3.5910 & * \\ & 1.3290 & 0.1211 & * \\ & & & -1.000 \end{bmatrix}.$$

不难看出，A 的一个特征值是 4，另一个特征值是 -1，其他的近似值则可由方程求得
$$\begin{vmatrix} 1.879 - \lambda & -3.5910 \\ 1.32690 & 0.1211 - \lambda \end{vmatrix} = 0$$
为 $1 \pm 2i$.

5.4 Jacobi 旋转法

Jacobi 旋转法是一种用平面旋转矩阵所构成的正交相似变换将对称阵化为对角阵的方法，它适用于实对称阵，可以同时求出全部特征值及特征向量．

设 $A = (a_{ij}) \in \mathbf{R}^{n \times n}$ 为实对称矩阵，一定存在一个正交矩阵 P，当对 A 进行正交相似变换时，有
$$P^T A P = P^{-1} A P = D,$$
其中 D 为对角阵，它的对角线元素 λ_i 为 A 的 n 个特征值．而正交阵 P 的各 i 列就是对应 λ_i 的特征向量．Jacobi 方法就是寻求正交阵 P，使 A 对角化，从而得到其全部的特征值的相似值以及相应的特征向量的近似．

5.4.1 平面旋转阵

记正交矩阵($i \neq j$)

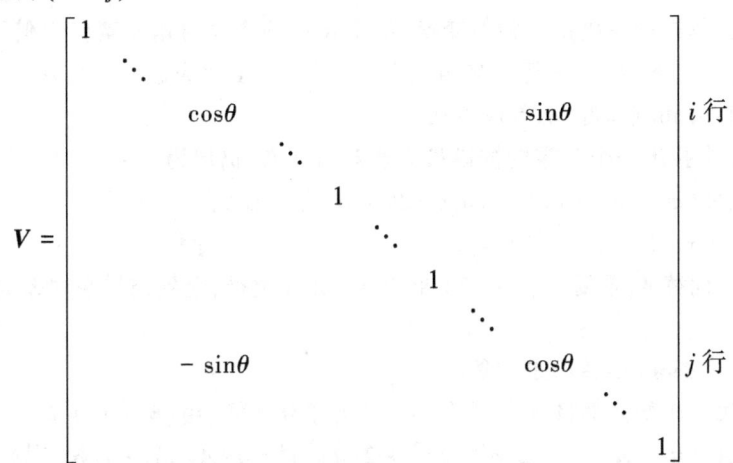

为 $\mathbf{R}^n$ 中的二维坐标旋转变换矩阵,变换将坐标所在平面旋转了一个角度,其他坐标保持不变,故称为**平面旋转变换矩阵**.

用矩阵 $\boldsymbol{V}$ 对 $\boldsymbol{A}$ 进行正交相似变换,得到 $\boldsymbol{A}_1 = \boldsymbol{V}^{\mathrm{T}} \boldsymbol{A} \boldsymbol{V}$,通过计算知,矩阵 $\boldsymbol{A} = (a_{ij})$ 与 $\boldsymbol{A}_1 = (e_{ij})$ 的元素之间有如下关系式成立:

$$\begin{cases} e_{ii} = a_{ii}\cos^2\theta + a_{jj}\sin^2\theta - a_{ij}\sin 2\theta, \\ e_{jj} = a_{ii}\sin^2\theta + a_{jj}\cos^2\theta + a_{ij}\sin 2\theta, \\ e_{ij} = e_{ji} = \frac{1}{2}(a_{ii} - a_{jj})\sin 2\theta + a_{ij}\cos 2\theta, \\ e_{ik} = e_{ki} = a_{ik}\cos\theta - a_{jk}\sin\theta \quad (k \neq i,j), \\ e_{jk} = e_{kj} = a_{jk}\cos\theta - a_{ik}\sin\theta \quad (k \neq i,j), \\ e_{lk} = a_{lk} \quad (l,k \neq i,j). \end{cases} \tag{5-17}$$

可以看出,经过 $\boldsymbol{V}$ 作用后,矩阵 $\boldsymbol{E}$ 的第 i 行 j 列和第 j 行 i 列的元素发生了变化,其他元素不变. 由上述关系式可以验证

$$\begin{cases} e_{il}^2 + e_{jl}^2 = a_{il}^2 + a_{jl}^2 \quad (l \neq i,j), \\ e_{ii}^2 + e_{jj}^2 + c_{ij}^2 = a_{ii}^2 + a_{jj}^2 + a_{ij}^2. \end{cases} \tag{5-18}$$

若记

$$\sigma(\boldsymbol{A}) = \sum_{i,j=1}^{n} a_{ij}^2, \quad \tau(\boldsymbol{A}) = \sum_{\substack{i,j=1 \\ i \neq j}}^{n} a_{ij}^2,$$

那么由(5-17)式和(5-18)式可知

$$\sigma(\boldsymbol{A}_1) = \sigma(\boldsymbol{A}), \quad \tau(\boldsymbol{A}) = \tau(\boldsymbol{A}) - 2a_{ij}^2 + 2c_{ij}^2. \tag{5-19}$$

因此,特别地当 θ 角满足

$$\cot 2\theta = \frac{a_{ii} - a_{jj}}{2a_{ij}}$$

时,$e_{ij} = e_{ji} = 0$,即用平面旋转矩阵 V 对 A 进行变换,可将 A 的两个非对角线元素化为零.

5.4.2 Jacobi 旋转法

一般来说,每进行一次正交相似变换,可将 A 的两个非对角元素变为零元素.因此可选一系列正交变换阵,对 A 进行正交相似变换,直至将 A 化为近似对角阵.

下面介绍 Jacobi 旋转法的具体算法:

(1) 在 A 中找出一个非零的按模最大非对角元素,仍记为 a_{ij};

(2) 由条件$(a_{ii} - a_{jj})\sin2\theta + 2a_{ij}\cos2\theta = 0$,确定出 θ;

(3) 通过公式(5 - 17)计算 A_1;

(4) 以 A_1 代替 A,重复(1) ~ (3)求出 A_2,如此类推,直到结果在误差允许的范围之内.

定理 5.3 Jacobi 旋转法是收敛的.

事实上,每一次变换都将 A 的两个非对角元素化为零,由(5 - 19)知

$$\tau(A_k) = \tau(A_{k-1}) - 2(a_{ij}^{(k-1)})^2 + 2(a_{ij}^{(k)})^2 = \tau(A_{k-1}) - 2(a_{ij}^{(k-1)})^2,$$

可见经过变换后,A_k 的 $n(n-1)$ 个非对角元素是逐渐变小的,并有

$$\tau(A_k) \leqslant \tau(A_{k-1}) - \frac{2}{n(n-1)}\tau(A_{k-1})$$

$$= \left(1 - \frac{2}{n(n-1)}\right)\tau(A_{k-1})$$

$$\leqslant \left(1 - \frac{2}{n(n-1)}\right)^k \tau(A_1) \to 0 \quad (k \to \infty). \quad (5 - 20)$$

反复使用不等式(5 - 20),则得

$$\tau(A_k) \leqslant \left(1 - \frac{2}{n(n-1)}\right)^k \tau(A).$$

由于 $\left(1 - \frac{2}{n(n-1)}\right) < 1$,故 $k \to \infty$ 时,$\tau(A_k) \to 0$.因此,当 k 充分大时,Jacobi 旋转法是收敛的.而且 A_k 的对角元素可作为矩阵 A 的特征值的近似值,且把逐次的旋转变换矩阵乘积的乘积阵的各列作为矩阵 A 的近似特征向量.

例 1 用 Jacobi 旋转法求下列矩阵的特征值及特征向量

$$A = \begin{bmatrix} 2 & -1 & 0 \\ -1 & 2 & -1 \\ 0 & -1 & 2 \end{bmatrix}.$$

解 首先,选取一个非零的按模最大非对角元素,这里取 $i = 1, j = 2$.

由条件知 $\cos2\theta = 0$,即 $\theta = \frac{\pi}{2}$,所以

$$\cos\theta = \sin\theta = \frac{\sqrt{2}}{2},$$

从而相应的平面旋转矩阵为

$$V_1 = \begin{bmatrix} \sqrt{0.5} & \sqrt{0.5} & 0 \\ -\sqrt{0.5} & \sqrt{0.5} & 0 \\ 0 & 0 & 1 \end{bmatrix},$$

于是

$$A_2 = V_1 A V_1^T = \begin{bmatrix} 1 & 0 & -\sqrt{0.5} \\ 0 & 3 & -\sqrt{0.5} \\ 0 & 0 & 1 \end{bmatrix}.$$

再重复前面,令 $i=1, j=3$,由条件知 $\tan 2\theta = \sqrt{2}$,从而 $\sin\theta \approx 0.45969, \cos\theta \approx 0.88808$,

$$V_2 = \begin{bmatrix} 0.88808 & 0 & 0.45969 \\ 0 & 1 & 0 \\ -0.45969 & 0 & 0.88808 \end{bmatrix}.$$

同样地,

$$A_3 = V_2 A_2 V_2^T = \begin{bmatrix} 0.63398 & -0.32505 & 0 \\ -0.32505 & 3 & 0.62797 \\ 0 & -0.67797 & 2.36603 \end{bmatrix}.$$

如此经过 9 次旋转变换,得

$$A_{10} = \begin{bmatrix} 0.58578 & 0.00000 & 0.00000 \\ 0.00000 & 2.00000 & 0.00000 \\ 0.00000 & 0.00000 & 3.41421 \end{bmatrix},$$

A 的特征值的近似值为

$$\lambda_1 = 0.58578, \lambda_2 = 2.00000, \lambda_3 = 3.41421,$$

每一次变换的矩阵的乘积为

$$V = V_1 V_2 \cdots V_9 = (v_1\ v_2\ v_3) = \begin{bmatrix} 0.50000 & 0.70710 & 0.50000 \\ 0.70710 & 0.00000 & -0.70710 \\ 0.50000 & -0.70710 & 0.50000 \end{bmatrix},$$

其中 $v_i(i=1,2,3)$ 为 $\lambda_i(i=1,2,3)$ 相应的特征向量.

用 Jacobi 方法求解的结果精度比较高,因此该方法是求实对称矩阵全部特征值和特征向量的一个较适用的方法,且求到的特征向量正交性好,但计算量较大,难于利用原矩阵的稀疏性质,因此适用于低阶满矩阵的情形.

习题 5

1. 用幂法计算下列矩阵的主特征值和相应的特征向量.

(1) $\begin{bmatrix} 7 & 3 & -2 \\ 3 & 4 & -1 \\ -2 & -1 & 3 \end{bmatrix}$; (2) $\begin{bmatrix} 4 & 2 & 2 \\ 2 & 5 & 1 \\ 2 & 1 & 6 \end{bmatrix}$; (3) $\begin{bmatrix} -4 & 14 & 0 \\ -5 & 13 & 0 \\ -1 & 0 & 2 \end{bmatrix}$.

2. 用反幂法计算下列矩阵的指定的特征值和相应的特征向量.

(1) $\begin{bmatrix} 4 & 1 & 4 \\ 1 & 10 & 1 \\ 4 & 1 & 10 \end{bmatrix}$ 的最接近 12 的特征值与相应特征向量;

(2) $\begin{bmatrix} 6 & 2 & 1 \\ 2 & 3 & 1 \\ 1 & 1 & 1 \end{bmatrix}$ 的最接近 6 的特征值与相应特征向量.

3. 用 QR 算法计算下面矩阵的特征值.

(1) $\begin{bmatrix} 5 & -2 & -5 & -1 \\ 1 & 0 & -3 & 2 \\ 0 & 2 & 2 & -3 \\ 0 & 0 & 1 & -2 \end{bmatrix}$; (2) $\begin{bmatrix} -2 & -1 & 0 & 0 \\ -1 & 2 & -1 & 0 \\ 0 & -1 & 2 & -1 \\ 0 & 0 & -1 & 2 \end{bmatrix}$.

4. 用 Jacobi 方法求下面矩阵的全部特征值与特征向量.

(1) $\begin{bmatrix} 4 & 1 & 0 \\ 1 & 2 & 1 \\ 0 & 1 & 1 \end{bmatrix}$; (2) $\begin{bmatrix} 10 & 7 & 8 & 7 \\ 7 & 5 & 6 & 5 \\ 8 & 6 & 10 & 9 \\ 7 & 5 & 9 & 10 \end{bmatrix}$.

第6章 非线性方程的数值解

6.1 引言

对于低次(一、二次)代数方程和某些特殊的高次代数方程或超越方程已有一些代数解法,这些方法都是精确解法.但对于生产实际和科学技术中常遇到的较一般的高次代数方程或超越方程,如 $x-\tan x=0, x^5-4x-2=0$,看起来很简单,但用已有的代数方法就难以求出其精确解.这类问题常可以归结为求非线性方程的解的问题.

一般地,求方程

$$f(x) = 0 \tag{6-1}$$

的根.这里 $f(\cdot)$ 是单变量 x 的函数,满足 $f(x^*)=0$ 的值 x^* 就是方程(6-1)的解,x^* 称作方程的根,又称作函数 $f(\cdot)$ 的零点.如果在 $x=a$ 处满足

$$f(a)=0, f^{(l)}(a)=0, f^{(k)}(a) \neq 0, l=1,2,\cdots,k-1, k=1,2,\cdots \tag{6-2}$$

则称 $x=a$ 是方程(6-1)的 **k 重根** 或 $f(x)$ 的 **k 重零点**.特别地,当 $x=1$ 时,$x=a$ 称为**单根**或**单零点**.方程(6-1)有 k 重根 $x=a$ 等价于函数 $f(x)$ 可以分解成以下形式

$$f(x) = (x-a)^k \varphi(x), \tag{6-3}$$

其中 $\varphi(x) \neq 0$.

想一想:方程求根首先要解决什么问题?怎样解决这个问题?

方程求根首先要解决根是否存在的问题,对一般函数方程,若 $f(x)$ 在区间 $[a,b]$ 上连续,且 $f(a)f(b)<0$,则方程(6-1)在 $[a,b]$ 上至少有一个实根,$[a,b]$ 称为有根区间.

非线性方程(组)的根能用解析式表示的极少,绝大多数需借助于数值方法求近似解.所以,本章主要介绍几种求解非线性方程的常用数值方法.

在根存在的情况下,求方程的根通常是采用逐次逼近思想构造的迭代方法,这类方法产生一个序列 $x_0, x_1, \cdots$ 使它收敛于方程的根 a.为此,需要先找到有根区间 $[a,b]$ 或近似根的初始值 x_0,这就是根的隔离问题.通常可用逐次搜索法求出有根区间,具体做法是:从 $x_0=a$ 出发,取步长 $h=\dfrac{b-a}{n}$(n 为正整数),令 $x_k=a+kh(k=0,1,2,\cdots,n)$,从左至右检查 $f(x_k)$ 的符号.如发现节点 x_k 与端点 a 的函数值异号,则得到一个缩小的有根区间 $[x_{k-1}, x_k]$,其宽度为 h;再检查下去,只要发现相邻两点函数值异号则又可得一个缩小的有根区间.

例1 给定方程 $f(x)=x^3-x-1=0$,由于 $f(0)<0, f(2)>0$,故 $[0,2]$ 是有根区间.若取 $h=0.5$,从左向右检查 $f(x_k)$ 的符号(表6-1),可发现 $[1,1.5]$ 是一个缩小的有根区间.

表 6-1　$f(x_k)$ 的符号

x_k	0	0.5	1.0	1.5	2.0
$f(x_k)$	-	-	-	+	+

6.2　区间二分法

设实函数 $f(x)$ 在区间 $[a,b]$ 上单调连续,由数学分析大家知道,如果 $f(a)f(b)<0$,则方程在区间内有且只有一个根 x^*。

区间二分法的基本思想是:将方程根所在的区间平分为两个小区间,再判断根属于哪个小区间;把有根的小区间再平分为二,再判断根所在的更小区间,等等;重复这一过程最后求出满足精度要求的近似根,见图 6-1。

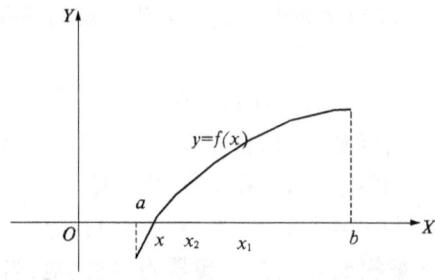

图 6-1

不失一般性,假设 $f(a)<0, f(b)>0$,取

$$x_1 = \frac{1}{2}(a+b),$$

则必有下列三种情况之一成立:

(1) 若 $f(x_1)=0$,则 $x_1 = x^* \in [a,b]$;

(2) 若 $f(x_1)>0$,则令 $a=a_1, x_1=b_1$,有 $x^* \in [a_1,b_1] \subset [a,b]$,且 $b_1-a_1=\frac{1}{2}(b-a)$;

(3) 若 $f(x_1)<0$,则令 $x_1=a_1, b=b_1$,有 $x^* \in [a_1,b_1] \subset [a,b]$,且 $b_1-a_1=\frac{1}{2}(a-b)$。

重复这一过程,假定已知 $x^* \in [a_{n-1}, b_{n-1}], f(a_{n-1})<0, f(b_{n-1})>0$,并取

$$x_n = \frac{1}{2}(a_{n-1} + b_{n-1}),$$

则必有下列三种情况之一成立:

(1) 若 $f(x_n)=0$,则 $x_n = x^* \in [a_{n-1}, b_{n-1}]$;

(2) 若 $f(x_n)>0$,则令 $a_{n-1}=a_n, x_n=b_n$,有 $x^* \in [a_n, b_n] \subset [a_{n-1}, b_{n-1}]$,且 $b_n-a_n=\frac{1}{2}(b_{n-1}-a_{n-1})$;

(3) 若$f(x_n)<0$,则令$x_n=a_n,b_{n-1}=b_n$,有$x^*\in[a_n,b_n]\subset[a_{n-1},b_{n-1}]$,且$b_n-a_n=\frac{1}{2}(b_{n-1}-a_{n-1})$.

若再取

$$x_{n+1}=\frac{1}{2}(a_n+b_n) \quad (6-4)$$

作为所求根的近似值,其误差估计公式为

$$|x^*-x_{n+1}|\leq\frac{1}{2}(b_n-a_n)=\frac{1}{2^{n+1}}(b-a). \quad (6-5)$$

综上所述,设在区间上有一阶导数存在且不变号,如果$f(a)f(b)<0$,则由(6-5)知,$x_n\to x^*$($n\to\infty$),且$|x^*-x_n|$收敛于零的速度,相当于以$\frac{1}{2}$为公比的等比级数收敛于零的速度.

例1 用区间二分法求方程$x^3-2x^2-4x-7=0$在$[3,4]$内的根,精确到10^{-3}.

解 为使x_n精确到10^{-3},用(6-5)式估计出n的最小值.令

$$\frac{1}{2^n}(b-a)\leq\frac{1}{2}\times10^{-3},$$

由$b-a=4-3=1$解得$n\geq11$,即求出x_{11}可达到精度要求.具体计算如下:

因为$f(3)<0,f(4)>0$,所以$x^*\in[3,4]$,

$x_1=\frac{1}{2}(3+4)=3.5,f(x_1)<0$,所以有$x^*\in[3.5,4]$;

$x_2=\frac{1}{2}(3.5+4)=3.75,f(x_2)>0$,所以有$x^*\in[3.5,3.75]$;

$x_3=\frac{1}{2}(3.5+4)=3.625,\quad f(x_3)<0$,所以有$x^*\in[3.625,3.75]$;

$x_4=\frac{1}{2}(3.625+3.75)=3.688,\quad f(x_4)>0$,所以有$x^*\in[3.625,3.688]$;

$x_5=\frac{1}{2}(3.625+3.688)=3.675,\quad f(x_5)>0$,所以有$x^*\in[3.625,3.657]$;

$x_6=\frac{1}{2}(3.625+3.657)=3.641,\quad f(x_6)>0$,所以有$x^*\in[3.625,3.641]$;

$x_7=\frac{1}{2}(3.625+3.641)=3.633,\quad f(x_7)>0$,所以有$x^*\in[3.625,3.633]$;

$x_8=\frac{1}{2}(3.625+3.633)=3.659,\quad f(x_8)<0$,所以有$x^*\in[3.629,3.633]$;

$x_9=\frac{1}{2}(3.629+3.633)=3.631,\quad f(x_9)<0$,所以有$x^*\in[3.631,3.633]$;

$x_{10}=\frac{1}{2}(3.631+3.633)=3.632,\quad f(x_{10})>0$,所以有$x^*\in[3.631,3.632]$;

$x_{11}=\frac{1}{2}(3.631+3.632)=3.632,x^*=3.632=x_{11}$,且有$|x^*-x_{11}|\leq\frac{1}{2^{11}}(4-3)=4.9\times10^{-4}$

$\leqslant \frac{1}{2} \times 10^{-3}$.

例2 用区间二分法求方程 $f(x)=\ln x+2x-6$ 在 $[2,3]$ 内的根,精确到 10^{-2}.

解 取区间 $[2,3]$ 的中点 $x_1=2.5$,用计算器算得 $f(2.5)\approx -0.084$,因为 $f(2.5)f(3)<0$,所以 $x^*\in[2.5,3]$.

$x_2=\frac{1}{2}(2.5+3)=2.75$,用计算器算得 $f(2.75)\approx 0.512$,因为 $f(2.5)f(2.75)<0$,所以 $x^*\in[2.5,2.75]$. 可列表如下(表6-2).

表 6-2

区间	中点的值	中点函数近似值	精确度
$[2,3]$	2.5	-0.84	1
$[2.5,3]$	2.75	0.512	0.5
$[2.5,2.75]$	2.625	0.215	0.25
$[2.5,2.625]$	2.5625	0.066	0.125
$[2.5,2.5625]$	0.53125	-0.009	0.0625
$[2.53125,2.5625]$	2.546875	0.029	0.03125
$[2.53125,2.546875]$	2.5390625	0.010	0.015625
$[2.53125,2.5390625]$	2.53515625	0.001	0.0078125

因为 $|2.53125-2.5390625|=0.0078125<0.01$,所以可以将 $x^*=2.53125$ 作为方程 $f(x)=\ln x+2x-6$ 的根的近似值.

区间二分法的优点是程序简单,对函数 $f(x)$ 性质要求低,但它不能用来求重根、复根. 在实际计算中,区间二分法常用来求较好的含根区间和初始近似值.

6.3 弦截法

设方程 $f(x)=0$ 在区间 $[a,b]$ 内有唯一根 x^*,在 $[a,b]$ 内曲线 $y=f(x)$ 上任取两点 $A(a,f(a))$,$B(b,f(b))$ 作弦,用此弦与 x 轴的交点的横坐标 x_1 作为 x^* 的近似值(图 6-2),这种求近似根方程的方法称为**弦截法**(亦称**弦法**).

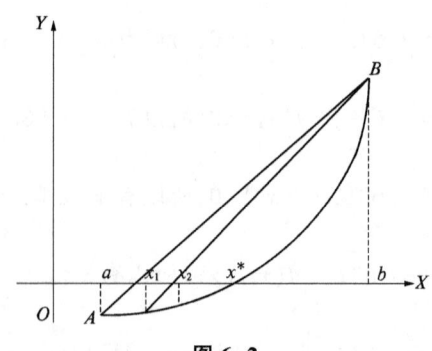

图 6-2

下面分别来讨论单点弦法和双点弦法.

6.3.1 单点弦法

设方程
$$f(x) = 0 \qquad (6-6)$$
在区间$[a,b]$内只有一个根x^*,我们固定点$(b,f(b))$,取$x_0=a$作为x^*的初始近似值,通过两点$(a,f(a))$,$(b,f(b))$作弦(图6-3).

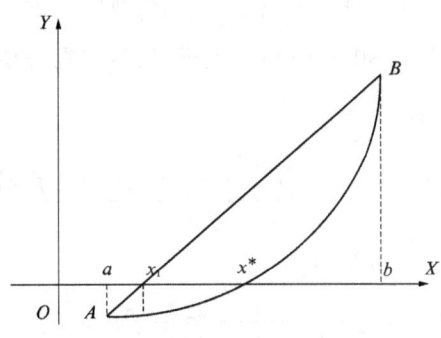

图 6-3

其方程为
$$y = f(a) + \frac{f(b) - f(a)}{b - a}(x - a),$$
此弦与x轴交点的横坐标为
$$x_1 = a - \frac{b - a}{f(b) - f(a)} f(a).$$
将x_1作为曲线与x轴交点的第一近似值.

若$f(x_1) = 0$,则$x_1 = x^*$. 否则,再过两点$(x_1, f(x_1))$,$(b, f(b))$作弦,这个弦与x轴交点的横坐标为
$$x_2 = x_1 - \frac{b - x_1}{f(b) - f(x_1)} f(x_1).$$
将x_2作为x^*的第二近似值.

继续下去,可得一序列$\{x_n\}$,如果此序列收敛,则极限为所求方程$f(x)=0$的根x^*.

想一想:那么,在什么条件下,由单点弦法得到的序列$\{x_n\}$收敛到x^*呢?

下述定理回答了这一问题.

定理6.1 设$f(x)$满足条件:
(1) $f(a) \cdot f(b) < 0$;
(2) $f'(x)$, $f''(x)$在$[a,b]$上连续且不变号;
(3) $f'(x) \cdot f''(x) > 0$,取$x_0 = a$,则由程序
$$x_{n+1} = x_n - \frac{b - x_n}{f(b) - f(x_n)} f(x_n), n = 0, 1, \cdots \qquad (6-7)$$

得到的序列 $\{x_n\}$ 单调收敛于 x^*,且有线性收敛速度.

证明 由条件(1)、(2)知 $f(x)$ 在 $[a,b]$ 内有唯一根 x^*. 以下证明 $\{x_n\}$ 单调收敛于 x^*,为此首先证明 $\{x_n\}$ 单调有界.

不失一般性,不妨设 $f(a)=f(x_0)<0, f(b)>0, f'(x)>0, f''(x)>0$,如图 6-3 所示.

由于 $x_0=a, b-x_0>0, f'(x)>0$,可得
$$f(b)-f(x_0)>0,$$
$$x_1 = x_0 - \frac{b-x_0}{f(b)-f(x_0)}f(x_0) > x_0.$$

再证明 $x_1<x^*$. 因为 $f'(x)>0, f(x)$ 单调上升,所以只需证明 $f(x_1)<0$ 即可. 为此构造函数 $g(x)=\dfrac{f(b)-f(x)}{b-x}$,则有
$$g'(x) = \frac{-f'(x)(b-x)+[f(b)-f(x)]}{(b-x)^2}$$
$$= \frac{\dfrac{f''(\xi)}{2}(b-x)^2}{(b-x)^2} = \frac{f''(\xi)}{2} > 0,$$

其中 $\xi \in [a,b]$,由此得 $g(x)$ 为单调上升函数.

由已证 $x_0<x_1$ 知
$$\frac{f(b)-f(x_1)}{b-x_1} > \frac{f(b)-f(x_0)}{b-x_0},$$
即
$$f(x_1) < f(b) - \frac{f(b)-f(x_0)}{b-x_0}(b-x_1) = 0,$$

由此证明了
$$x_0 < x_1 < x^* < b.$$

一般地,由 $x_0<x_i<x^*$ 可同样证明
$$x_0 < x_i < x_{i+1} < x^* < b,$$
由此得,由(6-7)产生的序列 $\{x_n\}$ 单调上升,且有上界 x^*,故必有极限,设为 $\bar{x}$.

对(6-7)两边取极限得
$$\bar{x} = \bar{x} - \frac{b-\bar{x}}{f(b)-f(\bar{x})}f(\bar{x}),$$
由 $b>\bar{x}$ 得
$$f(\bar{x}) = 0.$$
又由于 $f(x)=0$ 在 $[a,b]$ 内有唯一根,因此
$$\bar{x} = x^*,$$
即 $x^n \to x^* (n\to\infty)$. 证毕.

为了讨论 $\{x_n\}$ 收敛的速度,我们引入敛速这一概念.

定义 6.1 设某种方法确定的序列 $\{x_n\}$ 收敛于方程的根 x^*,如果存在正实数 P,使得

$$\frac{|x^* - x_{n+1}|}{|x^* - x_n|^P} \to C (\neq 0) \quad (n \to \infty),$$ 则称序列 $\{x_n\}$ 收敛于 x^* 的**敛速为 P 阶**,或称该方法具有 P **阶敛速**.

特别地,当 $P=1$ 时,称方法为线性(一次)收敛;当 $P=2$ 时,称方法为平方(二次)收敛;当 $1<P<2$ 时,称方法为超越线性收敛.

由此定义可见,一个方法的收敛速度实际就是误差的收缩率,敛速的阶越高,则误差缩减得越快,也就是方法收缩得越快.

下面我们来证明单点弦法具有线性敛速.由敛速定义只需证明

$$\frac{|x^* - x_{n+1}|}{|x^* - x_n|} \to C \quad (\neq 0) \quad (n \to \infty),$$

为此令

$$\varphi(x) = x - \frac{b-x}{f(b) - f(x)} f(x), \tag{6-8}$$

则由(6-7)得 $x_{n+1} = \varphi(x_n)$,而且 $x^* = \varphi(x^*)$,故有

$$x_{n+1} - x^* = \varphi(x_n) - \varphi(x^*) = \varphi'(\xi_n)(x_n - x^*),$$

其中 $\xi_n \in (x_n, x^*)$,于是有

$$|x_{n+1} - x^*| = |\varphi'(\xi_n)| \cdot |x_n - x^*|, \frac{|x_{n+1} - x^*|}{|x_n - x^*|} = |\varphi'(\xi_n)|,$$

取极限得

$$\frac{|x_{n+1} - x^*|}{|x_n - x^*|} \to |\varphi'(x^*)| \quad (n \to \infty).$$

当 $\varphi'(x^*) \neq 0$ 时,由定义知方法具有线性(一次)敛速.证毕.

定理 6.2 设 $f(x)$ 在 $[a, b]$ 上满足条件:

(1) $f(a) \cdot f(b) < 0$;

(2) $f'(x), f''(x)$ 连续,不变号;

(3) $f'(x) \cdot f''(x) < 0$,取 $x_0 = b$,

则由程序

$$x_{n+1} = x_n - \frac{x_n - a}{f(x_n) - f(a)} f(x_n), n = 0, 1, \cdots \tag{6-9}$$

得到的序列 $\{x_n\}$ 单调收敛于 x^*,具有线性敛速.

此定理证明与定理 6.1 类似(略).其几何解释见图 6-4.

例1 求 $x^3 - 0.2x^2 - 0.2x - 1.2 = 0$ 在区间 $[1, 1.5]$ 内的实根(精确到 10^{-3}).

解 (1) 确定有根区间:

因为 $f(1) = -0.6 < 0, f(1.5) = 1.425 > 0$,所以 $x^* \in [1, 1.5]$.

(2) 检验 $f'(x) = 3x^2 - 0.4x - 0.2 > 0, f''(x) = 6x - 0.4 > 0$.

取 $x_0 = a = 1$,使用公式 $x_{n+1} = x_n - \frac{1.5 - x_n}{f(1.5) - f(x_n)} f(x_n), n = 0, 1, \cdots$

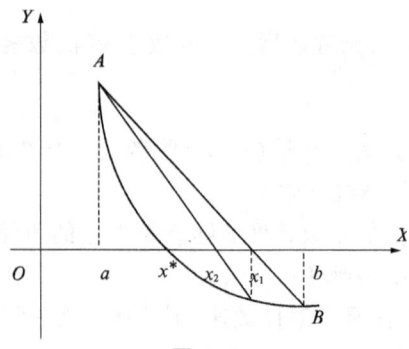

图 6-4

(3) 具体计算如下(表 6-3):

表 6-3

n	x_n	$f(x_0)$
0	1	-0.6
1	1.15	-0.173
2	1.190	-0.036
3	1.193	-0.025
4	1.198	-0.007
5	1.199	-0.004
6	1.200	0.000

所以 $x^* = 1.200$.

6.3.2 双点弦法

单点弦法在计算过程中只有一个点变动,而另一个点固定不动.下面我们讨论两个点都变动的更一般情况,见图 6-5.

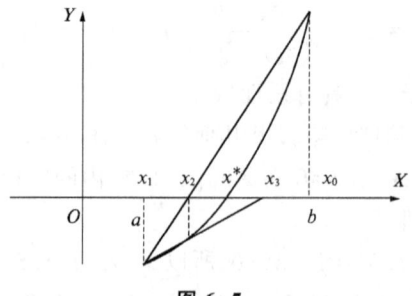

图 6-5

设 $f(a) \cdot f(b) < 0, f'(x), f''(x)$ 在 $[a,b]$ 上连续且不变号. 过点 $(x_0, f(x_0)), (x_1, f(x_1))$ 作弦,其方程为

$$y = \frac{f(x_1) - f(x_0)}{x_1 - x_0}(x - x_1) + f(x_1). \qquad (6-10)$$

令 $y=0$,解出 x 即为此弦与轴的交点

$$x_2 = x_1 - \frac{x_1 - x_0}{f(x_1) - f(x_0)} f(x_1),$$

取 x_2 作为 x^* 的第二近似值.

同理,再过点 $(x_1,f(x_1)),(x_2,f(x_2))$ 作弦,求得其与 x 轴的交点为

$$x_3 = x_2 - \frac{x_2 - x_1}{f(x_2) - f(x_1)} f(x_2),$$

取 x_3 作为 x^* 的第三个近似值.

一般地,假如已求得 x_{n-1}, x_n,则过点 $(x_{n-1},f(x_{n-1})),(x_n,f(x_n))$ 作弦求得其与 x 轴的交点为

$$x_{n+1} = x_n - \frac{x_n - x_{n-1}}{f(x_n) - f(x_{n-1})} f(x_n), n = 0, 1, \cdots \qquad (6-11)$$

取 x_{n+1} 作为 x^* 的第 $n+1$ 个近似值.

递推公式(6-11)就是双点弦法的迭代公式,其中 x_0, x_1 为初始近似,可在 $[a,b]$ 内任意选取.

下面讨论双点弦法的收敛条件和收敛速度问题.

定理 6.3 若 $f(x)$ 在 $[a,b]$ 上满足条件:

(1) $f(a) \cdot f(b) < 0$;

(2) $f'(x), f''(x)$ 连续,且 $f'(x) \neq 0$;

(3) $K \cdot R \leq \rho < 1, R = \max\{|x_1 - x^*|, |x_0 - x^*|\}$,

$K = M_2 / 2m_1, M_2 = \max|f''(x)|, m_1 = \min|f'(x)|$,

则由双点弦法程序(6-11)得到的序列 $\{x_n\}$ 超线性收敛于 $f(x) = 0$ 的唯一根 x^*.

证明 由条件(1)、(2),$f(x) = 0$ 在 $[a,b]$ 内有唯一根 x^* 这是显然的.

为证明 $\{x_n\}$ 收敛于 x^*,先考察用弦代替曲线产生的误差,我们令

$$L_1(x) = f(x_1) + \frac{f(x_1) - f(x_0)}{x_1 - x_0}(x - x_1), R_1(x) = f(x) - L_1(x).$$

因为点 $(x_0,f(x_0)),(x_1,f(x_1))$ 是弦和曲线的两个交点,所以有

$$R_1(x_0) = R_1(x_1) = 0,$$

从而可设

$$f(x) - L_1(x) = K(x)(x - x_0)(x - x_1), \qquad (6-12)$$

其中 $K(x)$ 为待定函数.

为了确定 $K(x)$,构造函数

$$\Phi(t) = f(t) - L_1(t) - K(x)(t - x_0)(t - x_1).$$

$\Phi(t)$ 至少有三个零点 x_0, x_1, x,由罗尔定理得 $\Phi''(t)$ 至少有一个零点,设为 ξ_1,则

$$\Phi''(\xi_1) = f''(\xi_1) - K(x) \cdot 2 = 0,$$

所以
$$K(x) = \frac{1}{2}f''(\xi_1),$$

其中 ξ_1 在 x_0, x_1, x 中的最小值与最大值之间，将 $K(x)$ 代入(6-12)的误差函数

$$f(x) - L_1(x) = \frac{1}{2}f''(\xi_1)(x - x_0)(x - x_1),$$

为导出 x_0, x_1, x_2 的误差之间关系，我们用 $x = x^*$ 代入上式，由 $f(x^*) = 0$ 得

$$-L_1(x^*) = \frac{1}{2}f''(\xi_1)(x^* - x_0)(x^* - x_1).$$

又因为 $L_1(x_2) = 0$，故上式可写为

$$L_1(x_2) - L_1(x^*) = \frac{1}{2}f''(\xi_1)(x^* - x_0)(x^* - x_1),$$

由中值定理知

$$x_2 - x^* = \frac{L_1(x_2) - L_1(x^*)}{L'_1(\xi_2)},$$

$$L'_1(x) = \frac{f(x_1) - f(x_0)}{x_1 - x_0} = f'(\eta_1),$$

其中 ξ_1 在 x_2 与 x^* 之间，y_1 在 x_1 与 x_0 之间，于是有

$$x^* - x_2 = -\frac{f''(\xi_1)}{2f'(\eta_1)}(x^* - x_0)(x^* - x_1). \qquad (6-13)$$

同理可得 x_{n-1}, x_n, x_{n+1} 的误差之间的关系式

$$x^* - x_{n+1} = -\frac{f''(\xi_n)}{2f'(\eta_n)}(x^* - x_{n-1})(x^* - x_n), \quad n = 1, 2, \cdots \qquad (6-14)$$

其中 ξ_n 在 x_{n-1}, x_n, x_{n+1} 中的最小值与最大值之间，η_n 在 x_{n-1} 与 x_n 之间. 式(6-14)表明 x_{n+1} 的误差与 x_n 和 x_{n-1} 的误差之积成正比.

如果令 $e_n = |x^* - x_n|$，$n = 0, 1, \cdots$ 由已知条件 $Ke_0 \le \rho < 1$，$Ke_1 \le \rho < 1$ 和(6-14)得

$$e_2 \le Ke_1e_0 \le \rho e_0,$$
$$e_3 \le Ke_2e_1 \le \rho^2 e_0,$$
$$e_3 \le Ke_3e_2 \le \rho^4 e_0,$$
$$\cdots\cdots$$
$$e_{n+1} \le Ke_ne_{n-1} \le \rho^{2(n-1)}e_0.$$

当 $n \to \infty$ 时，有 $\rho^{2(n-1)}e_0 \to 0$，即

$$x_n \to x^* \quad (n \to \infty).$$

下面我们讨论收敛于 x^* 的速度问题，由(6-14)得

$$e_{n+1} = K_n e_n e_{n-1},$$

$$\frac{e_{n+1}}{e_n e_{n-1}} = K_n \to K^* \quad (n \to \infty), \qquad (6-15)$$

其中 $K_n = \left|\dfrac{f''(\xi_n)}{2f'(\eta_n)}\right|, K^* = \left|\dfrac{f''(x^*)}{2f'(x^*)}\right|$.

假设此法具有 P 阶敛速,则由敛速定义得 $\dfrac{e_{n+1}}{e_n^P} \to C, \dfrac{e_n}{e_{n-1}^P} \to C(n \to \infty)$,于是有 $e_{n+1} \sim Ce_n^P$, $e_{n-1} \sim C^{-\frac{1}{P}} e_n^{\frac{1}{P}}$,再由(6-15)得

$$e_{n+1} \sim Ce_n^P, e_{n-1} \sim C^{-\frac{1}{P}} e_n^{\frac{1}{P}}. \quad (6-16)$$

(6-16)说明,$P = 1 + \dfrac{1}{P}, C = C^{-\frac{1}{P}} K^*$,从而解得 $P = \dfrac{1+\sqrt{5}}{2} \doteq 1.618; C = (K^*)^{\frac{P}{1+P}}$,即双点弦法敛速为 1.618 阶,超线性收敛.

由于定理 6.3 是局部收敛定理(即在含有 x^* 的充分小邻域内满足条件),所以若区间 $[a,b]$ 取得较大,定理条件往往不能满足. 为了使用方便,我们给出下面定理.

定理 6.4 设 $f(x)$ 在 $[a,b]$ 上满足条件:

(1) $f(a)f(b) < 0$;

(2) $f'(x), f''(x)$ 连续,不变号;

(3) 取 x_0, x_1 使得 $f(x_0)f''(x) > 0, f(x_1)f''(x) > 0$,

则双点弦法程序(6-11)得到的序列 $\{x_n\}$ 超线性收敛于 x^*.

例 2 用双点弦法计算 $\sqrt{2}$(精确到 10^{-4}).

解 计算 $\sqrt{2}$ 相当于求方程 $x^2 - 2 = 0$ 的正根.

易知 $x^* \in [1,2]$,由于 $f'(x) = 2x, f''(x) = 2$,得到在区间 $[1,2]$ 上,$m_1 = 2, M_2 = 2, K = \dfrac{M_2}{2m_1} = \dfrac{1}{2} < 1, K \cdot R \leqslant \dfrac{1}{2} < 1$,满足定理 6.3 的条件.

用公式(6-11)计算如下:

取 $x_0 = 2, x_1 = 1.5$,代入 $x_{k+1} = x_k - \dfrac{x_k - x_{k-1}}{f(x_k) - f(x_{k-1})} f(x_k)$,得

$$x_2 = 1.42857,$$
$$x_3 = 1.41857,$$
$$x_4 = 1.41814,$$
$$x_5 = 1.41439,$$
$$x_6 = 1.41428,$$

所以 $\sqrt{2} = 1.4142$.

例 3 用双点弦法求下列方程的最小正根

$$x^3 + 1.1x^2 + 0.9x - 1.4 = 0(\text{精确到 } 10^{-4}).$$

解 (1) 确定含最小正根区间:

因为 $f(0) = -1.4 < 0, f(1) = 1.6 > 0$,所以 $x^* \in [0,1]$.

(2) 检验收敛条件确定初值:

$$f'(x) = 3x^2 + 2.2x + 0.9 > 0, f''(x) = 6x + 2.2 > 0.$$

由 $f(x_0)f''(x)>0, f(x_1)f''(x)>0$ 选取 $x_0=1, x_1=0.8$.

（3）用公式（6-11）计算如下：

$$x_0 = 1, \quad x_1 = 0.8,$$
$$x_2 = 0.6992, \quad x_3 = 0.6735,$$
$$x_4 = 0.6707, \quad x_5 = 0.6707,$$

所以
$$x^* = 0.6707.$$

6.4 切线法

6.4.1 切线法

在上节中，我们讨论了在区间 $[a,b]$ 上用弦代替曲线求方程

$$f(x) = 0 \tag{6-17}$$

的近似根的方法，本节将讨论用切线来代替曲线求方程近似根的方法，此方法称为切线法（或牛顿 Newton 法）。它是求方程根比较有效的方法之一.

切线法的基本思想是，设 x_0 为方程（6-17）的一个近似根，可将 $f(\cdot)$ 在 x_0 处展成一阶泰勒公式 $f(x) = f(x_0) + f'(x_0)(x-x_0) + \dfrac{f''(\xi)}{2!}(x-x_0)^2$.

取其线性部分近似，即用线性方程 $f(x_0) + f'(x_0)(x-x_0) = 0$ 近似方程（6-17）.若 $f'(x_0) \neq 0$，方程 $f(x_0) + f'(x_0)(x-x_0) = 0$ 的根记作 x_1，则得 $x_1 = x_0 - \dfrac{f(x_0)}{f'(x_0)}$. 它实际上是过曲线 $y=f(x)$ 上的点 $(x_0, f(x_0))$ 作曲线的切线，取此切线与 x 轴的交点横坐标 x_1 作为 x^* 的一个新的近似值……见图 6-6.

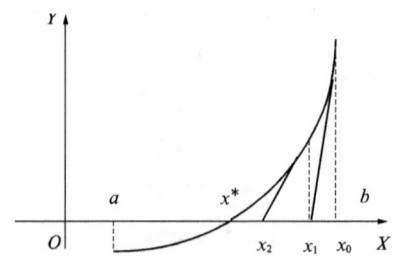

图 6-6

为导出切线法的计算公式，设 $f(x)$ 在 $[a,b]$ 上满足条件：（1）$f(a)<0, f(b)>0$；（2）$f'(x)>0, f''(x)>0$，且连续.取初始近似 $x_0=b$，过点 $(x_0, f(x_0))$ 作切线，其方程为 $y = f'(x_0)(x-x_0) + f(x_0)$，它与 x 轴交点的横坐标为 $x_1 = x_0 - \dfrac{f(x_0)}{f'(x_0)}$，取 x_1 作为 x^* 的第一近似值.

同理，过点 $(x_1, f(x_1))$ 作切线，其方程为 $y = f'(x_1)(x-x_1) + f(x_1)$，令 $y=0$，求得此切

线与 x 轴交点的横坐标为 $x_2 = x_1 - \dfrac{f(x_1)}{f'(x_1)}$，取 x_2 作为 x^* 的第二近似值.

一般地，已求得 x^* 的第 n 个近似值 x_n，则过点 $(x_n, f(x_n))$ 作切线，其方程为 $y = f'(x_n)(x - x_n) + f(x_n)$，令 $y = 0$，求得此切线与 x 轴交点的横坐标为

$$x_{n+1} = x_n - \frac{f(x_n)}{f'(x_n)}, n = 0, 1, \cdots \qquad (6-18)$$

取 x_{n+1} 作为 x^* 的第 $n+1$ 个近似值.

递推公式(6-18)就是切线法(或牛顿法)的迭代公式.

下面讨论切线法的收敛条件.

定理 6.5 设在 $[a,b]$ 上满足条件：

(1) $f(a)f(b) < 0$；

(2) $f'(x), f''(x)$ 连续，不变号；

(3) 取 x_0，使得 $f(x_0) \cdot f''(x) > 0$，

则方程 $f(x) = 0$ 在 $[a,b]$ 内有唯一根 x^*，且由切线法迭代程序(6-18)确定的序列 $\{x_n\}$ 收敛于 x^*，具有二阶敛速.

证明 由条件(1)、(2)知，方程 $f(x) = 0$ 在区间 $[a,b]$ 内有唯一根 x^*.

以下证明当 $n \to \infty$ 时，$x_n \to x^*$. 为此，证明 $\{x_n\}$ 为单调有界序列.

不失一般性，由定理条件不妨假设 $f(a) < 0, f(b) > 0, f'(x) > 0, f''(x) > 0, f(x_0) > 0$. 由 $f'(x) > 0$ 知 $f(x)$ 为单调上升，又由 $f(x_0) > 0$ 知 $x^* < x_0$，而 $x_1 = x_0 - \dfrac{f(x_0)}{f'(x_0)} < x_0$.

另一方面，将 $f(x)$ 在 x_0 处作泰勒展开：

$$f(x) = f(x_0) + f'(x_0)(x - x_0) + \frac{1}{2}f''(\xi_0)(x - x_0)^2,$$

其中 ξ_0 在 x_0 和 x 之间.

将 $x = x^*$ 代入上式得

$$f(x^*) = f(x_0) + f'(x_0)(x^* - x_0) + \frac{1}{2}f''(\xi_0)(x^* - x_0)^2 = 0,$$

所以有

$$f(x_0) + f'(x_0)(x^* - x_0) = -\frac{1}{2}f''(\xi_0)(x^* - x_0)^2,$$

用 $f'(x_0)$ 除等式两边得

$$x^* - \left[x_0 - \frac{f(x_0)}{f'(x_0)}\right] = -\frac{1}{2}\frac{f''(\xi_0)}{f'(x_0)}(x - x_0)^2,$$

即

$$x^* - x_1 = -\frac{1}{2}\frac{f''(\xi_0)}{f'(x_0)}(x - x_0)^2 < 0, \qquad (6-19)$$

所以 $x^* < x_1 < x_0$.

一般地,由 $x^* < x_n$ 同样可证得

$$x^* - x_{n+1} = -\frac{1}{2}\frac{f''(\xi_n)}{f'(x_n)}(x - x_n)^2 < 0, \qquad (6-20)$$

$$x^* < x_{n+1} < x_n, n = 0, 1, \cdots \qquad (6-21)$$

由此得序列 $\{x_n\}$ 为单调下降序列,且有下界为 x^*,所以必有极限,设为 $\bar{x}$. 对(6-18)两边取极限得 $\bar{x} = \bar{x} - \frac{f(\bar{x})}{f'(\bar{x})}$,故得 $f(\bar{x}) = 0$.

再由方程 $f(x) = 0$ 在 $[a, b]$ 内有唯一根,得
$$\bar{x} = x^*,$$
即
$$x_n \to x^* \, (n \to \infty).$$

再由(6-20)得

$$\frac{|x^* - x_{n+1}|}{|x^* - x_n|^2} = \left|\frac{f''(\xi_n)}{2f'(x_n)}\right| \to \left|\frac{f''(x^*)}{2f'(x^*)}\right| \, (n \to \infty).$$

当 $f'(x^*) \neq 0$ 时,由定义 6.1 知切线法具有二阶敛速. 证毕.

由于切线法收敛速度快,不仅在求解单个方程,而且在求解非线性方程组上有着广泛的应用,但切线法需要计算导数值,为了避免计算导数值,产生了简化牛顿法、拟牛顿法等种种改进.

例 1 证明计算的牛顿程序为

$$x_{n+1} = \frac{1}{3}\left(2x_n + \frac{a}{x_n^2}\right), \qquad (6-22)$$

并用此公式计算 $\sqrt[3]{411.7910}$(精确到 10^{-6}).

解 因计算 $\sqrt[3]{a}$ 相当于求方程 $x^3 - a = 0$ 的根.

将 $f(x) = x^3 - a, f'(x) = 3x^3$ 代入(6-18)得

$$x_{n+1} = x_n - \frac{x_n^3 - a}{3x_n^2} = \frac{1}{3}\left(2x_n + \frac{a}{x_n^2}\right).$$

下面计算 $\sqrt[3]{411.7910}$. 因为 $f(7) < 0, f(8) > 0$,所以 $x^* \in [7, 8]$. 而且,

$$f'(x) = 3x^2 > 0, f''(x) = 6x > 0,$$

所以取 $x_0 = 8$,有 $f(x_0)f''(x) > 0$,应用公式(6-22)计算结果如下:

$$x_1 = 7.48, x_2 = 7.439977, x_3 = 7.439760,$$

所以有 $\sqrt[3]{411.7910} = 7.439760$.

例 2 用切线法求下列方程在 $[0, 0.1]$ 内的根(精确到 10^{-7}).

$$\tan x - 4.88889 \sin x + 0.25 = 0.$$

解 因为 $f(0) = 2.25 > 0, f(0.1) = -0.138 < 0$,所以 $x^* \in [0, 0.1]$. 而在区间 $[0, 0.1]$ 上,

$$f'(x) = \frac{1}{\cos^2 x} - 4.88889 \cos x < 0,$$

$$f''(x) = \frac{2\sin x}{\cos^2 x} + 4.88889\cos x > 0,$$

所以取 $x_0 = 0$,则有 $f(x_0)f''(x) > 0$.

应用切线法公式(6-18)计算结果如下:

$$x_1 = 0.0642856, \quad x_2 = 0.0643644,$$
$$x_3 = 0.0643648, \quad x_4 = 0.0643648,$$

所以有

$$x^* = 0.0643648.$$

例 3 用切线法求方程

$$f(x) = xe^x - 1 = 0$$

在 $x_0 = 0.5$ 附近的根.

解 此方程的牛顿迭代程序为

$$x_{k+1} = x_k - \frac{x_k - e^{-x_k}}{1 + x_k} \quad (k = 0, 1, \cdots),$$

直接计算可得

$$x_0 = 0.5,$$
$$x_1 = 0.57102,$$
$$x_2 = 0.56716,$$
$$x_3 = 0.56714,$$

只算三步就达到 10^{-5} 精度,可见牛顿法收敛很快.

6.4.2 简化牛顿法与牛顿下山法

牛顿法的优点是收敛快且可用于求复根,缺点是每步要计算 $f(x_k)$ 及 $f'(x_k)$,计算量较大,且方法只是局部收敛,若初始近似选取不合适则不能保证其收敛性,为克服这两个缺点,可用下列方法.

6.4.2.1 简化牛顿法,也称为平行弦法

其迭代公式为

$$x_{k+1} = x_k - cf(c_k) \quad (k = 0, 1, \cdots; c \neq 0). \tag{6-23}$$

迭代函数 $g(x) = x - cf(x)$,$g'(x) = 1 - cf'(x)$,若 $|g'(x)| < 1$,则方法局部收敛. 因此,只要 $0 < c < \frac{2}{f'(x^*)}$ 时,$|g'(x^*)| = |1 - cf'(x^*)| < 1$,方法局部收敛. 在式(6-23)中取 $c = \frac{1}{f'(x_0)}$ 则称为简化牛顿法. 这类方法每步只算一次 f 的值,计算量小,但方法只是线性收敛. 其几何意义是用 x_k 处的平行弦与 x 轴交点作为根 x^* 的近似.

6.4.2.2 牛顿下山法

牛顿法只是有局部收敛性,即初始近似 x_0 要在根 x^* 附近. 为了扩大收敛范围,可以采用牛顿下山程序

$$x_{k+1} = x_k - \lambda_k \frac{f(x_k)}{f'(x_k)} (k = 0, 1, \cdots), \tag{6-24}$$

其中参数 $0<\lambda_k\leqslant 1$,应满足下山条件:
$$|f(x_{k+1})|<|f(x_k)|, \qquad (6-25)$$
故 λ_k 称为**下山因子**. 若令
$$\bar{x}_{k+1}=x_k-\frac{f(x_k)}{f'(x_k)},$$
则牛顿下山法(6-24)等价于
$$x_{k+1}=\lambda_k\bar{x}_{k+1}+(1-\lambda_k)x_k. \qquad (6-26)$$
使用牛顿下山法求根时,下山因子 λ_k 可用逐步搜索法确定,即先令 $\lambda_k=1$,判断条件(6-25)是否成立,若不成立,再将 λ_k 缩小 $\frac{1}{2}$,直到条件(6-25)成立为止.

例 4 用牛顿下山法求解方程 $f(x)=\dfrac{x^3}{3}-x=0$,取初值 $x_0=-0.99$,且使得 $|x_k-x_{k+1}|\leqslant 10^{-5}$.

解 利用牛顿下山法的迭代公式 $x_{k+1}=x_k-\lambda_k\dfrac{f(x_k)}{f'(x_k)}$,得

k	λ_k	x_k	$f(x_k)$
$k=0$		$x_0=-0.99$	$f(x_0)=0.666567$
$k=1$	$\lambda_1=1$	$x_1=32.50598$	$f(x_1)=11416.4$
	$\lambda_1=0.5$	$x_1=15.757915$	$f(x_1)=1288.53$
	$\lambda_1=0.25$	$x_1=7.383958$	$f(x_1)=126.814$
	$\lambda_1=0.125$	$x_1=3.196979$	$f(x_1)=7.69478$
	$\lambda_1=0.0625$	$x_1=1.103489$	$f(x_1)=-0.655587$
$k=2$	$\lambda_2=1$	$x_2=4.115071$	$f(x_2)=19.1129$
	$\lambda_2=0.5$	$x_2=2.60928$	$f(x_2)=3.31234$
	$\lambda_2=0.25$	$x_2=1.85638$	$f(x_2)=0.27607$
$k=3$	$\lambda_3=1$	$x_3=1.74352$	$f(x_3)=0.02317$
$k=4$	$\lambda_4=1$	$x_4=1.73216$	$f(x_4)=0.000218$
$k=5$	$\lambda_5=1$	$x_5=1.73205$	$f(x_5)=-0.0000016$
$k=6$	$\lambda_6=1$	$x_6=1.73205$	$f(x_2)=-0.0000016$

例 5 用牛顿法求方程
$$f(x)=x^3-x-1=0$$
的根.

解 计算程序
$$x_{k+1}=x_k-\frac{x_k^3-x_k-1}{3x_k^2-1}\quad(k=0,1,\cdots), \qquad (6-27)$$
当 $x_0=1.5$ 时计算3步得 $x_3=1.32472$,因为 x_0 与 x^* 很靠近,故收敛很快. 但如取 $x_0=0.6$,

则由程序(6-27)求得 $x_1 = 17.9$，再算下去显然不会收敛.如用牛顿下山法(6-26)，令 $\bar{x}_1 = 17.9$，从 $\lambda_k = 1$ 开始逐次搜索，当 $\lambda_k = \frac{1}{32}$ 时，由牛顿下山法(6-26)可得

$$x_1 = \frac{1}{32}\bar{x}_1 + \frac{31}{32}x_0 = 1.140625,$$

满足条件 $|f(x_1)| < |f(x_0)|$，x_1 已修正了 $\bar{x}_1$ 的严重偏差，以后计算由于 $\lambda_k = 1$ 就能满足条件(6-25)，因此牛顿下山法与牛顿法结果一样，$x_2 = \bar{x}_2 = 1.366814$，$x_3 = \bar{x}_3 = 1.32628$，$x_4 = \bar{x}_4 = 1.32472$.

6.5 一般迭代法

在前面学过的弦截法、切线法等，都是特定形式的迭代法，在本节我们将讨论一般形式的迭代法.

6.5.1 迭代程序

总结前面那些具体迭代法的计算过程，就可以得出一般迭代法的思想.

设已知方程

$$f(x) = 0 \qquad (6-28)$$

在区间 $[a,b]$ 内有根 x^*，将方程(6-28)在 $[a,b]$ 上同解变形为

$$x = \varphi(x), \qquad (6-29)$$

则求 x^* 满足 $f(x^*) = 0$ 等价于求 x^* 使 $x^* = \varphi(x^*)$，称 x^* 为 $\varphi(x)$ 的不动点.于是，求 $f(x)$ 的零点等价于求 $\varphi(x)$ 的不动点.若已知方程(6-28)的一个初始近似根 $x_0 \in [a,b]$，假设 $\varphi(x)$ 在 $[a,b]$ 上连续，那么将 x_0 代入(6-29)的右端，即可求得 $x_1 = \varphi(x_0)$，作为 x^* 的第一近似值.再将 x^* 代入(6-29)的右端，计算得 $x_2 = \varphi(x_1)$，作为 x^* 的第二近似值.如此反复迭代下去，可得到迭代序列

$$x_{n+1} = \varphi(x_n), n = 0, 1, \cdots \qquad (6-30)$$

$\varphi(x)$ 称为**迭代函数**.如果这样得到的迭代序列 $\{x_n\}$ 有极限

$$\lim_{n \to \infty} x_n = \bar{x},$$

则称**迭代过程收敛**.如果在 $[a,b]$ 内收敛于 $\bar{x}$，则 $\bar{x}$ 必为方程(6-29)的根，也为方程(6-28)的根.

事实上，对(6-30)两边取极限得 $\bar{x} = \varphi(\bar{x})$.如果方程(6-29)在 $[a,b]$ 内只有一个根 x^*，则必有 $\bar{x} = x^*$.

上述求方程近似根的方法，称为一般迭代法，(6-30)则为一般迭代法的迭代程序.

可以看出，一般迭代法的迭代程序构造的关键在于方程(6-28)在 $[a,b]$ 上的同解变形，而此同解变形是多种多样的.

例如，方程 $f(x) = 0$ 可变形为

$$x = x - \frac{f(x)}{f'(x)}, x = x - af(x) \quad (a \text{ 为非零常数}),$$

方程 $x^3-3x+1=0$ 在 $[a,b]$ 上可同解变形为

$$x = \frac{1}{3}(x^3 + 1)$$

或

$$x = \frac{3x - 1}{x^2}$$

或

$$x = \sqrt[3]{3x - 1},$$

等等.

6.5.2 收敛性

由方程各种同解变形做出的迭代程序不一定都收敛,那么在什么条件下收敛? 下述定理回答了这一问题.

定理 6.6 设方程(6-29)在 $[a,b]$ 内有根 x^*, $\varphi'(x)$ 在 $[a,b]$ 上连续, 且 $\rho = \max\limits_{a \leq x \leq b} |\varphi'(x)| < 1$, 则方程(6-29)在 $[a,b]$ 内有唯一根, 对任意 $x_0 \in [a,b]$, 由程序(6-30)确定的序列 $\{x_n\}$ 收敛于 x^*, 当 $\varphi'(x^*) \neq 0$ 时,其敛速为线性,并有误差估计式

$$|x_n - x^*| \leq \frac{\rho}{1-\rho} |x_n - x_{n-1}|. \tag{6-31}$$

证明 首先, 证方程(6-29)内有唯一根. 采用反证法. 假设方程在 $[a,b]$ 内另有一根 $\bar{x} \neq x^*$, 则由

$$\bar{x} = \varphi(\bar{x}), x^* = \varphi(x^*) \tag{6-32}$$

及中值定理得

$$\bar{x} - x^* = \varphi(\bar{x}) - \varphi(x^*) = \varphi'(\eta)(\bar{x} - x^*),$$
$$(\bar{x} - x^*)[1 - \varphi'(\eta)] = 0,$$

其中 η 在 $\bar{x}$ 和 x^* 之间. 由于

$$\bar{x} \neq x^*,$$

故必有

$$\varphi'(\eta) = 1.$$

这与已知条件 $\rho = \max\limits_{a \leq x \leq b} |\varphi'(x)| < 1$ 矛盾, 所以 $\bar{x} = x^*$.

其次, 证 $\{x_n\}$ 线性收敛于 x^*. 由(6-29)和(6-32)第二式得

$$x^* - x_n = \varphi(x^*) - \varphi(x_{n-1}) = \varphi'(\eta_{n-1})(x^* - x_{n-1}), \tag{6-33}$$

其中 η_{n-1} 在 x^* 和 x_{n-1} 之间, 从而有

$$|x^* - x_n| \leq \rho |x^* - x_{n-1}| \leq \cdots \leq \rho^n |x^* - x_0|.$$

又由于 $\rho < 1$, 所以 $x_n \to x^* (n \to \infty)$, 再由(6-33)得

$$\frac{|x^* - x_{n+1}|}{|x^* - x_n|} = |\varphi'(\eta_n)| \to |\varphi'(x^*)| \quad (n \to \infty),$$

故当 $\varphi'(x^*) \neq 0$ 时,一般迭代法为线性敛速.

最后,推导误差估计式(6-31).由(6-33)得
$$|x^* - x_n| \leq \rho |x^* - x_{n-1}| = \rho |x^* - x_n + x_n - x_{n-1}|$$
$$\leq \rho(|x^* - x_n| + |x_n - x_{n-1}|),$$

故有 $(1-\rho)|x^* - x_n| \leq \rho |x_n - x_{n-1}|$,$|x^* - x_n| \leq \dfrac{\rho}{1-\rho}|x_n - x_{n-1}|$.证毕.

一般迭代法当 $\rho = \max\limits_{a \leq x \leq b} |\varphi'(x)| < 1$ 时收敛的几何解释如图6-7所示.

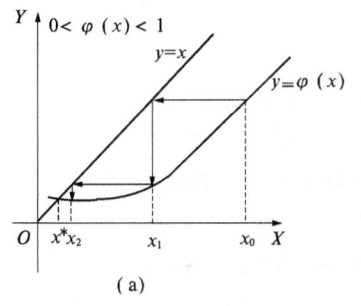
(a)

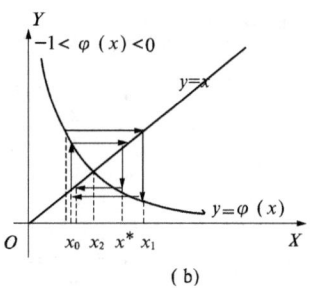
(b)

图 6-7

定义 6.2 对任何 $x_0 \in R$, $R = \{x : |x - x^*| \leq \delta, \delta > 0\}$,迭代法(6-30)生成的序列 $\{x_n\}$ 均收敛到 x^*,则称此迭代序列具有**局部收敛性**(local convergence).

定理 6.7 假定 x^* 是方程(6-28)的根,$\varphi'(x)$ 在 x^* 的邻域连续,且 $|\varphi'(x^*)| < 1$,则迭代法(6-30)是局部收敛的.

例 1 用一般迭代法求方程
$$2x - 7 - \lg x = 0$$
的最大根(精确到 10^{-4}).

解 用画图来辅助确定方程最大根所在区间.把方程改写成
$$2x - 7 = \lg x,$$
分别作函数 $y = 2x - 7$ 和 $y = \lg x$ 的曲线,则二曲线交点的横坐标即为方程的根(图6-8).

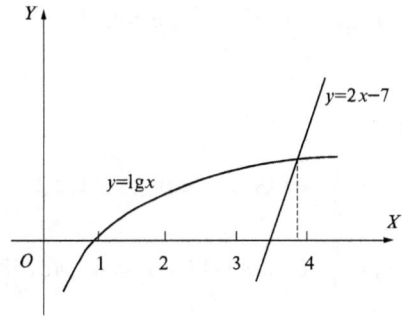

图 6-8

又因为 $f(3.5) = -\lg 3.5 = -0.544 < 0$,$f(4) = 1 - \lg 4 = 0.398 > 0$,所以 $x^* \in [3.5, 4]$.

将原方程在区间 $[3.5, 4]$ 内作同解变形为

$$x = \frac{1}{2}(\lg x + 7) = \varphi(x),$$

则有

$$\varphi'(x) = \frac{1}{2\ln 10} \cdot \frac{1}{x},$$

$$\rho = \max_{3.5 \leqslant x \leqslant 4} |\varphi'(x)| = 0.063 < 1,$$

所以 $x_{n+1} = \frac{1}{2}(\lg x_n + 7), n = 0, 1, \cdots$ 收敛.

取 $x_0 = 3.8$,具体计算如下:

$$x_1 = \frac{1}{2}(\lg 3.8 + 7) = 3.78990,$$

$$x_2 = \frac{1}{2}(\lg 3.78990 + 7) = 3.78931,$$

$$x_3 = \frac{1}{2}(\lg 3.78931 + 7) = 3.78928,$$

$$x_4 = \frac{1}{2}(\lg 3.78928 + 7) = 3.78928,$$

所以最大正根 $x^* = 3.7893$.

例 2 用一般迭代法求方程 $x^3 - 3x + 1 = 0$ 的最小正根(精确到 10^{-6}).

解 确定最小正根所在区间:

因为 $f(0) = 1 > 0, f(0.5) = -0.375 < 0$,所以 $x^* \in [0, 0.5]$.

将方程同解变形为

$$x = \frac{1}{3}(x^3 + 1) = \varphi(x).$$

因为 $\varphi'(x) = x^2$ 在 $[0, 0.5]$ 上为增函数,所以有

$$\rho = \max_{0 \leqslant x \leqslant 0.5} |\varphi'(x)| = 0.5^2 < 1,$$

$$x_{n+1} = \frac{1}{3}(x_n^3 + 1), n = 0, 1, \cdots$$

收敛.

取 $x_0 = 0.25$,具体计算如下:

$$x_1 = \frac{1}{3}(0.25^3 + 1) = 0.3385417,$$

$$x_2 = \frac{1}{3}(0.3385417^3 + 1) = 0.3462688,$$

$$x_3 = \frac{1}{3}(0.3462688^3 + 1) = 0.3471725,$$

$$x_4 = \frac{1}{3}(0.3471725^3 + 1) = 0.3472814,$$

$$x_5 = \frac{1}{3}(0.3472814^3 + 1) = 0.3472946,$$

$$x_6 = \frac{1}{3}(0.3472946^3 + 1) = 0.3472961,$$

$$x_7 = \frac{1}{3}(0.3472961^3 + 1) = 0.3472963,$$

所以 $x^* = 0.347296$.

6.5.3 加快公式

由于一般迭代法的收敛速度比较慢,下面我们给出两个加速收敛的简便公式.

(1) 由于

$$x^* - x_{n+1} = \varphi'(\eta_n)(x^* - x_n)$$

对于充分大的 n,有

$$\varphi'(\eta_n) \doteq \varphi'(x_{n+1}) = a,$$

则有

$$x^* - x_{n+1} \doteq a(x^* - x_n), \tag{6-34}$$

$$x^* - x_{n+1} \doteq \frac{a}{1-a}(x_{n+1} - x_n),$$

$$x^* \doteq x_{n+1} + \frac{a}{1-a}(x_{n+1} - x_n).$$

我们取

$$\bar{x}_{n+1} = x_{n+1} + \frac{a}{1-a}(x_{n+1} - x_n), \tag{6-35}$$

(6-35)就是所要求的加快公式,显然 $\bar{x}_{n+1}$ 比 x_{n+1} 更靠近于 x^*.

例如,在例 2 中计算到 x_4,取

$$a = \varphi'(x_4) \doteq 0.12,$$

则有

$$\bar{x}_4 = x_4 + \frac{a}{1-a}(x_4 - x_3)$$

$$\doteq 0.3472814 + \frac{0.12}{1-0.12}(0.3472814 - 0.3471725)$$

$$\doteq 0.3472963 = x_7.$$

(2) 在上述 a 的假设下,由(6-34)得

$$x^* - x_n \doteq a(x^* - x_{n-1}), \tag{6-36}$$

(6-36)和(6-34)两端相减得

$$x_{n+1} - x_n \doteq a(x_n - x_{n-1}).$$

若令 $\Delta x_n = x_{n+1} - x_n$,则得

$$a = \frac{x_{n+1} - x_n}{x_n - x_{n-1}} = \frac{\Delta x_n}{\Delta x_{n-1}}, \tag{6-37}$$

将(6-37)代入(6-35)得

$$\bar{x}_{n+1} = x_{n+1} + \frac{(\Delta x_n)^2}{\Delta x_{n-1} - \Delta x_n}. \qquad (6-38)$$

(6-38)称为 **Δ^2 加快公式**，或称为**艾特肯(Aitken)加速方法**。它不需要计算 $\varphi'(x_{n+1})$，只需用三个相邻近似根 x_{n-1}, x_n, x_{n+1} 算出 $\Delta x_{n-1}, \Delta x_n$ 代入(6-38)即可。此加快公式适用于任何具有一阶敛速的迭代方程。

(6-38)中的 $\bar{x}_{n+1}$ 显然比 x_{n+1} 更靠近 x^*。

例如，在例 2 中已算出 x_3，用(6-38)计算 $\bar{x}_3$，由于

$$\Delta x_2 = x_3 - x_2 = 0.0009057,$$
$$\Delta x_1 = x_2 - x_1 = 0.0077251,$$

所以

$$\bar{x}_3 = x_3 + \frac{(\Delta x_2)^2}{\Delta x_1 - \Delta x_2} \doteq 0.3471725 + 1.203 \times 10^{-4} = 0.3472928 \doteq x_5.$$

习题 6

1. 用区间二分法求下列方程的最小正根(精确到 10^{-3}).
   (1) $x^3 - 412 = 0$;
   (2) $x^3 - 2x - 5 = 0$.

2. 用区间二分法确定方程
$$x^3 - 3x + 1 = 0$$
最小正根所在区间 $[a, b]$, 使之满足
$$K = \frac{M_2}{2m_1} < 1 \text{ (其中 } M_2 = \max_{a \leq x \leq b} |f'(x)|\text{)}.$$

3. 设连续函数 $f(x)$ 在 $[a, b]$ 内只有一个根, 如果把区间逐次三等分, 能得出什么样的结论? 与区间二分法比较其优劣.

4. 用单点、双点弦法求下列方程的最小正根(精确到 10^{-3}).
   (1) $x^3 - 2x - 5 = 0$;
   (2) $3x - \cos x - 1 = 0$;
   (3) $x - \tan x = 0$;
   (4) $2^x - 4x = 0$;
   (5) $x^4 - x^3 - 3x^2 + 12x - 12 = 0$.

5. 试证用双点弦法计算 $\sqrt{a}\ (a > 0)$ 的迭代公式为
$$x_{n+1} = \frac{x_n x_{n-1} + a}{x_n + x_{n-1}}, n = 1, 2, \cdots$$

6. 设 x^* 为 $f(x) = 0$ 在 $[a, b]$ 内的根, x_n 为 x^* 的近似值, 且 $m = \min\limits_{a \leq x \leq b} |f'(x)| \neq 0$, 求证:
$$|x_n - x^*| \leq \frac{|f(x_n)|}{m}.$$

7. 当 $f'(x) > 0, f''(x) < 0$ 时, 论证双点弦法收敛定理 6.4.

8. 试证双点弦法有后天误差估计式 $|x_{n+1} - x^*| \leq \frac{M_2}{2m_1} |x_{n+1} - x_n| \cdot |x_{n+1} - x_{n-1}|$, 其中 $M_2 = \max\limits_{a \leq x \leq b} |f''(x)|, m_1 = \min\limits_{a \leq x \leq b} |f'(x)|$.

9. 试证 $f(x)$ 在 $[a, b]$ 上满足条件:
   (1) $f(a)f(b) < 0$;
   (2) $f'(x), f''(x)$ 连续, 不变号;
   (3) $|1 - f^{-1}(a, b)f'(x)| \leq \rho < 1$.
则平行弦法程序 $x_{n+1} = x_n - f^{-1}(a, b)f(x_n), n = 0, 1, \cdots$ 产生的序列 $\{x_n\}$ 收敛于 x^*, 其中 $f^{-1}(a, b) = \frac{(b - a)}{f(b) - f(a)}$.

10. 用切线法求下列方程的最小正根（精确到 10^{-3}）.

(1) $x^3-2x-5=0$；

(2) $x^3-3x+1=0$；

(3) $x-\tan x=0$；

(4) $2^x-4x=0$；

(5) $x^4-40x^3+70x^2-15=0$.

11. 设 $N>0$，试导出计算 $\dfrac{1}{N}$，$\sqrt{N}$ 的牛顿程序，并证明：

$$\sqrt{N}=\frac{A+B}{4}+\frac{N}{A+B} \quad (N=AB).$$

12. 试导出计算 $\dfrac{1}{\sqrt{a}}(a>0)$ 的牛顿程序，使公式中既无开方，又无除法运算.

13. 当 $f'(x)<0$，$f''(x)<0$ 时，试论证切线法收敛定理.

14. 设 $m_1=\min\limits_{a\leqslant x\leqslant b}|f'(x)|$，$M_2=\max\limits_{a\leqslant x\leqslant b}|f''(x)|$，试证明切线法有误差估计式

$$|x_n-x^*|=\left|\frac{f''(x_n)}{2f'(x_n)}\right||x_n-x_{n-1}|^2\leqslant\frac{M_2}{2m_1}|x_n-x_{n-1}|^2.$$

15. 设 $f(x)=0$ 在 $[a,b]$ 内有根 x^*，$y=f(x)$ 在 $[a,b]$ 上存在反函数 $x=Q(y)$，试用 $x=Q(y)$ 的泰勒公式导出：

(1) $x_{n+1}=x_n-\dfrac{f(x_n)}{f'(x_n)}$（牛顿公式）；

(2) $x_{n+1}=x_n-\dfrac{f(x_n)}{f'(x_n)}-\dfrac{f''(x_n)f^2(x_n)}{2[f'(x_n)]^3}$（切比雪夫公式）.

16. 由递推关系式

$$x_{K+1}-x_K+a(x_K-x_{K-1})^2$$

推导出牛顿法加快公式

$$\bar{x}_{K+1}=x_{K+1}+\frac{(\Delta_{x_K})^2}{(\Delta_{x_{K-1}})^2},$$

其中 a 为非零常数，$\Delta_{x_K}=x_{K+1}-x_K$.

17. 试证明当 $f(x)$ 在 $[a,b]$ 上满足条件：

(1) $f(a)f(b)<0$；

(2) $f'(x)$，$f''(x)$ 连续，不变号；

(3) $|f'(c)|\geqslant|f(c)|/(b-a)$，其中 c 为 a，b 中使 $\min\{|f'(a)|,|f'(b)|\}$ 达到的一个，

则对任意初值 $x_0\in[a,b]$ 牛顿法收敛.

18. 试导出用密切双曲线代替曲线 $y=f(x)$ 得到的迭代程序为

$$x_{n-1}=x_n-\frac{2f'(x_n)f(x_n)}{2[f'(x_n)]^2-f''(x_n)f(x_n)},n=0,1,\cdots$$

[提示:设密切双曲线为 $F(x) = \dfrac{x+\alpha}{\beta x+\gamma}$,且 $f(x_n) = F(x_n), f'(x_n) = F'(x_n), f''(x_n) = F''(x_n)$].

19. 用一般迭代法求下列方程的最小正根(精确到 10^{-3}).

(1) $x^3 - 2x - 5 = 0$;

(2) $x^5 - 10 = 0$;

(3) $x - \tan x = 0$;

(4) $2^x - 4x = 0$.

20. 设 $f(x) = 0$ 在 $[a,b]$ 内有单根 x^*,$f'(x)$ 在 $[a,b]$ 上连续且不变号,试确定使程序
$$x_{n+1} = x_n - af(x_n), n = 0,1,\cdots$$
收敛的 a 取值范围.

21. 试讨论简化牛顿程序
$$x_{n+1} = x_n - \dfrac{f(x_n)}{f'(x_0)}, n = 0,1,\cdots$$
的收敛条件,并证明
$$|x_{n+1} - x^*| \leq \dfrac{|f'(x_0)|}{m_1}|x_{n+1} - x_n|,$$
其中 $m_1 = \min\limits_{a \leq x \leq b}|f'(x)|$,$f(x)$ 在 $[a,b]$ 内有唯一根 x^*.

22. 设 $f(x) = 0$ 在 $[a,b]$ 内有单根,$f(x)$ 在 $[a,b]$ 上有连续一、二阶导数,令
$$x_{n+1} = x_n - \dfrac{f(x_n)}{f'(x_n)} = \varphi(x_n), n = 0,1,\cdots$$
试讨论它的收敛条件.

23. 将牛顿法作为一般迭代法,试讨论当 $f'(x^*) \neq 0$ 时,为平方收敛;当 $f'(x^*) = 0$ 时,为线性收敛;当修正程序
$$x_{n+1} = x_n - 2\dfrac{f(x_n)}{f'(x_n)}, n = 0,1,\cdots$$
时,仍为平方收敛.

24. 某厂计划从 1981 年起每年增长相同百分数,到 1985 年末使这期间总产量等于 1981 年产量的 7 倍,求每年增产的百分数.

第7章 常微分方程初值问题数值解法

自然科学各学科领域中的大量现象和问题,其数学表述可归结为微分方程的定解问题. 本章主要介绍初值问题的数值解法的基本思想和原理.

7.1 引言

对常微分方程的初值问题一般可以表示为

$$\begin{cases} \dfrac{dy}{dx} = f(x,y), \\ y(x_0) = y_0. \end{cases} \quad (7-1)$$

若函数 $f(x,y)$ 关于 y 满足利普希茨 Lipschitz 条件

$$|f(x,y_1) - f(x,y_2)| \leq L|y_1 - y_2|, \quad (7-2)$$

理论上就可以使初值问题(7-1)的解 $y=y(x)$ 存在并且唯一.

初始问题的数值解法是将问题离散化,就是将解存在的区间 $[a,b]$ 进行等距分割:

$$x_1 < x_2 < \cdots < x_i < x_{i+1} < \cdots$$

$h = x_{i+1} - x_i$ 称为步长. 寻求解 $y(x)$ 在一系列离散节点 $x_i(x_0 + ih, i = 0,1,2,\cdots)$ 上的值来近似值 y_i.

对初值问题(7-1)主要采取递推的方式求解. 首先,要对问题离散化,建立求数值解的递推公式. 常用的方法要么是计算 y_{i+1} 时只用到前一点的值 y_i 的**单步法**,要么是用到 y_{i+1} 前面 k 点的值 $y_i, y_{i-1}, \cdots, y_{i-k+1}$ 的 **k 步法**. 其次,要研究公式的局部截断误差、收敛阶以及计算稳定性等问题.

7.2 几类简单的求解初值问题的数值方法

7.2.1 Euler 公式法

对初值问题(7-1),若用一阶向前差商近似代替任意 x_i 点处的一阶导数

$$f(x_i, y_i) = \dfrac{dy}{dx}\bigg|_{x=x_i} \approx \dfrac{y(x_{i+1}) - y(x_i)}{x_{i+1} - x_i},$$

如果在解存在的区域上,考虑区间$[a,b]$取$n+1$节点,$x_{i+1}-x_i=h$,$x_i=a+hi$,$i=0,1,2,\cdots,n$,即

$$\begin{cases} y_{i+1} = y_i + hf(x_i, y_i), \\ x_i = a + ih, \end{cases} i = 0,1,2,\cdots,n. \tag{7-3}$$

该公式是关于y_{i+1}的一个直接的计算公式,是显式的,通常被称为著名的向前 Euler 公式,又称为显式的 Euler 公式. 由初值(x_0,y_0)出发,可逐步迭代求得近似解(x_n,y_n). 下面分析向前 Euler 公式的计算误差. 将$y(x_{i+1})$在x_i处泰勒展开,则有

$$y(x_{i+1}) = y(x_i + h) = y(x_i) + y'(x_i)h + \frac{h^2}{2}y^*(\xi_i), \xi_i \in (x_i, x_{i+1}).$$

由于$f(x_i,y_i)=f(x_i,y(x_i))=y'(x_i)$,于是可得欧拉法(7-3)的公式误差

$$y(x_{i+1}) - y_{i+1} = \frac{h^2}{2}y^*(\xi_i) \approx \frac{h^2}{2}y^*(x_i) = o(h^2), \tag{7-4}$$

即显式 Euler 公式的局部截断误差为$o(h^2)$. 可验证其总体误差为$o(h)$,即与步长同阶小量,于是该公式又被称为一阶法.

此外,上述显式的 Euler 公式也可采用先对方程(7-1)从x_n到x_{n+1}积分,再对积分部分用左矩形公式$hf(x_n,y(x_n))$近似,最后用y_n近似代替$y(x_n)$,y_{n+1}近似代替$y(x_{n+1})$,即

$$y(x_{i+1}) = y(x_i) + \int_{x_i}^{x_{i+1}} f(t, y(t)) \, dt$$
$$\Rightarrow y_{i+1} = y_i + hf(x_i, y(x_i)) \approx y_i + hf(x_i, y_i). \tag{7-5}$$

不难证明其局部截断误差也是(7-4).

如果在上述过程中,对积分项使用右矩形公式$hf(x_{i+1},y(x_{i+1}))$进行近似,得到

$$\begin{cases} y_{i+1} = y_i + hf(x_{i+1}, y(x_{i+1})), \\ x_{i+1} = a + (i+1)h, \end{cases} \tag{7-6}$$

右端含有未知的y_{n+1},它实际上是关于y_{n+1}的一个函数方程,是隐式的,称为隐式 Euler 公式. 其计算格式为

$$\begin{cases} y_{i+1}^{(0)} = y_i + hf(x_i, y_i), \\ y_{i+1}^{(k)} = hf(x_{i+1}, y_{i+1}^{(k)}), (i = 0,1,2,\cdots,n-1) \\ x_{i+1} = x_i + (i+1)h, \end{cases} \tag{7-7}$$

它的局部截断误差由

$$y(x_i) = y(x_{i+1}) - hy'(x_{i+1}) + \frac{h^2}{2}y''(\xi), x_i < \xi < x_{i+1}$$

产生,所以隐式 Euler 公式的局部误差为

$$-\frac{h^2}{2}y''(\xi) = o(h^2), x_i < \xi < x_{i+1}.$$

由于$f(x,y)$对y满足利普希茨(Lipschitz)条件(7-2),由(7-7)得

$$|y_{i+1}^{(k+1)} - y_{i+1}| = h|f(x_{i+1}, y_{i+1}^{(k)}) - f(x_{i+1}, y_{i+1})| \leq hL|y_{i+1}^{(k)} - y_{i+1}|.$$

由此可知,只要$hL<1$,迭代法就收敛到解y_{n+1}.

显式与隐式两类方法各有特点.考虑到数值稳定性等其他因素,人们有时需要选用隐式方法,但使用显式算法远比隐式方便.

7.2.2 梯形方法

为得到比欧拉法精度高的计算公式,在等式(7-6)右端积分中若用梯形求积公式近似,用 y_n 代替 $y(x_n)$,y_{n+1} 代替 $y(x_{n+1})$,则得

$$y_{n+1} = y_n + \frac{h}{2}[f(x_n, y_n) + f(x_{n+1}, y_{n+1})] \tag{7-8}$$

称为**梯形方法**.

梯形方法是隐式单步法,可用迭代法求解.同后退的欧拉法一样,仍用欧拉方法提供迭代初值,则梯形法的迭代公式为

$$\begin{cases} y_{n+1}^{(0)} = y_n + hf(x_n, y_n), \\ y_{n+1}^{(k+1)} = y_n + \frac{h}{2}[f(x_n, y_n) + f(x_{n+1}, y_{n+1}^{(k)})], k = 0, 1, 2, \cdots \end{cases} \tag{7-9}$$

为了分析迭代过程的收敛性,将(7-8)式与(7-9)式相减,得

$$y_{n+1} - y_{n+1}^{(k+1)} = \frac{h}{2}[f(x_{n+1}, y_{n+1}) - f(x_{n+1}, y_{n+1}^{(k)})],$$

于是有

$$|y_{n+1} - y_{n+1}^{(k+1)}| \leq \frac{hL}{2}|y_{n+1} - y_{n+1}^{(k)}|,$$

式中 L 为 $f(x, y)$ 关于 y 的利普希茨常数.如果选取 h 充分小,使得

$$\frac{hL}{2} \leq 1,$$

则当 $k \to \infty$ 时有 $y_{n+1}^{(k)} \to y_{n+1}$,这说明迭代过程(7-9)是收敛的.

7.2.3 改进的欧拉公式

虽然向前 Euler 方法计算简单,但精度低.梯形方法虽然提高了精度,但其算法为隐性,每迭代一次,都要重新计算函数 $f(x, y)$ 的值,而迭代又要反复进行若干次,计算量很大,而且往往难以预测.因此,通常将两者结合起来,得到兼备两者优点的计算方法.先用欧拉公式求得一个初步的近似值 $\bar{y}_{n+1}$,称之为**预测值**;预测值 $\bar{y}_{n+1}$ 的精度可能很差,再用梯形公式(7-8)将它校正一次,即按(7-9)式迭代一次得 y_{n+1},这个结果称为**校正值**;而这样建立的预测—校正系统通常称为**改进的欧拉公式**:

$$\begin{cases} \bar{y}_{i+1} = y_i + hf(x_i, y_i), \\ y_{i+1}^c = y_i + hf(x_{i+1}, \bar{y}_{i+1}), i = 0, 1, \cdots \\ y_{i+1} = \frac{1}{2}(\bar{y}_{i+1} + y_{i+1}^c), \end{cases} \tag{7-10}$$

例 1 试求初值问题

$$\begin{cases} y' = x + y & (0 < x < 1), \\ y(0) = 1. \end{cases}$$

取步长 $h = 0.2$，分别用 Euler 公式和改进的 Euler 公式计算，并与准确值 $y = x - 1 + 2e^x$ 进行比较.

解 （1）若应用 Euler 公式

$$\begin{cases} y_{i+1} = y_i + 0.2(x_i + y_i), \\ x_i = 0.2i, \\ y_0 = 1, \end{cases} \quad i = 0,1,2,3,4,5,$$

计算结果见下表（表 7-1）：

表 7-1 计算结果

x_i	0.2	0.4	0.6	0.8	1.0
欧拉公式 y_i	1.200000	1.480000	1.856000	2.347200	2.976640
$y(x_i)$	1.242806	1.583649	2.044238	2.651082	3.436564
$|y(x_i) - y_i|$	0.042806	0.103649	0.188238	0.303882	0.459924

（2）若用改进的 Euler 公式进行计算，具体如下：

$$\begin{cases} \bar{y}_{i+1} = y_i + 0.2(x_i + y_i), \\ y^c_{i+1} = y_i + 0.2(x_{i+1} + \bar{y}_{i+1}), \\ y_{i+1} = \dfrac{1}{2}(\bar{y}_{i+1} + y^c_{i+1}), \\ y_0 = 1, \end{cases} \quad i = 0,1,2,3,4,$$

计算结果见下表（表 7-2）：

表 7-2 改进后的计算结果

x_i	0.2	0.4	0.6	0.8	1.0
欧拉公式 y_i	1.240000	1.576800	2.031696	2.630669	3.4054164
$|y(x_i) - y_i|$	0.002806	0.006849	0.012542	0.020413	0.0311470

例 2 用改进的欧拉法和梯形公式法解初值问题

$$\begin{cases} y' = x^2 + x - y, \\ y(0) = 0. \end{cases}$$

取步长 $h = 0.1$，计算到 $x = 0.5$，并与准确解 $y = -e^{-x} + x^2 - x + 1$ 相比较.

解 利用改进的欧拉法迭代公式为

$$\begin{cases} \bar{y}_{i+1} = y_i + 0.1(x_i^2 + x_i - y_i), \\ y^c_{i+1} = y_i + 0.1(x_{i+1}^2 + x_{i+1} - \bar{y}_{i+1}), \\ y_{i+1} = \dfrac{1}{2}(\bar{y}_{i+1} + y^c_{i+1}), \\ y_0 = 0, \end{cases} \quad i = 0,1,2,3,4,$$

利用梯形法迭代公式为

$$\begin{cases} y_{i+1} = y_i + \dfrac{h}{2}[x_i^2 + x_i - y_i + x_{i+1}^2 + x_{i+1} - y_{i+1}], \\ y_0 = 0, \end{cases}$$

分别与精确解的比较见下表(表 7-3):

表 7-3 比较结果

x_i	0.1	0.2	0.3	0.4	0.5
改进欧拉公式 y_i	0.00550	0.01927	0.05014	0.09107	0.14511
梯形公式 $y(x_i)$	0.00524	0.0214	0.04937	0.089900	0.01437
精确解 y_i	0.00516	0.02127	0.04918	0.08968	0.01434

7.3 Runge-Kutta 方法

由改进的 Euler 公式可知,增加函数的计算次数可提高方法的精度. 若再增加计算次数,方法的精度将会提高,Runge-Kutta 就是基于这种思想推导出来的高精度单步法. 考虑 $y(x_{i+1})$ 的泰勒展开

$$y(x_{i+1}) = y(x_i) + hy'(x_i) + \frac{h^2}{2!}y''(x_i) + \cdots + \frac{h^n}{n!}y^{(n)}(x_i) + R_h(x_i),$$

其中 $R_h(x_i) = \dfrac{h^{n+1}}{(n+1)!}y^{(n+1)}(\xi), x_i < \xi < x_{i+1}$. 它的一般形式为

$$\begin{cases} y_{i+1} = y_i + h\sum_{j=1}^{m} C_j K_j, K_1 = f(x_1, y_i), \\ K_j = f(x_i + d_j h, y_i + \sum_{r=1}^{j-1} e_{jr} K_r), i = 0,1,2,\cdots,m. \end{cases} \quad (7-11)$$

这里 C_i, d_i, e_{jr} 均为常数, m 为计算次数,(7-11) 称为 m 级显式 Runge-Kutta 法,简称 R-K 方法.

当 $m=1$ 时, $y_{i+1} = y_i + hf(x_i, y_i)$.

当 $m=2$ 时,由(7-11)可得到如下的计算公式

$$\begin{cases} y_{i+1} = y_i + h(C_1 K_1 + C_2 K_2), \\ K_1 = f(x_i, y_i), \\ K_2 = f(x_i + d_2 h, y_i + e_{21} h K_1). \end{cases} \quad (7-12)$$

这里 C_1, C_2, d_2, e_{21} 均为待定常数,希望适当选取这些系数,使公式阶数尽可能高. (7-12) 的局部截断误差为

$$R_h = y(x_{n+1}) - y(x_n) - h[C_1 f(x_i, y_i) + C_2 f(x_i + d_2 h, y_i + e_{21} h f_i)], \quad (7-13)$$

将上式中第一项与第三项在 (x_i, y_i) 处作泰勒二元展开得

$$\begin{cases} y(x_{i+1}) = y_i + hf(x_i, y_i) + \dfrac{h^2}{2}(f'_x(x_i, y_i) + f'_y(x_i, y_i)f(x_i, y_i)) + O(h^3), \\ f(x_i + d_2 h, y_i + e_{21} h f_i) = f(x_i, y_i) + f'_x(x_i, y_i) d_2 h + f'_y(x_i, y_i) e_{21} h f(x_i, y_i) + O(h^2), \end{cases}$$

$$(7-14)$$

将(7-14)代入(7-13),则有

$$R_h = (1 - C_1 - C_2)f(x_i,y_i)h + \left(\frac{1}{2} - C_2 d_2\right)f'_x(x_i,y_i)h^2$$
$$+ \left(\frac{1}{2} - C_2 e_{21}\right)f'_y(x_i,y_i)f(x_i,y_i)h^2 + O(h^3).$$

要使公式(7-13)具有二阶精度,必须使

$$C_2 d_2 = \frac{1}{2}, C_2 e_{21} = \frac{1}{2}, C_1 + C_2 = 1. \tag{7-15}$$

四个未知数三个方程,有无穷多个解满足条件(7-15),即存在无穷多个二阶 R-K 方法.
特别地,取 $C_1 = C_2 = 1/2, d_2 = e_{21} = 1$,由此得到二阶 R-K 方法为

$$y_{i+1} = y_i + \frac{h}{2}[f(x_i,y_i) + f(x_{i+1},y_i + hf(x_i,y_i))], i = 0,1,\cdots$$

可以验证该公式等同于前节介绍的改进的 Euler 法.

若取 $C_2 = 1, C_2 = 0, d_2 = e_{21} = 1/2$,得计算公式

$$\begin{cases} y_{i+1} = y_i + hK_2, \\ K_1 = f(x_i,y_i), \\ K_2 = f\left(x_i + \frac{h}{2}, y_i + \frac{h}{2}K_1\right), \end{cases} \tag{7-16}$$

它显然等价于

$$y_{i+1} = y_i + hf\left(x_i + \frac{h}{2}, y_i + \frac{h}{2}f(x_i,y_i)\right),$$

相当于数值积分公式的中矩形公式,故又称为中点公式.

三阶显式 R-K 方法,即 $m = 3$ 时,此时(7-11) 的公式表示为

$$\begin{cases} y_{i+1} = y_i + h(C_1 K_1 + C_2 K_2 + C_3 K_3), \\ K_1 = f(x_i,y_i), \\ K_2 = f(x_i + d_2 h, y_i + e_{21} hK_1), \\ K_3 = f(x_i + d_3 h, e_{31} hK_1 + e_{32} hK_2), \end{cases} \tag{7-17}$$

其中 C_1, C_2, C_3 及 $d_2, e_{21}, d_3, e_{31}, e_{32}$ 均为待定参数,公式(7-17)的局部截断误差为

$$R_{i+1} = y(x_{i+1}) - y(x_i) - h[C_1 K_1 + C_2 K_2 + C_3 K_3].$$

将 K_2, K_3 按二元函数泰勒展开,并使 $T_{i+1} = O(h^4)$,可得待定参数满足方程

$$\begin{cases} C_1 + C_2 + C_3 = 1, \\ d_2 = e_{21}, \\ d_3 = e_{31} + e_{32}, \\ C_2 d_2 + C_3 d_3 = \frac{1}{2}, \\ C_2 d_2^2 + C_3 d_3^2 = \frac{1}{3}, \\ C_3 d_2 e_{32} = \frac{1}{6}. \end{cases} \tag{7-18}$$

该方程组有八个未知数六个方程,其解不唯一. 满足条件的公式统称为三阶 R-K 公式. 下面只给出其中一个常见的公式.

$$\begin{cases} y_{i+1} = y_i + \dfrac{h}{6}(K_1 + 4K_2 + K_3), \\ K_1 = f(x_i, y_i), \\ K_2 = f\left(x_i + \dfrac{h}{2}, y_i + \dfrac{h}{2}K_1\right), \\ K_3 = f(x_i + h, y_i - hK_1 + 2hK_2). \end{cases} \quad (7-19)$$

类似于前面的推导,经过很复杂的数学演算,可以导出各种四阶 R-K 公式,下列经典公式是其中常用的一个:

$$\begin{cases} y_{i+1} = y_i + \dfrac{h}{6}(K_1 + 2K_2 + 2K_3 + K_4), \\ K_1 = f(x_i, y_i), \\ K_2 = f\left(x_i + \dfrac{h}{2}, y_i + \dfrac{h}{2}K_1\right), \\ K_3 = f\left(x_i + \dfrac{h}{2}, y_i + \dfrac{h}{2}K_2\right), \\ K_4 = f(x_i + h, y_i + hK_3). \end{cases} \quad (7-20)$$

四阶 R-K 方法的每一步需要四次函数值 f,可以证明其截断误差为 $O(h^5)$.

例 1 应用 R-K 方法计算下面的初值问题:

$$\begin{cases} \dfrac{\mathrm{d}y}{\mathrm{d}x} = y - \dfrac{2x}{y}, \\ y(0) = 1. \end{cases}$$

解 此问题的解析为 $y = \sqrt{1+2x}$. 取步长 $h = 0.1$,从 $x = 0$ 直到 $x = 1$ 用四阶龙格—库塔方法求解.

四阶龙格—库塔公式(7-20)具有形式

$$\begin{cases} y_{i+1} = y_i + \dfrac{0.1}{6}(K_1 + 2K_2 + 2K_3 + K_4), \\ K_1 = y_i - \dfrac{2x_i}{y_i}, \\ K_2 = y_i + \dfrac{0.1}{2}K_1 - \dfrac{2x_i + 0.1}{y_i + \dfrac{0.1}{2}K_1}, \\ K_3 = y_i + \dfrac{0.1}{2}K_2 - \dfrac{2x_i + 0.1}{y_i + \dfrac{0.1}{2}K_2}, \\ K_4 = y_i + 0.1K_3 - \dfrac{2(x_i + 0.1)}{y_i + 0.1K_3}. \end{cases}$$

计算结果如下,y_i 表示 R-K 法的解,$y(x_i)$ 表示精确解(表 7-4).

表 7-4 计算结果

x_i	0.1	0.2	0.3	0.4	0.5
y_i	1.095446	1.183217	1.264912	1.341642	1.414215
$y(x_i)$	1.095445	1.183216	1.264911	1.341641	1.414214
x_i	0.6	0.7	0.8	0.9	1.0
y_i	1.483242	1.549196	1.612455	1.673325	1.732056
$y(x_i)$	1.483240	1.549193	1.612430	1.673320	1.732051

从结果可以看出,小数点后四位几乎没有误差,可见经典的 R-K 方法的精度较高,同时随着 x_i 增大误差也增大,这也说明了其误差是逐步增加积累的.

7.4 单步法的收敛性与稳定性

7.4.1 相容近似

由于任何单步方法都可以表示为

$$y_{i+1} = y_i + hG(x_i, y_i, h), i = 0, 1, \cdots$$
$$y_0 = y(x_0). \tag{7-21}$$

设 $y(x)$ 是问题(7-1)的精确解,将其代入(7-21),若有

$$y(x_{i+1}) = y(x_i) + hG(x_i, y(x_i)) + R_h(x_i),$$

并且成立

$$\lim_{h \to 0}(y_{h,0} - y(x_0) + h^{-1}\max | R_h(x) |) = 0,$$

则称(7-21)为初值问题(7-1)的一个相容近似;若 $R_h(x_i) = o(h^{p+1})$,$p > 0$,并有 $|y_{h,0} - y(x_0)| = o(h^p)$,则称(7-21)为初值(7-1)的 p 阶相容近似,或称(7-21)为 p 阶精度.

7.4.2 收敛性

数值解法的基本思想是,通过某种离散化手段将微分方程转化为差分方程,若问题 (7-21)在 $x = x_i$ 处的解为 y_i,而初值问题(7-1)在 $x = x_i$ 处的精确解为 $y(x_i)$,记 $y(x_i) - y_i$ 称为整体截断误差.收敛性就是讨论当 $x = x_i$ 固定且 $h = \dfrac{x_i - x_0}{n} \to 0$ 时 $y(x_i) - y_i \to 0$ 的问题.

定义 7.1 设 $\{y_i\}$ 是由离散格式(7-21)定义的数值解,若 $x_i = x_0 + ih$,当 $h \to 0$ 时有 $y_i \to y(x_i)$,其中 $y(x)$ 是(7-1)的精确解,则称该格式是**收敛**的.

设以 $\bar{y}_{i+1}$ 表示取公式(7-21)求得的结果,即

$$\bar{y}_{y+1} = y(x_i) + hG(x_i, y(x_i)), \tag{7-22}$$

则 $y(x_{i+1}) - \bar{y}_{i+1}$ 为局部截断误差,由于所给方法具有 p 阶精度,存在定数 C,使

$$|y(x_{i+1}) - \bar{y}_{i+1}| \leq Ch^{p+1}.$$

又由(7-22)和(7-21)得

$$|\bar{y}_{i+1} - y_{i+1}| \leq |y(x_i) - y_i| + h|G(x_i, y(x_i)) - G(x_i, y_i)|,$$

若 $G(x_i, y(x_i))$ 满足 Lipschitz 连续,有

$$|\bar{y}_{i+1} - y_{i+1}| \leq (1 + hL_G)|y(x_i) - y_i|,$$

从而有

$$|y(x_{i+1}) - y_{i+1}| \leq (1 + hL_G)|y(x_i) - y_i| + Ch^{p+1}.$$

反复递推,可得

$$|y(x_i) - y_i| \leq (1 + hL_G)^i |y(x_0) - y_0| + \frac{Ch^p}{L_G}[(1 + hL_G)^i - 1].$$

当 $x_i - x_0 = ih \leq T$ 时,有

$$|y(x_i) - y_i| \leq |y(x_0) - y_0| e^{TL_G} + \frac{Ch^p}{L_G}(e^{TL_G} - 1).$$

若 $y(x_0) = y_0$,则可以得到下面的定理.

定理 7.1 假设单步法(7-21)具有 p 阶精度,且增量函数 $G(x, y, h)$ 关于 y 满足利普希茨条件

$$|G(x, y, h) - G(x, \bar{y}, h)| \leq L_G|y - \bar{y}|,$$

又设 $y_0 = y(x_0)$,则其整体截断误差

$$y(x_i) - y_i = O(h^p).$$

依据这一定理,判断单步法(7-21)的收敛性,归结为验证增量函数能否满足利普希茨条件.

7.4.3 稳定性与绝对区域

在对初值问题离散化的过程,每一步计算都是在前一步计算的结果上进行的,因此必须考虑前面的误差对后面计算结果的影响,我们希望所生成的差分方程在实际计算时是稳定的,即在前面某一步产生的扰动值,能在后面的计算中被控制.

定义 7.2 在用数值方法求解微分方程

$$y' = \lambda y.$$

其中 λ 为复常数,在计算 y_i 时引入了误差,若这个误差在计算后面的 $y_{i+k}(k=1,2,\cdots)$ 中所引起的误差按绝对值都不增加,则称该方法是**绝对稳定**的,并把满足该方法时的绝对稳定步长 h 以及 λ 的所围成的区域称为**绝对稳定区域**.

分析 Euler 方法的稳定性. 把 Euler 方法应用到模型方程 $y' = \lambda y$ 上得

$$y_{i+1} = (1 + h\lambda) y_i, \tag{7-23}$$

则其误差方程为

$$\varepsilon_{n+1} = (1 + h\lambda) \varepsilon_n.$$

其中 ε_n 为节点值 y_i 上的误差值,它的传播使节点值 y_{i+1} 产生大小为 ε_{n+1} 的误差. 要求后一步的误差相比前一步的误差不再增加,即

$$\left|\frac{\varepsilon_{i+1}}{\varepsilon_i}\right| = |1 + \lambda h| \leq 1, \tag{7-24}$$

这时的 Euler 方法是绝对稳定的. 不等式(7-24)表示的是在 $h\lambda$ 的复平面上,以 $(-1,0)$ 为圆心,1 为半径的单位圆域,称为 Euler 方法的绝对稳定域.

若将二阶 R-K 方法应用到模型方程(7-23)可得到

$$y_{i+1} = (1 + h\lambda + 0.5h^2\lambda^2)y_i.$$

类似地,要使得这时的二阶 R-K 方法绝对稳定,则需要

$$|1 + h\lambda + 0.5h^2\lambda^2| \leq 1,$$

于是可得到绝对稳定区间为 $-2 < h\lambda < 0$. 类似可得到三阶 R-K 显式方法及四阶 R-K 显式方法的绝对稳定区间分别满足 $-2.51 < h\lambda < 0$ 和 $-2.78 < h\lambda < 0$. 这里讨论的绝对稳定域均为有限域,均对步长 h 有限制. 若 h 不在所给的绝对稳定区间内,方法就不稳定.

例 1 试分别用 $h = 0.1$ 及 $h = 0.2$ 用经典的 R-K 四阶方法求解下面的初值问题

$$\begin{cases} y' = -20y & (0 \leq x \leq 1), \\ y(0) = 1. \end{cases}$$

解 由题意知 $\lambda = -20$, $\lambda h = -2$ 或 $\lambda h = -4$, $\varepsilon_{0.1}$ 和 $\varepsilon_{0.2}$ 分别表示 $h = 0.1$ 和 $h = 0.2$ 时所产生的误差,用四阶 R-K 方法计算其误差见下表(表 7-5).

表 7-5 误差结果

x_i	0.2	0.4	0.6	0.8	1.0
$\varepsilon_{0.1}$	0.093000	0.012000	0.001400	0.000150	0.000017
$\varepsilon_{0.2}$	4.98	25.0	125.0	625.0	3125.0

从结果可以看出,$h = 0.1$ 在绝对稳定区间范围,而 $h = 0.2$ 则不在,并且其误差结果增长很快.

例 2 对微分方程 $\begin{cases} y' = \lambda y & (\lambda < 0), \\ y(0) = y_0, \end{cases}$ 考察隐式的 Euler 公式的稳定性.

解 隐式的 Euler 公式为 $y_{i+1} = y_i + \lambda h y_{i+1}$,其误差方程为

$$\varepsilon_{i+1} = \frac{1}{1 - h\lambda} \varepsilon_i,$$

而 $\left|\frac{1}{1-h\lambda}\right| \leq 0 (\lambda < 0)$ 总成立,所以隐式的 Euler 公式无条件稳定.

7.5 线性多步法

单步法只用到前一步的近似值,该方法简单计算量小,但精度低. 如果在逐步的求解过程中,充分利用前面已经求出了一系列的近似值 $y_0, y_1, \cdots, y_n$ 的信息,则可以期望会获得较高的精度. 线性多步法就是受此思想启发提出来的.

7.5.1 线性多步法的一般公式

定义 7.3 若在计算 y_{n+k} 时,除用到 y_{n+k-1} 的值之外,还用到 $y_{n+i}(i=0,1,\cdots,k-2)$ 的值,则称该方法为**线性多步法**.

一般的线性多步法公式可表示为

$$y_{i+k} = \sum_{j=0}^{k-1} \alpha_j y_{i+j} + h \sum_{j=0}^{k} \beta_j f(x_{i+j}, y_{i+j}). \tag{7-25}$$

其中 y_{i+j} 为 $y(x_{i+j})$ 的近似,$x_{i+j}=x_0+ih$,α_j,β_j 为常数,α_0 及 β_0 不全为零,则称(7-25)为线性 k 步法. 在计算时若前面 k 个近似值 $y_0,y_1,\cdots,y_{k-1}$ 已知,且 $\beta_k=0$,称(7-25)为显式线性 k 步法;若 $\beta_k \neq 0$,则(7-25)称为隐式线性 k 步法,可用迭代方法算出 y_{i+k}. α_i 及 β_i 则可根据局部截断误差确定.

定义 7.4 设 $y(x)$ 是初值问题(7-1)的精确解,线性多步法(7-25)在 x_{n+k} 上的局部截断误差为

$$T_{i+k} = y(x_{i+k}) - \sum_{j=0}^{k-1} \alpha_j y(x_{i+j}) - h \sum_{j=0}^{k} \beta_j y'(x_{i+j}), \tag{7-26}$$

若 $T_{n+k}=O(h^{p+1})$,则称方法(7-25)是 p **阶线性多步法**. 特别地,当 $p \geqslant 1$ 时,则(7-25)与(7-26)是相容的.

考虑 $y(x_{i+k})$ 和 $y'(x_{i+j})$ 在 $x=x_i$ 处做泰勒展开,即

$$\begin{cases} y(x_i+kh) = y(x_i) + khy'(x_i) + \dfrac{(kh)^2}{2!}y''(x_i) + \cdots \\ y'(x_i+jh) = y'(x_i) + jhy''(x_i) + \dfrac{(jh)^2}{2!}y'''(x_i) + \cdots \end{cases} \tag{7-27}$$

将上式代入(7-26)得

$$T_{n+k} = c_0 y(x_n) + c_1 h y'(x_n) + c_2 h^2 y''(x_n) + \cdots + c_q h^q y^{(q)}(x_n) + \cdots \tag{7-28}$$

其中

$$c_0 = 1 - (\alpha_0 + \cdots + \alpha_{k-1}),$$

$$c_1 = k - [\alpha_1 + 2\alpha_2 + \cdots + (k-1)\alpha_{k-1}] - (\beta_0 + \beta_1 + \cdots + \beta_k),$$

$$c_p = \frac{1}{p!}[k^p - (\alpha_1 + 2^p \alpha_2 + \cdots + (k-1)^p \alpha_{k-1})] - \frac{1}{(p-1)!}[\beta_1 + 2^{p-1}\beta_2 + \cdots + k^{p-1}\beta_k],$$

$$p = 2, 3, \cdots$$

若 $c_0=c_1=\cdots=c_p=0, c_{p+1} \neq 0$,由定义可知此时所构造的多步法是 p 阶的.

当 $k=1$ 时,若 $\beta_1=0$,则 $\alpha_0=1, \beta_0=1$. 此时公式(7-25)为

$$y_{i+1} = y_i + hf(x_i, y_i),$$

此为 Euler 方法,精度为阶,且局部截断误差为 $T_{n+1}=\dfrac{1}{2}h^2 y''(x_n)+O(h^3)$,这和前面给出的结果是一致的.

若 $k=1, c_0=c_1=c_2=0, \alpha_0=1, \beta_0=\beta_1=1/2$,此时为隐式公式

$$y_{i+1} = y_i + \frac{h}{2}(f(x_i, y_i) + f(x_{i+1}, y_{i+1})),$$

即为梯形法. 由(7-28)可求得 $c_3 = -1/12, p = 2$, 梯形法是二阶方法, 其局部截断误差是 $-h^3 y'''(x_n)/12$, 这与第 7.2 节中的讨论也是一致的.

7.5.2 Adams 公式

假设初始问题(7-1)的等价积分方程为

$$y(x) = y_0 + \int_{x_0}^{x_n} f(x,y) \, dx,$$

取定节点 $x_0, x_1, \cdots, x_n$, 则有

$$\begin{cases} y(x_{i+1}) = y(x_i) + \int_{x_0}^{x_n} f(x, y(x)) \, dx, \\ y(x_0) = y_0, i = 0, 1, 2, \cdots, n-1. \end{cases}$$

因为积分项不容易积出来, 需要用插值多项式 $P(x)$ 来近似 $f(x, y(x))$ 代替, 并用 y_{i+1}, y_i 表示 $y(x_{i+1}), y(x_i)$ 的近似值

$$y_{i+1} = y_i + \int_{x_0}^{x_n} P(x) \, dx.$$

应用不同的数值积分, 可获得不同的多步法公式, 这里主要讨论泰勒展式方法得到的 Adams 方法.

考虑形如

$$y_{i+k} = y_{i+k-1} - h \sum_{j=0}^{k} \beta_j f_{i+j} \tag{7-29}$$

的 k 步法, 称为阿当姆斯(Adams)方法. $\beta_k = 0$ 为显式 Adams 方法, $\beta_k \neq 0$ 为隐式 Adams 方法.

在(7-28)中, 考虑 $k = 3, c_1 = c_2 = c_3 = c_4 = 0$, 若 $\beta_3 = 0$, 则可解得 $\beta_0 = \dfrac{5}{12}, \beta_1 = -\dfrac{16}{12}, \beta_2 = \dfrac{5}{12}$, 于是 $k = 3$ 时的 Adams 显式公式为

$$y_{i+3} = y_{i+2} + \frac{h}{12}(23 f_{i+2} - 16 f_{i+1} + 5 f_i). \tag{7-30}$$

该公式为三阶多步方法, 其局部截断误差为

$$T_{i+3} = \frac{3}{8} h^4 y^{(4)}(x_i) + O(h^5).$$

类似地, 可导出其他的 Adams 显式方法, 表 7-6 列出了收敛解 $p = 1, 2, 3, 4, 5, 6$ 时的 Adams 显式公式.

若 $\beta_3 \neq 0$, 则可解得 $\beta_0 = \dfrac{1}{24}, \beta_1 = -\dfrac{5}{24}, \beta_2 = \dfrac{19}{24}, \beta_3 = \dfrac{3}{8}$. 于是得 $k = 3$ 的 Adams 隐式公式为

$$y_{i+3} = y_{i+2} + \frac{h}{24}(9 f_{i+3} + 19 f_{i+2} - 5 f_{i+1} + f_i), \tag{7-31}$$

表 7-6 阿当姆斯显示公式

p	公式
1	$y_{i+1} = y_i + h f_i$
2	$y_{i+2} = y_{i+1} + \dfrac{h}{2}(3f_{i+1} - f_i)$
3	$y_{i+3} = y_{i+2} + \dfrac{h}{12}(23f_{i+2} - 16f_{i+1} + 5f_i)$
4	$y_{i+4} = y_{i+3} + \dfrac{h}{24}(55f_{i+3} - 59f_{i+2} + 37f_{i+1} - 9f_i)$
5	$y_{i+5} = y_{i+4} + \dfrac{h}{720}(1901f_{i+4} - 2774f_{i+3} + 2616f_{i+2} - 1247f_{i+1} + 251f_i)$
6	$y_{i+6} = y_{i+5} + \dfrac{h}{1440}(4277f_{i+5} - 7923f_{i+4} + 9982f_{i+3} - 7298f_{i+2} + 2877f_{i+1} - 475f_i)$

它是四阶方法,局部截断误差是

$$T_{n+3} = -\frac{19}{720} h^5 y^{(5)}(x_n) + O(h^6). \tag{7-32}$$

利用类似的方法推导出 Adams 隐式公式,表 7-7 给出了 $p = 1,2,3,4,5,6$ 时的 Adams 隐式公式结果.

表 7-7 阿当姆斯隐式公式

p	公式
1	$y_{i+1} = y_i + \dfrac{h}{2}(f_{i+1} + f_i)$
2	$y_{i+3} = y_{i+2} + \dfrac{h}{12}(5f_{i+2} + 8f_{i+1} - f_i)$
3	$y_{i+3} = y_{i+2} + \dfrac{h}{24}(9f_{i+3} + 19f_{i+2} - 5f_{i+1} + f_i)$
4	$y_{i+4} = y_{i+3} + \dfrac{h}{720}(251f_{i+4} + 646f_{i+3} - 264f_{i+2} + 106f_{i+1} - 19f_i)$
5	$y_{i+5} = y_{i+4} + \dfrac{h}{1440}(475f_{i+5} + 1427f_{i+4} - 798f_{i+3} + 482f_{i+2} - 173f_{i+1} + 27f_i)$

在相同阶下,显示公式的计算工作量比隐式的少,隐式的比显式的用的信息多.

例 1 用四阶阿当姆斯显示和隐式方法解初值问题

$$\begin{cases} y' = -y + x + 1, 0 < x < 1, \\ y(0) = 1. \end{cases}$$

取步长 $h = 0.1$.

解 该初值问题的解析解为 $y = e^{-x} + x$,四阶阿当姆斯显示公式的具体表达为

$$y_{i+4} = \frac{1}{24}(18.5 y_{i+3} - 5.9 y_{i+2} + 3.7 y_{i+1} - 0.9 y_i + 0.24i + 3.24),$$

四阶阿当姆斯隐式公式为

$$y_{i+3} = \frac{1}{24}(-0.9y_{i+3} + 22.1y_{i+2} - 0.5y_{i+2} - 0.1y_i + 0.24i + 3).$$

计算结果如表 7-8,假使初始的值 $y_0 = 1, y_1 = 1.004837, y_2 = 1.018731, y_3 = 1.040818$.

表 7-8　阿当姆斯显示公式和隐式公式

x_i	0.4	0.5	0.6	0.7	0.8	0.9	1.0
$y(x_i)$	1.070320	1.106531	1.148812	1.196585	1.249329	1.306570	1.367880
显 y_i	1.070322	1.106535	1.148818	1.196593	1.249338	1.306579	1.367890
隐 y_i	1.070319	1.106530	1.148811	1.196584	1.249328	1.306568	1.367875

从计算的结果可以看出同阶的阿当姆斯方法,隐式方法要比显示方法误差小.

7.5.3　预估—校正方法

如果算法为隐式的,那么计算时需要先用显式方法计算出初值,然后用隐式方程进行迭代求解,计算量较大. 为了避免进行迭代,通常采用显示公式给出 y_{i+k} 的一个初始近似,记为 $y_{n+k}^{(0)}$,称为**预估值**,计算出 f_{i+k} 的值,再用隐式公式计算 y_{i+k},称为**校正**,或说修正,修正的目的是使近似值的精度更高. 希望做到校正公式的误差小于预估公式的误差,而且再用隐式公式迭代式的次数不要太高.

一般情况下,预测公式与校正公式都取同阶的显示方法与隐式方法相匹配. 这样既保证了隐式公式的精度高的优点,又能提供较好的初值,减少迭代次数. 用四阶的阿当姆斯显示方法做预测,再用四阶阿当姆隐式公式做校正,得到以下阿当姆斯预估—校正格式:

$$\begin{cases} 预测: y_{i+4}^p = y_{i+3} + \frac{h}{24}(55f_{i+3} - 59f_{i+2} + 37f_{i+1} - 9f_i), \\ 求值: f_{i+4}^p = f(x_{i+4}, y_{i+4}^p), \\ 校正: y_{i+4} = y_{i+3} + \frac{h}{24}(9f_{i+4}^p + 19f_{i+3} - 5f_{i+2} + f_{i+1}), \\ 求值: f_{i+4} = f(x_{i+4}, y_{i+4}). \end{cases} \quad (7-33)$$

用 p_i 和 c_i 分别表示第 i 步 y_i 的预估值和校正值,由四阶阿当姆斯公式的截断误差知

$$\begin{cases} y(x_{i+4}) - p_{i+4} = \frac{251}{720}h^5 y^{(5)}(\xi), x_i < \xi < x_{i+4}, \\ y(x_{i+4}) - c_{i+4} = -\frac{19}{720}h^5 y^{(5)}(\eta), x_{i+1} < \xi < x_{i+4}, \end{cases}$$

将上两式相减得

$$c_{i+4} - p_{i+4} = \frac{19}{720}h^5 y^{(5)}(\eta) + \frac{251}{720}h^5 y^{(5)}(\xi).$$

若 $y^{(5)}(x)$ 在求解区间是连续的,而且变化不大,则在区间 $[x_i, x_{i+4}]$ 内必存在一点 ζ 使

$$c_{i+4} - p_{i+4} = \frac{19}{720}h^5 y^{(5)}(\eta) + \frac{251}{720}h^5 y^{(5)}(\xi) = \frac{3}{8}h^5 y^{(5)}(\zeta),$$

于是有下列事件后误差估计

$$y(x_{i+4}) - p_{i+4} \approx -\frac{251}{720}(c_{i+4} - p_{i+4}),$$

$$y(x_{i+4}) - c_{i+4} \approx -\frac{19}{270}(c_{i+4} - p_{i+4}).$$

下面构造一种修正预测—校正格式:

$$\begin{cases} 预估: p_{i+4} = y_{i+3} + \dfrac{h}{24}(55f_{i+3} - 59f_{i+2} + 37f_{i+1} - 9f_i), \\ 修正: m_{i+4} = p_{i+4} + \dfrac{251}{720}(c_{i+3} - p_{i+3}), \\ 求值: m'_{i+4} = f(x_{i+4}, m_{i+4}), \\ 校正: c_{i+4} = y_{i+3} + \dfrac{h}{24}(9m'_{i+4} + 19f_{i+3} - 5f_{i+2} + f_{i+1}), \\ 修正: y_{i+4} = c_{i+4} - \dfrac{19}{270}(c_{i+4} - p_{i+4}), \\ 求导: y'_{i+4} = f(x_{i+4}, y_{i+4}). \end{cases}$$

例 2 试用四阶 Adams 预估—校正格式求解初值问题

$$\begin{cases} \dfrac{dy}{dx} = y - \dfrac{2x}{y}, 0 < x < 1, \\ y(0) = 1. \end{cases}$$

解 取 $h = 0.1$,前三个初值采用四阶 Runge-Kutta 计算,其计算结果见表 7-9.

表 7-9 计算结果

x_i	y_i(预估)	y_i(校正)	$y(x_i)$(精确)	x_i	y_i(预估)	y_i(校正)	$y(x_i)$(精确)
0.1		1.09544553	1.09544512	0.6	1.48321206	1.48323982	1.48323970
0.2		1.18321675	1.18321596	0.7	1.54917625	1.54919338	1.54919334
0.3		1.26491223	1.26491106	0.8	1.61244047	1.61245154	1.61245155
0.4	1.34155176	1.34164136	1.34164079	0.9	1.67331257	1.67330000	1.67332005
0.5	1.41416568	1.41421383	1.41421356	1.0	1.73204556	1.73205072	1.73205081

从结算结果可以看出,Adams 的稳定性比 R-K 方法好.

7.6 常微分方程组初值问题的数值解法

7.6.1 一阶常微分方程组数值方法

一阶常微分方程组的初值问题一般可表示为

$$\begin{cases} \dfrac{\mathrm{d}y_1}{\mathrm{d}x} = f_1(x, y_1, y_2, \cdots, y_N), \\ \dfrac{\mathrm{d}y_2}{\mathrm{d}x} = f_2(x, y_1, y_2, \cdots, y_N), \\ \cdots \cdots \\ \dfrac{\mathrm{d}y_N}{\mathrm{d}x} = f_N(x, y_1, y_2, \cdots, y_N), \\ y_1(x_0) = y_{10}, \\ y_2(x_0) = y_{20}, \\ \cdots \cdots \\ y_N(x_0) = y_{N0}. \end{cases}$$

若记成向量的形式,即为

$$\begin{cases} \dfrac{\mathrm{d}\boldsymbol{Y}}{\mathrm{d}x} = \boldsymbol{F}(x, \boldsymbol{Y}), \\ \boldsymbol{Y}(x_0) = \boldsymbol{Y}_0. \end{cases}$$

这里,$\boldsymbol{Y} = (y_1, y_2, \cdots, y_N)^{\mathrm{T}}$,$\boldsymbol{Y}_0(y_{10}, y_{20}, \cdots, y_{N0})^{\mathrm{T}}$,$\boldsymbol{F}(f_1, f_2, \cdots, f_N)^{\mathrm{T}}$.

可见,一阶的常微分方程组的初值问题是前面我们研究的单个初值问题的推广,可以把前面解决初值问题的方法来解决一阶的常微分方程组的初值问题上来.

例如,求解这一初值问题的四阶龙格—库塔公式为

$$\begin{cases} y_{ji+1} = y_{ji} + \dfrac{h}{6}(K_{j1} + 2K_{j2} + 2K_{j3} + K_{j4}), \\ K_{j1} = f_j(x_i, y_{1i}, y_{2i}, \cdots, y_{Ni}), \\ K_{j2} = f_j\left(x_i + \dfrac{h}{2}, y_{1i} + \dfrac{h}{2}K_{11}, y_{2i} + \dfrac{h}{2}K_{21}, \cdots, y_{Ni} + \dfrac{h}{2}K_{N1}\right), \\ K_{j3} = f_j\left(x_i + \dfrac{h}{2}, y_{1i} + \dfrac{h}{2}K_{12}, y_{2i} + \dfrac{h}{2}K_{22}, \cdots, y_{Ni} + \dfrac{h}{2}K_{N2}\right), \\ K_{j4} = f_j(x_i + h, y_{1i} + hK_{13}, y_{2i} + hK_{23}, \cdots, y_{Ni} + hK_{N3}), \\ j = 1, 2, \cdots, N, i = 0, 1, 2, \cdots, n - 1, \end{cases}$$

式中 h 和 x_i 同前面的定义.

7.6.2 化高阶微分方程为一阶微分方程组

设 m 阶常微分方程的初值问题

$$\begin{cases} \dfrac{\mathrm{d}^m y}{\mathrm{d}x^m} = f\left(x, y, \dfrac{\mathrm{d}y}{\mathrm{d}x}, \dfrac{\mathrm{d}^2 y}{\mathrm{d}x^2}, \cdots, \dfrac{\mathrm{d}^{m-1} y}{\mathrm{d}x^{m-1}}\right), \\ y(x_0) = y_0, \\ \dfrac{\mathrm{d}y}{\mathrm{d}x}\bigg|_{x=x_0} = y_1, \\ \cdots \cdots \\ \dfrac{\mathrm{d}^{m-1} y}{\mathrm{d}x^{m-1}}\bigg|_{x=x_0} = y_{m-1}. \end{cases}$$

求解此高阶常微分方程的通常的做法就是将其转化为等价的一阶常微分方程组,然后利用前面介绍的方法求解. 只要引进新的变量

$$y_1 = y, y_2 = \frac{dy}{dx}, \cdots, y_m = \frac{d^{m-1}y}{dx^{m-1}},$$

即可将 m 阶方程化为如下的一阶方程组:

$$\begin{cases} \dfrac{dy_1}{dx} = y_2, \\ \dfrac{dy_2}{dx} = y_3, \\ \cdots\cdots \\ \dfrac{dy_{m-1}}{dx} = y_m, \\ \dfrac{dy_m}{dx} = f(x, y_1, y_2, \cdots, y_m), \end{cases}$$

则相应初始条件转化为

$$y_1(x_0) = y_0, y_2(x_0) = y'_0, \cdots, y_m(x_0) = y_0^{(m-1)}.$$

例 1 求解二阶初值问题

$$\begin{cases} \dfrac{d^2 y}{dx^2} = \dfrac{2x}{1+x^2} \dfrac{dy}{dx}, \quad x \in [0,1], \\ y(0) = 1, y'(1) = 3. \end{cases}$$

解 令

$$y_0 = x, y_1 = y, y_2 = \frac{dy}{dy_0} = \frac{dy}{dx} = \frac{dy_1}{dy_0},$$

则

$$\begin{cases} \dfrac{dy_2}{dy_0} = \dfrac{2y_0}{1+y_0^2} y_2, y_0 \in [0,1], \\ \dfrac{dy_1}{dy_0} = y_2, \\ y_0(0) = x_0 = 0, \quad y_1(0) = 1, y_2(0) = 3. \end{cases}$$

取步长 $h = 0.1$,利用经典的 R-K 法计算得表 7-10.

表 7-10 计算结果

x_i	0.1	0.2	0.3	0.4	0.5	0.6	0.7	0.8	0.9	1.0
y_i	1.301	1.608	1.927	2.0264	2.642	3.015	3.442	3.911	4.428	4.999

习题 7

1. 求解初值问题

$$\begin{cases} y' = 4 - 2xy, \\ y(0) = 1, \end{cases} \quad 0 \leq x \leq 1.$$

取步长 $h = 0.2$, 分别用欧拉公式与改进的欧拉公式计算,并与精确解相比较.

2. 利用梯形公式求解初值问题

$$\begin{cases} y' = 8 - 3y, \\ y(2) = 2, \end{cases} \quad 1 \leq x \leq 2.$$

取步长 $h = 0.1$.

3. 对初值问题 $\begin{cases} y' = -y, x > 0, \\ y(0) = 1, \end{cases}$ 证明用梯形公式所求得的近似值为

$$y(ih) \approx y_i = \left(\frac{2-h}{2+h}\right)^i, i = 0, 1, 2, \cdots$$

并证明当 $h \to 0$ 时,它收敛于准确解 $y = e^{-x_i}$,其中 $x_i = ih$ 为固定点.

4. 利用欧拉方法计算积分

$$\int_0^x e^{t^2} dt$$

在点 $x = 0.5, 1, 1.5, 2$ 的近似值.

5. 取 $h = 0.2$,用四阶 R-K 方法求解下列初值问题:

(1) $\begin{cases} y' = x + y, \\ y(0) = 1, \end{cases} \quad 0 < x < 1;$

(2) $\begin{cases} y' = \dfrac{3y}{1+x}, \\ y(0) = 1, \end{cases} \quad 0 < x < 1.$

6. 证明对任意参数 t,下列 R-K 公式是二阶的:

$$\begin{cases} y_{n+1} = y_n + \dfrac{h}{2}(K_2 + K_3), \\ K_1 = f(x_n, y_n), \\ K_2 = f(x_n + th, y_n + thK_1), \\ K_3 = f(x_n + (1-t)h, y_n + (1-t)hK_1). \end{cases}$$

7. 证明中点公式是二阶的,并求其绝对稳定区间.

8. 对于初值问题

$$y' = -100(y - x^2) + 2x, y(0) = 1.$$

(1) 用欧拉法求解,步长 h 取什么范围的值,才能使计算稳定.

(2) 若用四阶 R-K 法计算,步长 h 如何选取?

(3) 若用梯形公式计算,步长 h 有无限制.

9. 直接推导出二步 Adams 显示公式

$$y_{i+1} = y_i + \frac{h}{2}[3f(x_i, y_i) - f(x_{i-1}, y_{i-1})]$$

和局部截断误差

$$R_{i+1} = \frac{5}{12}h^3 y^{(3)}(\xi_i), \xi_i \in (x_{i-1}, x_{i+1}).$$

10. 证明解 $y' = f(x, y)$ 的下列差分公式

$$y_{n+1} = \frac{1}{2}(y_n + y_{n+1}) + \frac{h}{4}(4y'_{n+1} - y'_n + 3y'_{n-1})$$

是二阶的,并求出截断误差.

11. 试证明线性二步法

$$y_{n+2} + (b-1)y_{n+1} - by_n = \frac{h}{4}[(b+3)f_{n+2} + (3b+1)f_n]$$

当 $b \neq -1$ 时方法为二阶,当 $b = -1$ 时方法为三阶.

12. 试用四阶 Adams 预估—校正格式计算初值

$$\begin{cases} y' = x - y^2, x \in [0, 1], \\ y(0) = 1. \end{cases}$$

13. 用 R-K 解初值问题

$$\begin{cases} y'' = \dfrac{x^2 - y^2}{1 + (y')^2}, \\ y(0) = 1, \\ y'(0) = 1. \end{cases}$$

第8章 实训(基于C语言和MATLAB)

计算机的迅速发展与广泛运用,使得科学计算方法的应用越来越广泛.计算方法中的各种典型算法,都是很好的编程素材.在科学计算方面比较常用的编程语言是C语言和MATLAB,两者各有优势并可以通过接口相互调用.在用C语言或是MATLAB编写各算法程序时,不仅要求编程者对算法有透彻的认识与理解,而且还要求读者有一定的编程能力.

考虑到读者对编程软件的熟悉程度不同,也为了使具有不同编程能力的读者能很快上手编写程序,本章分别介绍了C语言和MATLAB在计算方法中的运用,并列出了与前面各章节相对应的一些典型算法的程序实例,各程序都是可以单独运行的完整程序,读者对程序实例进行调试通过之后,可以做各种数值试验.

8.1 C语言概述

C语言是一种高效的结构化语言,它具有功能强大、数据类型丰富、运算符众多、生成代码质量高、灵活可移植性好等特点,已经成为当今的一种通用程序设计语言.C语言的这些特点也使得其在数值计算方法上得到了广泛的应用.基于DOS下的Turbo C/C++ 2.0/3.0及基于WINDOWS下的Visual C++ 6.0都是常用的C程序开发平台.

8.1.1 C语言的基础知识

C语言作为一种高级编程语言,具有丰富的数据类型,能用来实现各种复杂的数据结构的运算.数据类型包括基本类型、构造(组合)类型、指针类型和空类型,其中基本类型有数值类型、字符类型(char)和枚举类型(enum);构造类型有数组类型、结构体类型(struct)、共同体类型(union)和文件类型(file);空类型不返回任何类型的数据.

变量和常量的类型也是基于以上几种.编程中类型之间可以根据需要进行转化,类型转化的原则是从低级向高级自动转化(除非人为地加以控制).计算的转换顺序基本是这样的:

字符型→整型→长整型→浮点型→单精度型→双精度型.

在程序运行过程中,其值不改变的量称为常量.变量是内存中具有特定属性的一个存储单元(空间),它用来存放变量的值,在程序运行期间,这些值是可以改变的.变量名以一个名字对应代表一个地址,在对程序编译连接时由编译系统给每一个变量名分配对应的内存地址. 从变量中取值,实际上是通过变量名找到相应的内存地址,从该存储单元中读取数据.

C 语言的运算符共有 34 种,括号、赋值、强制类型转换等都作为运算符处理,从而使 C 语言的运算类型极其丰富,表达式类型多样化. 灵活使用各种运算符可以实现在其他高级语言中难以实现的运算.

表达式是由常量、变量、运算符组合而成的(函数也可以是组成表达式的元素),计算以后只是返回一个结果值,表达式隐含的数据类型取决于组成表达式的变量和常量的类型. 表达式的结束标志是分号";",C 语言中所有的语句和声明都是用分号结束,在分号出现之前,语句是不完整的.

C 程序是由函数构成的,这使得程序容易实现模块化. C 语言函数包括分类函数、数学函数、目录函数、进程函数、诊断函数、接口子程序、操作函数和时间日期函数. 编程者可以根据需要调用这些函数.

C 语言中常用到的数据类型有:
(1) int:整型变量或函数
(2) long:长整型变量或函数
(3) short:短整型变量或函数
(4) float:浮点型变量或函数
(5) double:双精度变量或函数
(6) char:字符型变量或函数
(7) enum:枚举类型
(8) signed:有符号类型变量或函数
(9) struct:结构体变量或函数
(10) union:共用体(联合)数据类型
(11) unsigned:无符号类型变量或函数
(12) void:函数无返回值或无参数,声明无类型指针

用于描述算法的 C 语言语句有:
(1) 赋值语句:变量 = 表达式;
(2) 函数调用语句:函数名(实参数 1,实参数 2,…);
(3) 循环语句:
①for:for (表达式 1;表达式 2;…)
②do:循环语句的循环体
③while:循环语句的循环条件
④break:跳出当前循环
⑤continue:结束当前循环,开始下一轮循环
(4) 条件语句:
①if:if (表达式 1) 语句;
②else:与 if 连用,条件语句的否定分支
③goto:无条件跳转语句

(5) 开关语句:
①switch:用于开关语句,多项选择
②case:开关语句分支
③default:开关语句中的"其他"分支
(6) 返回语句:
return:子程序返回语句(语句中带不带参数均可)

在数值计算方法中,经常要调用 C 语言函数库中的数学函数,所在的函数库是 math.h、stdlib.h、string.h 和 float.h,其中数值计算方法中可能用到的数学函数有(库函数 math.h):

求绝对值函数 abs、labs、fabs:
$$nt\ abs(int\ x);$$
$$long\ labs(long\ x);$$
$$double\ fabs(double\ x);$$

反余弦函数 acos:double acos(double x);
反正弦函数 asin:double asin(double x);
反正切函数 atan:double atan(double x);
反正切函数 atan2:double atan2(double y, double x);
向上舍入函数 ceil:double ceil(double x);
余弦函数 cos:double cos(double x);
双曲余弦函数 cosh:double cosh(double x);
除法函数 div、ldiv:div_t div(int number, int denom);
$$ldiv\_t\ ldiv(long\ lnumer,\ long\ ldenom);$$
求 e 的 x 次幂函数 exp:double exp(double x);
向下舍入函数 floor:double floor(double x);
求模函数 fmod:double fmod(double x, double y);
分解浮点数函数 frexp:double frexp(double val, int *exp);
求直角三角形斜边长函数 hypot:double hypot(double x, double y);
装载浮点数函数 ldexp:double ldexp(double val, int exp);
分解双精度数函数 modf:double modf(double num, double *i);
指数函数 pow、pow10:double pow(double x, double y);
$$double\ pow10(int\ x);$$
产生随机整数函数 rand:int rand(void);
正弦函数 sin:double sin(double x);
双曲正弦函数 sinh:double sinh(double x);
开平方函数 sqrt:double sqrt(double x);
设置随机时间的种子函数 srand:int srand (unsigned int seed);
正切函数 tan:double tan(double x);
双曲正切函数 tanh:double tanh(double x);

8.1.2 C语言程序设计

C程序书写格式自由,同一行内可以写几个语句,包含不同的表达式分别完成不同的工作,每个语句和数据声明的最后必须有一个分号;一个语句也可以分写在多行上,但C程序没有行号。C程序都有一个头文件,并且总是从主函数main开始执行,与main函数的位置无关,从函数体开始"{"到函数体结束"}",主函数中包含有C语句和其他函数。C语言本身没有输入输出语句,输入和输出的操作由库函数scanf和printf等函数来完成。

C语言程序的整体结构:

main-主函数名,void-函数类型

每个C程序必须有一个主函数main;

{ }是函数开始和结束的标志,不可省;

每个C语句以分号结束。

使用标准库函数时应在程序开头一行写:

  #include <stdio.h>

运行C程序的步骤为:

(1) 上机输入编辑源程序生成.c或.cpp文件;

(2) 对源程序进行编译生成.obj文件;

(3) 与库函数连接生成目标程序.exe文件;

(4) 运行目标程序。

8.1.3 计算方法的C语言实现

8.1.3.1 Lagrange插值多项式

```c
#include"stdafx.h"
#include <stdio.h>
#include <conio.h>
#include <malloc.h>
float lagrange(float *x,float *y,float xx,int n)    /*拉格朗日插值算法*/
{
    int i,j;
    float *a,yy=0.0;              /*a作为临时变量,记录拉格朗日插值多项式*/
    a=(float *)malloc(n*sizeof(float));
    for(i=0;i<=n-1;i++)
    {
        a[i]=y[i];
        for(j=0;j<=n-1;j++)
            if(j!=i) a[i]*=(xx-x[j])/(x[i]-x[j]);
        yy+=a[i];
```

```c
        }
        free(a);
        return yy;
}
int main()
{
    int i;
    int n;
    float x[20],y[20],xx,yy;
    printf("Input n:");
    scanf("%d",&n);
    if(n>=20)
    {
        printf("Error! The value of n must in (0,20).");getch();return 1;
    }
    if(n<=0)
    {
        printf("Error! The value of n must in (0,20).");getch(); return 1;
    }
    for(i=0;i<=n-1;i++)
    {
        printf("x[%d]:",i);
        scanf("%f",&x[i]);
    }
    printf("\n");
    for(i=0;i<=n-1;i++)
    {
        printf("y[%d]:",i);scanf("%f",&y[i]);
    }
    printf("\n");
    printf("Input xx:");
    scanf("%f",&xx);
    yy=lagrange(x,y,xx,n);
    printf("x=%f,y=%f\n",xx,yy);
    getch();
}
```

8.1.3.2 牛顿插值多项式

```c
#include"stdafx.h"
```

```c
#include <stdio.h>
#include <conio.h>
#include <malloc.h>
void difference(float *x,float *y,int n)
{ float *f;
int k,i;
f=(float *)malloc(n*sizeof(float));
for(k=1;k<=n;k++)
    { f[0]=y[k];
      for(i=0;i<k;i++)
        f[i+1]=(f[i]-y[i])/(x[k]-x[i]);
        y[k]=f[k];
    }
return;
}
main()
    { int i,n;
    float x[20],y[20],xx,yy;
    printf("Input n:");
    scanf("%d",&n);
    if(n>=20) {printf("Error! The value of n must in (0,20)."); getch(); return 1;}
    if(n<=0) {printf("Error! The value of n must in (0,20).");getch(); return 1;}
    for(i=0;i<=n-1;i++)
        { printf("x[%d]:",i);
          scanf("%f",&x[i]);
        }
    printf("\n");
    for(i=0;i<=n-1;i++)
    { printf("y[%d]:",i);scanf("%f",&y[i]);}
    printf("\n");
    difference(x,(float *)y,n);
    printf("Input xx:");
    scanf("%f",&xx);
    yy=y[20];
    for(i=n-1;i>=0;i--) yy=yy*(xx-x[i])+y[i];
    printf("NewtonInter(%f)=%f",xx,yy);
    getch();
    }
```

8.1.3.3 辛普生(Simpson)求积方法

```c
#include <stdio.h>
#define N 16    /* 等分数 */
float func(float x)
{ float y;
    y=4.0/(1+x*x);
    return(y);
}

void gedianzhi(float y[],float a,float h)
{ int i;
    for(i=0;i<=N;i++)
        y[i]=func(a+i*h);
}
float simpson(float y[],float h)
{ float s,s1,s2;
    int i;
    s1=y[1];
    s2=0.0;
    for(i=2;i<=N-2;i=i+2)
    { s1+=y[i+1]; /* 计算奇数项的函数值之和 */
      s2+=y[i];   /* 计算偶数项的函数值之和 */
    }
    s=y[0]+y[N]+4.0*s1+2.0*s2;
    return(s*h/3.0);
}
main()
{ float a,b,h,s,f[N+1];
    scanf("%f,%f",&a,&b);
    h=(b-a)/(float)N;
    gedianzhi(f,a,h);
    s=simpson(f,h);
    printf("s=%f\n",s);
}
```

运行结果：
　　1,3
s=1.854590

Press any key to continue

8.1.3.4 龙贝格求积公式,求解定积分

```c
#include"stdafx.h"
#include<stdio.h>
#include<math.h>
#include<conio.h>
#define f(x) (sin(x)/x)
#define N 20
#define MAX 20
#define a 2
#define b 4
#define e 0.00001
float LBG(float p,float q,int n)
    { int i;
    float sum=0,h=(q-p)/n;
    for (i=1;i<n;i++)
    sum+=(float)f(p+i*h);
    sum+=(float)(f(p)+f(q))/2;
    return(h*sum);
    }
void main()
    { int i;
    int n=N,m=0;
    float T[MAX+1][2];
    T[0][1]=LBG(a,b,n);
    n*=2;
     for(m=1;m<MAX;m++)
     { for(i=0;i<m;i++)
     T[i][0]=T[i][1];
     T[0][1]=LBG(a,b,n);
     n*=2;
     for(i=1;i<=m;i++)
     T[i][1]=(float)T[i-1][1]+(T[i-1][1]-T[i-1][0])/(pow(2,2*m)-1);
     if((T[m-1][1]<T[m][1]+e)&&(T[m-1][1]>T[m][1]-e))
     { printf("Answer=%f\n",T[m][1]); getch();
    return ;
    }
    }
}
```

}

8.1.3.5 牛顿—科特斯求积公式,求定积分

```c
#include"stdafx.h"
#include<stdio.h>
#include<math.h>
#include<conio.h>
#define N4
int NC(float *a[],float h, int n, float *r, int f)
{
    int nn,i;
    float ds;
    if(n>1000||n<2)
      {
       if (f)
       printf("\n Faild! Check if 1<n<1000! \n",n);
       return(-1);
      }
    if(n==2)
    {
    *r=(float)0.5*((*a)[0]+(*a)[1])*(h);
     return(0);
    }
    if (n-4==0)
    {
    *r=0;
     *r =(float)(*r+0.375*(h)*((*a)[n-4]+3*(*a)[n-3]+3*(*a)[n-2]+(*a)[n-1]));
     return(0);
    }
    if(n/2-(n-1)/2<=0)
       nn=n;
    else
    nn=n-3;
        ds=(*a)[0]-(*a)[nn-1];
        for(i=2;i<=nn;i=i+2)
        ds=ds+4*(*a)[i-1]+2*(*a)[i];
        *r=ds*(h)/3;
        if(n>nn)
```

```c
            *r=(float)(*r+0.375*(h)*((*a)[n-4]+3*(*a)[n-3]+3*(*a)[n-2]+
                (*a)[n-1]));
            return(0);
}
    void main()
    {
    float h,r;
    int n,ntf,f;
    int i;
    float *a[N];
    printf("Input the x[i](4):\n");
    for(i=0;i<=N;i++)
            scanf("%d",&a[i]);
    h=(float)0.2;
    f=0;
    r=(float)0.4;
    n=2;
    ntf=NC(a,h,n,&r,f);
    if(ntf==0)
        printf("\nR=%f\n",r);
    else
        printf("\n Wrong! Return code=%d\n",ntf);
    getch();
    }
```

8.1.3.6 牛顿迭代公式,求方程的近似解

```c
#include"stdafx.h"
#include<stdio.h>
#include<math.h>
#include<conio.h>
#define N 100
#define PS 1e-5
#define TA 1e-5
float Newton(float (*f)(float),float(*f1)(float),float x0)
    { float x1,d=0;
      int k=0;
      do
        { x1= x0-f(x0)/f1(x0);
          if((k++>N)||(fabs(f1(x1))<PS))
```

```
        { printf("\nFailed!");
          getch();
        }
    d=(fabs(x1)<1? x1-x0:(x1-x0)/x1);
    x0=x1;
    printf("x(%d)=%f\n",k,x0);
    }
    while((fabs(d))>PS&&fabs(f(x1))>TA);
    return x1;
  }
float f(float x)
    { return x*x*x+x*x-3*x-3; }
    float f1(float x)
    { return (float)(3.0*x*x+2*x-3); }
void main()
    { float f(float);
      float f1(float);
      float x0,y0;
      printf("Input x0: ");
      scanf("%f",&x0);
      printf("x(0)=%f\n",x0);
      y0=Newton(f,f1,x0);
      printf("\nThe root is x=%f\n",y0);
      getch();
    }
```

8.1.3.7 列主元素消去法求解线性方程

```
#include<iostream>
#include<cmath>
#define N 20
using namespace std;
void load();
float a[N][N];
int m;
int main(){
    int i,j;
    int c,k,n,p,r;
    float x[N],l[N][N],s,d;
    cout<<"下面请输入未知数的个数 m=";
```

```cpp
        cin>>m;
        cout<<endl;
        cout<<"请按顺序输入增广矩阵 a:"<<endl;
        load();
        for(i=0;i<m;i++)
        {
        for(j=i;j<m;j++)
        c=(fabs(a[j][i])>fabs(a[i][i]))? j:i;      /*找列最大元素*/
        for(n=0;n<m+1;n++)
        {s=a[i][n];a[i][n]=a[c][n];a[c][n]=s;}     /*将列最大数放在对角线上*/
        for(p=0;p<m+1;p++)
        cout<<a[i][p]<<" \t";
        cout<<endl;
        for(k=i+1;k<m;k++)
        {
        l[k][i]=a[k][i]/a[i][i];
         for(r=i;r<m+1;r++)          /*化成三角阵*/
           a[k][r]=a[k][r]-l[k][i]*a[i][r];
               }
        }
        x[m-1]=a[m-1][m]/a[m-1][m-1];
        for(i=m-2;i>=0;i--)
        {
            d=0;
            for(j=i+1;j<m;j++)
                d=d+a[i][j]*x[j];
          x[i]=(a[i][m]-d)/a[i][i];      /*求解*/
        }
        cout<<"该方程组的解为:"<<endl;
        for(i=0;i<m;i++)
            cout<<"x["<<i<<"] = "<<x[i]<<" \t";
            //system("pause");
            return 0;
}
void load()
{
int i,j;
for(i=0;i<m;i++)
```

```
for(j=0;j<m+1;j++)
cin>>a[i][j];
}
```
运行结果:
下面请输入未知数的个数 m=3

请按顺序输入增广矩阵 a:
1 2 3 4
5 1 0 8
4 6 9 2
4   6   9   2
0   -6.5   -11.25   5.5
0   -1.86265e-008   -0.115385   3.92308
该方程组的解为:
    x[0]=-9.99999   x[1]=58 x[2]=-34   Press any key to continue

8.1.3.8 Jacobi 迭代法,求解方程近似解

```
#include <stdio.h>
#include <math.h>
#include "stdafx.h"
#include<conio.h>
#define N 20
#define MAX 100
#define e 0.00001
int main()
{ int n;
int i,j,k;
float t;
float a[N][N],b[N][N],c[N],g[N],x[N],h[N];
printf("\nInput dim of n:"); scanf("%d",&n);
if(n>N)
{ printf("Faild! Check if 0<n<N! \n"); getch(); return 1; }
if(n<=0)
{printf("Faild! Check if 0<n<N! \n"); getch(); return 1;}
printf("Input a[i,j],i,j=0…%d:\n",n-1);
for(i=0;i<n;i++)
    for(j=0;j<n;j++)
    scanf("%f",&a[i][j]);
printf("Input c[i],i=0…%d:\n",n-1);
```

```
for(i=0;i<n;i++)
scanf("%f",&c[i]);
for(i=0;i<n;i++)
   for(j=0;j<n;j++)
   { b[i][j]=-a[i][j]/a[i][i]; g[i]=c[i]/a[i][i]; }
   for(i=0;i<MAX;i++)
     { for(j=0;j<n;j++)
       h[j]=g[j];
       { for(k=0;k<n;k++)
         { if(j==k) continue; h[j]+=b[j][k]*x[k]; }
       }
       t=0;
       for(j=0;j<n;j++)
       if(t<fabs(h[j]-x[j])) t=fabs(h[j]-x[j]);
       for(j=0;j<n;j++)
       x[j]=h[j];
       if(t<e)
       { printf("x_i=\n");
         for(i=0;i<n;i++)
printf("x[%d]=%f\n",i,x[i]);
         getch();
         return 0;
       }
       printf("after %d repeat , return\n",MAX);
       getch();
       return 1;
     }
   getch();
}
```

8.1.3.9　Gauss-Seidel 迭代法

```
#include "stdafx.h"
#include<math.h>
#include<stdio.h>
#include<conio.h>
#define N 20
#define M 99
float a[N][N];
float b[N];
```

```c
int main()
{   int i,j,k,n;
    float sum,no,d,s,x[N];
    printf("\nInput dim of n:");
scanf("%d",&n);
if(n>N)
{ printf("Faild! Check if 0<n<N! \n"); getch();
    return 1;
}
if(n<=0)
{ printf("Faild! Check if 0<n<N! \n");getch();return 1;}
printf("Input a[i,j],i,j=0…%d:\n",n-1);
for(i=0;i<n;i++) Lfor(j=0;j<n;j++)
scanf("%f",&a[i][j]);
printf("Input b[i],i=0…%d:\n",n-1);
for(i=0;i<n;i++) scanf("%f",&b[i]);
    for(i=0;i<n;i++) x[i]=0;
k=0;
printf("\nk=%dx=",k);
for(i=0;i<n;i++) printf("%12.8f",x[i]);
do
{ k++;
      if(k>M){printf("\nError! \n");getch();}
      break;
}
no=0.0;
for(i=0;i<n;i++)
   { s=x[i];
     sum=0.0;
     for(j=0;j<n;j++)
     if (j!=i) sum=sum+a[i][j]*x[j];
     x[i]=(b[i]-sum)/a[i][i];
     d=fabs(x[i]-s);
     if (no<d) no=d;
}
printf("\nk=%2dx=",k);
for(i=0;i<n;i++) printf("%f",x[i]);
}
```

```
while (no>=0.1e-6);
if(no<0.1e-6)
{ printf("\n\n answer=\n");
  printf("\nk=%d",k);
  for (i=0;i<n;i++)
  printf("\n x[%d]=%12.8f",i,x[i]);
}
getch();
}
```

8.1.3.10　LU 分解法求解线性方程

```
#include<stdio.h>
void solve(float l[][100],float u[][100],float b[],float x[],int n)
{ int i,j;
  float t,s1,s2;
  float y[100];
  for(i=1;i<=n;i++) /* 第一次回代过程开始 */
          { s1=0;
            for(j=1;j<i;j++)
            {
                t=-l[i][j];
                s1=s1+t*y[j];
            }
                y[i]=(b[i]+s1)/l[i][i]; }
  for(i=n;i>=1;i--) /* 第二次回代过程开始 */
  {
          s2=0;
          for(j=n;j>i;j--)
          {
              t=-u[i][j];
              s2=s2+t*x[j];
          }
          x[i]=(y[i]+s2)/u[i][i];
  }
}

void main()
{ float a[100][100],l[100][100],u[100][100],x[100],b[100];
  int i,j,n,r,k;
```

```c
float s1,s2;
for(i=1;i<=99;i++)/*将所有的数组置零,同时将L矩阵的对角值设为1*/
    for(j=1;j<=99;j++)
    {
        l[i][j]=0,u[i][j]=0;
        if(j==i) l[i][j]=1;
    }

printf("input n:\n");/*输入方程组的个数*/
scanf("%d",&n);
printf("input array A:\n");/*读取原矩阵A*/
for(i=1;i<=n;i++)
    for(j=1;j<=n;j++)
        scanf("%f",&a[i][j]);
printf("input array B:\n");/*读取列矩阵B*/
for(i=1;i<=n;i++)
    scanf("%f",&b[i]);
for(r=1;r<=n;r++)/*求解矩阵L和U*/
{
    for(i=r;i<=n;i++)
    {
        s1=0;
    for(k=1;k<=r-1;k++)
        s1=s1+l[r][k]*u[k][i];
        u[r][i]=a[r][i]-s1;
    }
    for(i=r+1;i<=n;i++)
    {s2=0;
    for(k=1;k<=r-1;k++)
        s2=s2+l[i][k]*u[k][r];
        l[i][r]=(a[i][r]-s2)/u[r][r];
    }
}
printf("array L:\n");/*输出矩阵L*/
for(i=1;i<=n;i++)
{
    for(j=1;j<=n;j++)
    printf("%7.3f ",l[i][j]);
```

```
        printf("\n");
    }
    printf("array U:\n");/*输出矩阵U*/
    for(i=1;i<=n;i++)
    {
        for(j=1;j<=n;j++)
            printf("%7.3f",u[i][j]);
        printf("\n");
    }
    solve(l,u,b,x,n);
    printf("解为:\n");
    for(i=1;i<=n;i++)
        printf("x%d=%f\n",i,x[i]);
}
```

运行结果:

input n:
3
input array A:
2 2 3
4 7 7
-2 4 5
input array B:
3 1 -7
array L:
  1.000 0.000 0.000
  2.000 1.000 0.000
  -1.000 2.000 1.000
array U:
  2.000 2.000 3.000
  0.000 3.000 1.000
  0.000 0.000 6.000
解为:
x1=2.000000
x2=-2.000000
x3=1.000000
Press any key to continue

8.1.3.11 幂法

```
#include "stdafx.h"
```

```c
#include<stdio.h>
#include<math.h>
#include<conio.h>
#define N 100
#define e 0.00001
#define n 3
float x[n]={0,0,1};
float a[n][n]={{2,3,2},{10,3,4},{3,6,1}};
float y[n];
main()
{ int i,j,k;
    float xm,oxm;
    oxm=0;
    for(k=0;k<N;k++)
    { for(j=0;j<n;j++)
        { y[j]=0;
        for(i=0;i<n;i++)
        y[j]+=a[j][i]*x[i];
        }
    xm=0;
    for(j=0;j<n;j++)
    if(fabs(y[j])>xm) xm=fabs(y[j]);
    for(j=0;j<n;j++)
    y[j]/=xm;
    for(j=0;j<n;j++)
    x[j]=y[j];
    if(fabs(xm-oxm)<e)
    { printf("max:%f\n\n",xm);
    printf("v[i]:\n");
    for(k=0;k<n;k++) printf("%f\n",y[k]);
    break;
    }
    oxm=xm;
    }
getch();
}
```

8.1.3.12 二分法求解非线性方程

```c
#include<stdio.h>
```

```c
#include <math.h>
#define f(x) ((x*x-1)*x-1)
void main()
{  float a,b,x,eps;
   int k=0;
   printf("intput eps\n");            /* 容许误差 */
   scanf("%f",&eps);
   printf("a,b=\n");
   for(;;)
   {scanf("%f,%f",&a,&b);
    if(f(a)*f(b)>=0)                  /* 判断是否符合二分法使用的条件 */
     printf("二分法不可使用,请重新输入:\n");
    else break;
   }
   do
   { x=(a+b)/2;
     k++;
     if(f(a)*f(x)<0)       /* 如果f(a)*f(x)<0,则根在区间的左半部分 */
        b=x;
     else if(f(a)*f(x)>0)    /* 否则根在区间的右半部分 */
        a=x;
     else break;
   }while(fabs(b-a)>eps);   /*判断是否达到精度要求,若没有达到,继续循环 */
   x=(a+b)/2;               /* 取最后的小区间中点作为根的近似值 */
   printf("\n The root is x=%f, k=%d\n",x,k);
}
```

运行结果：
intput eps
0.00001
a,b=
2,-5

 The root is x=1.324721, k=20
Press any key to continue

8.1.3.13 牛顿法求解非线性方程

```c
#include <stdio.h>
#include <math.h>
float f(float x)                        /* 定义函数f(x) */
```

```c
{ return((-3*x+4)*x-5)*x+6; }
float f1(float x)                    /* 定义函数f(x)的导数 */
{ return (-9*x+8)*x-5; }
void main()
{ float eps,x0,x1=1.0;
  printf("input eps:\n");
  scanf("%f",&eps);                  /* 输入容许误差 */
  do
  { x0=x1;                           /* 准备下一次迭代的初值 */
    x1=x0-f(x0)/f1(x0);              /* 牛顿迭代 */
  }while(fabs(x1-x0)>eps);           /* 当满足精度,输出近似根 */
  printf("x=%f\n",x1);
}
```

程序运行结果:
x=1.265328

8.1.3.14 改进欧拉法求解常微分方程的初值问题

```c
#include "stdafx.h"
#include <stdio.h>
#include<math.h>
#include<conio.h>
float func(float x,float y)
{return(y-x);
}


float euler(float x0,float xn,float y0,int N)
{   float x,y,yp,yc,h;
    int i;
    x=x0;
    y=y0;
    h=(xn-x0)/(float)N;
    for(i=1;i<=N;i++)
    {   yp=y+h*func(x,y);
        x=x0+i*h;
        yc=y+h*func(x,yp);
        y=(yp+yc)/2.0;
    }
    return(y);
}
```

```
main( )
    { float x0,xn,y0,e;
    int n;
    printf(" \ninput n:\n");
    scanf("%d",&n);
    printf("input x0,xn:\n");
    scanf("%f,%f",&x0,&xn);
    printf("input y0:\n");
    scanf("%f",&y0);
    e = euler(x0,xn,y0,n);
    printf("y(%f)=%6.4f",y0,e);
}
```

input n:
    20
input x0,xn:
    1,6
input y0:
    2
y(2.000000)=7.0000Press any key to continue

8.1.3.15　四阶龙格—库塔法

```
#include"stdafx.h"
#include <stdio.h>
#include<math.h>
#include<conio.h>
//#include"resouse.h"
float func(float x,float y)
{ return(x-y);
}

float runge_kutta(float x0,float xn,float y0,int N)
{ float x,y,h,xh;
    float d1,d2,d3,d4;
    int i;
    x = x0;
    y = y0;
    h = (xn-x0)/(float)N;
    for(i=1;i<=N;i++)
```

```
    { xh=x+h/2;
      d1=func(x,y);
      d2=func(xh,y+h*d1/2.0);
      d3=func(xh,y+h*d2/2.0);
      d4=func(xh,y+h*d3);
      y=y+h*(d1+2*d2+2*d3+d4)/6.0;
      x=x0+i*h; }
    return(y);
}
main()
{ float x0,xn,y0,e;
  int N;
  printf("\ninput n:\n");
  scanf("%d",&N);
  printf("input x0,xn:\n");
  scanf("%f,%f",&x0,&xn);
  printf("input y0:\n");
  scanf("%f",&y0);
  e=runge_kutta(x0,xn,y0,N);
  printf("y(%f)=%8.6f",y0,e);
}
```

```
input n:
    10
input x0,xn:
    1,2
input y0:
    5
y(5.000000)=2.833863Press any key to continue
```

8.2　MATLAB 简介

　　MATLAB 是 MathWorks 公司推出的一款功能强大的数值计算软件,它所具有的优点如程序代码简洁、扩展能力强、出色的图形处理能力等,使得 MATLAB 成为当今最流行的科学计算软件之一,在教学和科研等领域中被广大科研工作者广泛使用.

8.2.1　MATLAB 基础

　　本书以 MATLAB 7.0 为平台,启动 MATLAB 后,进入 MATLAB 默认的桌面平台. 桌面平台包括 5 个窗口,分别是 MATLAB 主窗口、命令窗口、命令历史窗口、当前目录窗口和工作空间窗口. MATLAB 的命令窗口是运算和处理数据的主界面,">>"为运算提示符,在提示符后输入 MATLAB 系统命令、MATLAB 函数(M 函数)、MATLAB 应用程序(M 文件)或一段 MATLAB 表达式等,按"Enter"键后 MATLAB 进行系统管理工作及相关数值计算,给出计算结果或数据处理的图形等. 指令完成后,MATLAB 将再次进入准备状态.

在 MATLAB 语言中数据的类型是相同的,如整数、实数、复数、数值矩阵或是字符、字符串等. MATLAB 基本数据单元是无须指定维数的数组,数组运算是 MATLAB 最鲜明的特点. 最常用的数组是双精度数值数组(double array),一维数组相当于向量,二维数组相当于矩阵,一维数组可以视为二维数组的特例.

数组运算是指数组对应元素之间的运算,也称点运算. 常用的数组的运算符有:

数组加与减　　A+B 与 A-B
数乘数组　　　k*A 或 A*k
数与数组加减　k+A 或 k-A
数组乘数组　　A.*B
数组乘方　　　A.^k, k.^A
数除以数组　　k./A
数组除法　　　左除 A.\B,右除 B./A

数组的数学函数也是按每个元素的运算,使用通常的函数符号,但与 C 语言的函数符号略有不同,在此仅列出一些特殊的数学函数:

fix　向 0 取整
mod　模余
rem　除法余数
abs　绝对值(模)
exp　指数函数

MATLAB 的关系运算符和逻辑运算符都是对于元素的操作,其结果是特殊的逻辑数组(logical array).

除数值(double)以外,常用的数据类型还有字符(char)、元胞(cell)和结构(structure),由此还可以进一步组成字符数组(char array)、元胞数组(cell array)和结构数组(structure array).

8.2.2　MATLAB 程序设计

MATLAB 对于复杂的计算,需要用到循环和分支等复杂的程序结构或语句. MATLAB 语句是编程的基础,有表达式语句、控制语句、输入输出语句、绘图语句和显示语句等,控制语句都以 end 结尾,常用的控制语句有:

(1)循环语句

①for 循环变量=数组,
　　命令组(或运算式)
　end

②while 条件表达式,
  命令组(或运算式)
 end
(2)分支语句
①if 条件 1,
  命令组 1(或运算式 1);
 eles if 条件 2,
  命令组 2(或运算式 2);
 ……;
 else
  命令组 k(或运算式 k);
 end
②switch 分支变量
 case 值 1,
  命令组 1;
 case 值 2,
  命令组 2;
 ……;
 otherwise
  命令组 k;
 end
(3)中断语句
①pause 暂停执行,直到击键盘,pause(n)为暂停 n 秒后再继续
②break 中断执行,用在循环语句内表示跳出循环
③return 中断执行该程序,回到主调函数或命令窗口
④error(字符串) 提示错误并显示字符说明

  Input 在交互式执行程序中用于提示键盘输入,Disp 用于屏幕显示,这两种也分别是常用的输入和输出语句.

  程序中常常需要注释语句来增强程序的可读性,M 文件开头一般有一段注释,注释用%开头并顶格书写,对本行后面字符起作用,说明文件的功能和使用方法. 注释语句不参与运算,只起说明作用. 上面控制语句中的中断语句和暂停语句也可以称为辅助语句.

  显示语句一般格式为:
  echo on/off
  其功能是控制是否在屏幕上回显 MATLAB 正在执行的语句,对调试程序很有帮助.
  绘图语句较多,在此不再赘述.
  一些较为复杂的程序结构在命令窗口调试和保存都很不方便,所以进行这类复杂的运算大都使用程序文件,这是 MATLAB 向用户提供的一个自主编写程序的环境. 从命令窗口用命令"edit"就进入 MATLAB 的程序编辑器窗口,用以编写用户的 M 文件. M 文件

可分为 M 脚本文件和 M 函数文件.

将多条 MATLAB 语句写在编辑器中,并以.m 文件保存在 MATLAB 的搜索目录中,就得到一个 M 脚本. 执行 M 脚本文件还可以在程序编辑器的 Debug 菜单选 Run,使用编辑器能够进行打开和修改 M 文件、观察变量值、调试程序等操作.

M 脚本文件没有参数传递功能,当我们需要修改程序中的某些变量值时,必须通过修改 M 函数文件进行参数传递. M 函数文件以 function 开头,格式为:

function 输出变量 = 函数名(输入变量)

语句

M 函数不能像 M 脚本那样,在编辑器窗口用 Debug 选 run 执行,因为 M 函数必须输入相应的参数值. M 函数常常被 M 脚本或其他 M 函数调用.

8.2.3 计算方法的 MATLAB 实现

用 MATLAB 实现的数值计算方法程序都大同小异,本节按照章节次序给出了部分程序.

8.2.3.1 求基于 $N+1$ 个点的拉格朗日多项式

```
function [C,L] = lagran(X,Y)
% input  - X is a vector that contains a list of abscissas
%         - Y is a vector that contains a list of ordinates
% output - C is a matrix that contains the coefficients of the lagrange interpolatory polynomial
%         - L is a matrix that contains the lagrange coefficients polynomial
w = length(X);
n = w-1;
L = zeros(w,w);
for k = 1:n+1
    V = 1;
    for j = 1:n+1
        if k ~= j
            V = conv(V,poly(X(j)))/(X(k)-X(j));
        end
    end
    L(k,:) = V;
end
C = Y*L;
```

构造和计算通过 $(xk,yk) = (xk,f(xk))$, $k = 0....N$ 的次数小于等于 N 的牛顿多项式

```
function [C,D] = newpoly(X,Y)
% input  - X is a vector that contains a list of abscissas
%         - Y is a vector that contains a list of ordinates
% output - C is a matrix that contains the coefficients of the newton interpolatory polynomial
```

```
%           - D is the divided-difference table
n = length(X);
D = zeros(n,n);
D(:,1) = Y';
for j = 2:n
    for k = j:n
        D(k,j) = (D(k,j-1)-D(k-1,j-1))/(X(k)-X(k-j-1));
    end
end
C = D(n,n);
for k = (n-1):-1:1
    C = conv(C,poly(X(k)));
    m = length(C);
    C(m) = C(m)+D(k.k);
end
end
```

8.2.3.2 利用复化 Simpson 公式计算被积函数 $f(x)$ 在给定区间上的积分值

```
function S = FSimpson(f,a,b,n)
% f:被积函数句柄
% a,b:积分区间的两个端点
% n:子区间个数
% S:用复化 Simpson 法求得的积分值
h = (b-a)/n;
fa = feval(f,a);
fb = feval(f,b);
S = fa+fb;
x = a;
for i = 1:n
    x = x+h/2;
    fx = feval(f,x);
    S = S+4*fx;
    x = x+h/2;
    fx = feval(f,x);
    S = S+2*fx;
end
S = h*S/6;
```

8.2.3.3 利用龙贝格(Romberg)加速算法计算被积函数 $f(x)$ 在给定区间的积分值

```
function [quad,R] = Romberg(f,a,b,eps)
% f:被积函数句柄
```

```
% a,b:积分区间的两个端点
% eps:精度
% quad:用 Romberg 加速算法求得的积分值
h=b-a;
R(1,1)=h*(feval(f,a)+feval(f,b))/2;
M=1;J=0;err=1;
while err>eps
        J=J+1;
        h=h/2;
        S=0;
        for p=1:M
            x=a+h*(2*p-1);
            S=S+feval(f,x);
        end
        R(J+1,1)=R(J,1)/2+h*S;
        M=2*M;
        for k=1:J
            R(J+1,k+1)=R(J+1,k)+(R(J+1,k)-R(J,k))/(4^k-1);
        end
        err=abs(R(J+1,J)-R(J+1,J+1));
end
quad=R(J+1,J+1);
```

8.2.3.4 用 Gauss 列主元素消去法求解线性方程组 $Ax=b$

程序名称:Gauss_pivot.m

程序:

```
function x=Gauss_pivot(A,b)
% A 是系数矩阵
% b 是方程组的常向量
n=length(b);
x=zeros(n,1);
c=zeros(1,n);
d1=0;
for i=1:n-1
    max=abs(A(i,i));
    m=i;
    for j=i+1:n
        if max<abs(A(j,i));
            m=j;
```

```
            end
        end
    if m ~ = 1
        for k = i:n
            c(k) = A(i,k);
            A(i,k) = A(m,k);
            A(m,k) = c(k);
        end
         d1 = b(i);
         b(i) = b(m);
         b(m) = d1;
    end
    for k = i+1:n
        for j = i+1:n
            A(k,j) = A(k,j) - A(i,j) * A(k,j)/A(i,i);
        end
          b(k) = b(k) - b(i) * A(k,j)/A(i,i);
          A(k,i) = 0;
    end
end
x(n) = b(n)/A(n,n);
for i = n-1:-1:1
    sum = 0;
    for j = i+1:n
       sum = sum + A(i,j) * x(j);
    end
x(i) = (b(i) - sum)/A(i,i);
end
```

8.2.3.5 基于 Gauss 消去法的 LU 分解求解线性方程组 $A*x=b$

```
function x = lu_decompose(A,b)
% A:系数矩阵
% b:方程组的常向量
% L:单位下三角矩阵
n = length(b);
L = eye(n);
U = zeros(n,n);
x = zeros(n,1);
y = zeros(n,1);
```

```
for i = 1:n
    U(1,i) = A(1,i);
    if i == 1
       L(i,1) = 1;
    else
       L(i,1) = A(i,1)/U(1,1);
    end
end
for i = 2:n
    for j = 1:n
       sum = 0;
       for k = 1:i-1
          sum = sum + L(i,k)*U(k,j);
       end
       U(i,j) = A(i,j) - sum;
       if j ~= n
          sum = 0;
          for k = 1:i-1
             sum = sum+L(j+1,k)*U(k,i);
          end
          L(j+1,1) = (A(j+1,i) - sum)/U(i,i);
       end
    end
end
% 求解线性方程组 Ly = b
y(1) = b(1);
for i = 2:n
    sum = 0;
    for j = 1:k-1
       sum = sumi+L(k,j)*y(j);
    end
    y(k) = b(k) - sum;
end
% 解方程组 Ux = y
x(n) = y(n)/U(n,n);
for i = n-1:-1:1
    sum = 0;
    for j = k+1:n
```

```
            sum = sum+U(k,i)*x(j);
        end
        x(k) = (y(k)-sum)/U(k,k);
end
```

8.2.3.6 用平方根法(Cholesky 分解法)求解对称方程组 $A^* x = b$

```
function[L,D] = Chol_decompose(A,b)
% A:对称矩阵
% b:方程组的常向量
% L:单位下三角矩阵
% D:单位上三角矩阵
% 对矩阵 A 进行三角分解:A = LDL'
N = length(A);
L = zeros(N,N);
D = zeros(1,N);
for i = 1:N
    L(i,i) = 1;
end
D(1) = A(1,1);
for i = 2:N
    for j = 1:i-1
        if j = = 1
            L(i,j) = A(i,j)/D(j);
        else
            sum1 = 0;
            for k = 1:j-1
                sum1 = sum1+ L(i,k)*D(k)*L(j,k);
            end
            L(i,j) = (A(i,j)-sum1)/D(j);
        end
    end
    sum2 = 0;
    for k = 1:i-1
        sum2 = sum2+L(i,k)^2*D(k);
    end
    D(i) = A(i,i)-sum2;
end
D = diag(D);
% 分别求解线性方程组 Ly = b;L'x = y/D
```

```
y = zeros(1,N);
y(1) = b(1);
for i = 2:N
        sumi = 0;
        for k = 1:i-1
            sumi = sumi+L(i,k)*y(k);
        end
        y(i) = b(i)-sumi;
end
x = zeros(1,N);
x(N) = y(N)/D(N);
for i = N-1:-1:1
        sumi = 0;
        for k = i+1:N
            sumi = sumi+L(k,i)*x(k);
        end
        x(i) = y(i)/D(i)-sumi;
end
```

8.2.3.7 用追赶法解三对角线性方程组 $A*x=f$,A 为三对角矩阵

```
function x = threedia(a,b,c,f)
% a:三对角矩阵 A 的下对角线元素,a(1) = 0
% b:三对角矩阵 A 的对角线元素
% c:三对角矩阵 A 的上对角线元素,c(N) = 0
% f:方程组的右端向量
N = length(f);
x = zeros(1,N);y = zeros(1,N);d = zeros(1,N);u = zeros(1,N);
d(1) = b(1);
for i = 1:N-1
        u(i) = c(i)/d(i);
        d(i+1) = b(i+1)-a(i+1)*u(i);
end
% 追的过程
y(1) = f(1)/d(1);
for i = 2:N
        y(i) = (f(i)-a(i)*y(i-1))/d(i);
end
% 赶的过程
x(N) = y(N);
```

```
for i = N-1: -1:1
    x(i) = y(i) - u(i)*x(i+1);
end
```

8.2.3.8　Jacobi 迭代法

```
function [K,X] = Jacobi(A,b,X0,delta,max1)
%输入变量-A 是 N*N 非奇异矩阵,方程组 AX=b 的系数矩阵
%        -b 是 N*1 矩阵,方程组的常向量
%        -X0 是 N*1 矩阵,迭代初值
%        -delta 是允许的迭代误差
%        -max1 是最大迭代次数
%输出变量-X 是 N*1 矩阵,方程组的解向量
N = length(b);
for k = 1:max1
    for j = 1:N
        X(j) = (b(j)-A(j,[1:j-1,j+1:N])*X0([1:j-1,j+1:N]))/A(j,j);
    end
    err = abs(norm(X'-X0));
    relerr = err/(norm(X)+eps);
    X0 = X';
    if(err<delta)|(relerr<delta)
        break;
    end
end
X = X';
```

Jacobi 迭代法也可以采用以下的程序完成：

```
function s = Jacobi(A,b,x0,eps)
% Jacobi 迭代法解线性方程组
% A 为系数矩阵,b 为方程组 Ax=b 中的右边的矩阵 b,x0 为迭代初值
if nargin = = 3
    eps = 1.0e-6;
    elseif nargin<3
    error
    return
end
D = diag(diag(A));      %求出对角矩阵
D = inv(D);             %求出对角矩阵的逆
L = tril(A,-1);         %求出严格下三角矩阵
```

```
U = triu(A,1);            %求出严格上三角矩阵
B = -D*(L+U);
f = D*b;
s = B*x0+f;
while norm(s-x0)>=eps
    x0 = s;
    s = B*x0+f;
end
return
```

8.2.3.9 Gauss-Seidel 迭代法

```
function [K,X] = GSeidel(A,b,X0,delta,max1)
%输入变量-A 是 N*N 非奇异矩阵,方程组 AX=b 的系数矩阵
%        -b 是 N*1 矩阵方程组的常向量
%        -X0 是 N*1 矩阵,迭代初值
%        -delta 是允许的迭代误差
%        -max1 是最大迭代次数
%输出变量-X 是 N*1 矩阵,方程组的解向量
N = length(b);
for K = 1:max1
for j = 1:N
    if j==1
        X(1) = (b(1)-A(1,2:N)*X0(2:N))/A(1,1);
    elseif j==N
        X(N) = (b(N)-A(N,1:N-1)*(X(1:N))')/A(N,N);
    else
        X(j) = (b(j)-A(j,1:j-1)*X(1:j-1)'-A(j,j+1:N)*X0(j+1:N))/A(j,j);
    end
end
err = abs(norm(X'-X0));
relerr = err/(norm(X)+eps);
X0 = X';
if(err<delta)|(relerr<delta)
    break;
end
end
X = X';
```

Gauss-Seidel 迭代法的另一个程序为:

```
function s = Gseidel(A,b,x0,eps)
% Gauss-seidel 迭代法解线性方程组
% A 为系数矩阵,b 为方程组 Ax=b 中的右边的矩阵 b,x0 为迭代初值
if nargin = = 3
    eps = 1.0e-6;
elseif nargin<3
    error
    return
end
L = tril(A,-1);              %求出严格下三角矩阵
D = diag(diag(A));           %求出对角矩阵
U = triu(A,1);               %求出严格上三角矩阵
C = inv(D+L);
B = -C*U;
f = C*b;
s = B*x0+f;
while norm(s-x0)> = eps
    x0 = s;
    s = B*x0+f;
end
return
```

8.2.3.10 用超松弛迭代法求解线性方程组

```
function [x,k] = SORmethod(A,b,x0,N,emg,w)
% A:线性方程组的系数矩阵
% b:线性方程组常向量
% x0:迭代初值
% N:迭代次数上界,若迭代次数大于 n,则迭代失败
% emg:精度指标
% w:松弛因子
% x:用迭代法求得的线性方程组的近似解
n = length(A);
x1 = zeros(n,1);
x2 = zeros(n,1);
x1 = x0;
r = max(abs(b-A*x1));
k = 0;
while r>emg
    for i = 1:n
```

```
            sum = 0;
            for j = 1:n
                if j>i
                    sum = sum+A(i,j)*x1(j);
                else if j<i
                    sum = sum+A(i,j)*x2(j);
                end
            end
            x2(i) = x1(i)+w*(b(i)-sum)/A(i,i);
        end
        r = max(abs(x2-x1));
        x1 = x2;
        k = k+1;
        if k>N
            disp('迭代失败,返回');
            return;
        end
end
x = x1;
```

8.2.3.11　用二分法求解非线性方程 $f(x)=0$ 在区间 $[a,b]$ 内的根

```
function [x,k] = demimethod(a,b,f,emg)
% a,b :求解区间的两个端点
% f :所求方程的函数名
% emg :精度指标
% x :所求近似解
% k :循环次数
fa = feval(f,a);
fab = feval(f,(a+b)/2);
k = 0;
while abs(b-a)>emg
    if fab == 0
        x = (a+b)/2;
        return;
    else if fa*fab<0
        b = (a+b)/2;
    else
        a = (a+b)/2;
    end
```

```
        fa=feval(f,a);
        fab=feval(f,(a+b)/2);
        k=k+1;
end
x=(a+b)/2;
```

8.2.3.12 用牛顿下山法求解非线性方程 $f(x)=0$ 的根

```
function [x,k]=Mendnewton(f,x0,emg)
% f :非线性方程
% x0 :迭代初值
% emg :精度指标
% k,u :迭代次数和下山因子
[f1,d1]=feval(f,x0);
k=1;
x(1)=x0;
x(2)=x(1)-f1/d1;
while abs(f1)>emg
    u=1;
    k=k+1;
    [f1,d1]=feval(f,x(k));
    x(k+1)=x(k)-u*f1/d1;
    [f2,d2]=feval(f,x(k+1));
    while abs(f2)>abs(f1)
        u=u/2;
        x(k+1)=x(k)-u*f1/d1;
        [f2,d2]=feval(f,x(k+1));
    end
end
```

8.2.3.13 用改进 Euler 法求解常微分方程

```
function E=MendEuler(f,a,b,n,ya)
% f:微分方程右端函数句柄
% a,b:自变量取值区间的两个端点
% n:区间等分的个数
% ya:函数初值 y(a)
% E=[x',y']:自变量 X 和解 Y 所组成的矩阵
h=(b-a)/n;
y=zeros(1,n+1);
x=zeros(1,n+1);
y(1)=y(a);
```

```
x = a:h:b;
for i = 1:n
        y1 = y(i)+h*feval(f,x(i),y(i));
        y2 = y(i)+h*feval(f,x(i+1),y1);
        y(i+1) = (y1+y2)/2;
end
E = [x',y'];
```

8.2.3.14 用四阶 Runge-Kutta 法求解常微分方程

```
function R = Rungkuta4(f, a, b, n, ya)
% f:微分方程右端函数句柄
% a,b:自变量取值区间的两个端点
% n:区间等分的个数
% ya:函数初值 y(a)
% R = [x',y']:自变量 X 和解 Y 所组成的矩阵
h = (b-a)/n;
x = zeros(1,n+1);
y = zeros(1,n+1);
x = a:h:b;
y(1) = ya;
for i = 1:n
        k1 = h*feval(f,x(i),y(i));
        k2 = h*feval(f,x(i)+h/2,y(i)+k1/2);
        k3 = h*feval(f,x(i)+h/2,y(i)+k2/2);
        k4 = h*feval(f,x(i)+h,y(i)+k3);
        y(i+1) = y(i)+(k1+2*k2+2*k3+k4)/6;
end
R = [x',y'];
```

习题参考答案

习题 1

1. 用 $\frac{22}{7}$ 代替 π 比用 3.14 代替 π 的精度高.
2. 解这三个近似数的相对误差都是一样的,这说明它们的精度一样高.
3. 用市尺量得的桌长准确些,这是因为市尺比米尺的最小单位刻度小的缘故.
4. 范围是 $19.99 \leqslant d \leqslant 20.012 (\text{mm})$.
5. 3.16.
6. 七位.
7. 略.
8. 略.
9. 略.
10. 略.
11. (1) 坏条件的;(2) 坏条件的.
12. 略.
13. 在 $x_1 = 33.415$ 附近二次式的性态是病态的,$x_2 = -34.415$ 附近也是病态的.
14. 至少有 n 个可靠数字.

习题 2

1. $y = -\frac{7}{2}x^2 + \frac{3}{2}x + 2$.
2. 10.714286, 0.01125.
3. $9 + (-1)(x-1)$.
4. 0.790294822, 0.651804826.
5. $h \leqslant 0.0065$.
6. 略.
7. 略.
8. 略.

9. 略.

10. 2,0.

11. $H_4(x)=1+x+\frac{1}{2}x^2+\frac{1}{6}x^3+\left(e-\frac{8}{3}\right)x^4$, 0.00186.

12. $H_3(x)=f(a)+f'(a)(x-a)+\frac{1}{2}f''(a)(x-a)^2+\frac{1}{6}\frac{f''(b)-f''(a)}{b-a}(x-a)^3$.

13. $I_k(x)=\frac{n}{2}[f(x_k)(x_{k-1}-x)+f(x_{k+1})(x-x_k)]$,

$I_k\left(\frac{x_k+x_{k+1}}{2}\right)=\frac{1}{2}[f(x_k)+f(x_{k+1})],\frac{25}{4}h^2$.

14. $H_3^{(i)}=x^4-(x-i)^2(x-i-1)^2, x\in[x_i,x_{i+1}]$.

15. $S(x)=\begin{cases}6+(x-3)-\frac{43}{3}(x-3)^2+\frac{22}{3}(x-3)^2, & x\in[3,4],\\ -\frac{17}{3}(x-4)+\frac{23}{3}(x-4)^2-\frac{13}{3}(x-4)^3, & x\in[4,6].\end{cases}$

16. $a=7.071, b=-0.421$.

17. $x_1=1.66926, x_2=1.42802$.

18. $3.941+7.453x$.

19. $5.3139-1.8822x+8.2191x^2$.

20. $y=221.9828-0.1574083x^2$.

习题 3

1. (1) $A_{-1}=\frac{1}{6}h, A_0=\frac{2}{3}h, A_1=\frac{1}{6}h$, 三次; (2) $\alpha=\frac{1+\sqrt{6}}{5}, \beta=\frac{3\mp 2\sqrt{6}}{15}$, 二次;

(3) $\alpha_0=\frac{1}{3}, \alpha_1=\frac{4}{3}, \alpha_2=\frac{1}{3}$, 三次; (4) $a=\frac{1}{12}$, 三次.

2. (1) 0.11140,0.11157; (2) 1.39148,1.45471; (3) 17.22774,17.32222;
(4) 1.03562,1.03577.

3. (1) 1; (2) 3.

4. 略.

5. 0.63233,0.00035.

6. 略.

7. 950.

8. 略.

9. (1) 0.713727; (2) -6.2976; (3) 10.2075922; (4) 0.40002.

10. (1) 0.632120; (2) 1.39860; (3) 10.2075922; (4) 1.5743.

11. 3.14158.
12. (1) 0.98613;(2) 1.098039,1.098609;(3) 1.098538.
13. $0.247, -0.217, -0.187, 2.5 \times 10^{-3}, 1.25 \times 10^{-3}, 2.5 \times 10^{-3}$.

习题 4

1. $x_1 = \dfrac{4}{3}, x_2 = \dfrac{28}{3}, x_3 = -\dfrac{4}{3}$.

2. $x_1 = -1.5316, x_2 = 0.2211, x_3 = 0.1316$.

3. (1) $x_1 = \dfrac{1}{4}, x_2 = \dfrac{1}{2}, x_3 = \dfrac{1}{2}$; (2) $x_1 = 1, x_2 = 2, x_3 = -1, x_4 = 2$.

4. (1) $x_1 = 1, x_2 = -1, x_3 = 2$; (2) $x_1 = \dfrac{10}{9}, x_2 = \dfrac{7}{9}, x_3 = \dfrac{23}{9}$.

5. (1) $x_1 = 2, x_2 = -1, x_3 = 1, x_4 = 0$; (2) $x_1 = 0, x_2 = 1, x_3 = -1, x_4 = 2$.

6. $\|A\|_\infty = 1.1, \|A\|_1 = 0.8, \|A\|_2 = 0.8278, \|A\|_F = 0.8426$.

7. 略.
8. 略.
9. 略.
10. $|a| > 4$.
11. (1) Jacobi 迭代法不收敛,Gauss-Seidel 迭代法收敛;
(2) Jacobi 迭代法收敛,Gauss-Seidel 迭代法不收敛.

12. $f = 0.9 \begin{bmatrix} 5 & 0 & 0 \\ -0.9 & 4 & 0 \\ 1.8 & -2.7 & 10 \end{bmatrix}^{-1} \begin{bmatrix} -12 \\ 20 \\ 3 \end{bmatrix} = 0.9 \begin{bmatrix} \dfrac{1}{5} & 0 & 0 \\ \dfrac{9}{200} & \dfrac{1}{4} & 0 \\ \dfrac{-531}{20000} & \dfrac{27}{400} & \dfrac{1}{10} \end{bmatrix} \begin{bmatrix} -12 \\ 20 \\ 3 \end{bmatrix} = \begin{bmatrix} -\dfrac{108}{25} \\ \dfrac{4014}{1000} \\ \dfrac{177174}{100000} \end{bmatrix}$,

从而由 $x^{(k+1)} = L_\omega x^{(k)} + f$ 可得.(精确解为 $x_1 = -4, x_2 = 3, x_3 = 2$)

13. 因为迭代矩阵为 $\boldsymbol{B} = \boldsymbol{I} - \omega\boldsymbol{A}$,而 $\lambda(\boldsymbol{B}) = 1 - \omega\lambda(\boldsymbol{A})$,由 $0 < \alpha \leqslant \lambda(\boldsymbol{A}) \leqslant \beta$ 可知,当 $0 < \omega < \dfrac{2}{\beta}$ 时,$-1 < \lambda(\boldsymbol{B}) < 1$,即 $|\lambda(\boldsymbol{B})| < 1$,从而迭代法收敛.

习题 5

1. (1) $\lambda_1 \approx 9.6058, \boldsymbol{X}_1 \approx (1, 0.6056, -0.3945)^\mathrm{T}$;
(2) $\lambda_1 \approx 8.3876, \boldsymbol{X}_1 \approx (0.8078, 0.7721, 1)^\mathrm{T}$;

(3) $\lambda_1 \approx 6.00083, X_1 \approx (1, 0.714315, -0.249896)^T$.

2. (1) 略;(2) $\lambda_1 \approx 7.288, X_1 \approx (1, 0.5229, 0.2422)^T$.

3. (1) $\lambda_1 = 4, \lambda_2 = -1, \lambda_3 = 1+2i, \lambda_4 = 1-2i$;

(2) $\lambda_1 = 3.618, \lambda_2 = 2.618, \lambda_3 = 1.382, \lambda_4 = 0.3820$.

4. (1) 略;(2) $\lambda_1 \approx 0.01015, X_1 \approx (-0.5016, -0.8304, 0.2086, -0.1237)^T$;

$\lambda_2 \approx 0.8431, X_2 \approx (-0.3017, 0.09331, 0.7603, -0.5676)^T$;

$\lambda_3 \approx 0.3858, X_3 \approx (0.6149, 0.3963, -0.2716, -0.6253)^T$;

$\lambda_4 \approx 30.29, X_4 \approx (0.5286, 0.3803, 0.5520, 0.5209)^T$.

习题 6

1. (1) 7.441;(2) 2.095.
2. 略.
3. 略.
4. (1) 2.095;(2) 0.607;(3) 4.493;(4) 0.310;(5) 1.398.
5. 略.
6. 略.
7. 略.
8. 略.
9. 略.
10. (1) 2.0945;(2) 0.3473;(3) 4.4934;(4) 0.3099;(5) 0.5594.
11. 略.
12. 略.
13. 略.
14. 略.
15. 略.
16. 略.
17. 略.
18. 略.
19. (1) 2.095;(2) 1.585;(3) 4.4934;(4) 0.310.
20. $0 < |a| < \dfrac{1}{M_1}$ 时, $x_n \to x^*$ $(n \to \infty)$.
21. 略.
22. 略.
23. 略.
24. 16.9%.

习题 7

1. 略.
2. $n=0, y_1=2.3077; n=1, y_2=2.4734; n=2, y_2=2.5626; n=3, y_2=2.6365.$
3. 略.
4. $0.5, 1.1420127, 2.5011536, 7.2450215.$
5. (1) $n=0, y_1=1.2428; n=1, y_1=1.5835892; n=2, y_1=2.04427154;$
   $n=3, y_4=2.651013259; n=4, y_5=3.4346467594.$
   (2) $n=0, y_1=1.727548209; n=1, y_1=2.742951298; n=2, y_1=4.09418354;$
   $n=3, y_4=5.829210726; n=4; y_5=7.99061214.$
6. 略.
7. 略.
8. (1) $0<h\leq 0.02$; (2) $0<h\leq 0.278$; (3) $0<h<\infty$.
9. 略.
10. 略.
11. 略.
12. 略.
13. 略.

参考文献

1. 曹志浩,张玉德,李瑞遐. 矩阵计算和方程求根. 北京:人民教育出版社,1980.
2. 李庆杨,王能超,易大义. 数值分析(第四版). 北京:清华大学出版社,2001.
3. 关治,陆金甫. 数值分析基础. 北京:高等教育出版社,1998.
4. 蔡大用. 数值代数. 北京:清华大学出版社,1987.
5. 何旭初,苏煜城,包雪松. 计算数学简明教程. 北京:人民教育出版社,1980.
6. 刘玲,王正盛. 数值计算方法(第二版). 北京:科学出版社,2010.
7. 杨一都. 数值计算方法. 北京:高等教育出版社,2008.
8. 徐翠薇,孙绳武. 计算方法引论(第三版). 北京:高等教育出版社,2007.
9. Burden R L, Faires J D. Numerical Analysis(Seventh Edition). PWS. Boston. 2001.
10. 李岳生,黄友谦. 数值逼近. 北京:人民出版社,1978.
11. 颜晖,何钦铭. C程序设计. 北京:高等教育出版社,2008.
12. 谭浩强. C程序设计(第4版). 北京:清华大学出版社,2010.
13. 苏金明,阮沈勇. MATLAB实用教程,电子工业出版社,2006.
14. 彭芳麟. 数学物理方程的MATLAB解法与可视化. 北京:清华大学出版社,2004.
15. 任玉杰. 数值分析及其MATLAB实现. 北京:高等教育出版社,2007.